工业和信息化
人才培养规划教材
Industry And Information Technology Training Planning Materials

Java EE 轻量级框架应用开发教程

高职高专计算机系列

Java EE Application Development Tutorial

李唯 程永恒 ◎ 主编
李文蕙 张新华 肖英 ◎ 副主编
王路群 ◎ 主审

人民邮电出版社
北京

图书在版编目（CIP）数据

Java EE轻量级框架应用开发教程 / 李唯，程永恒主编. -- 北京 : 人民邮电出版社，2016.2（2020.12重印）
工业和信息化人才培养规划教材. 高职高专计算机系列
ISBN 978-7-115-38917-6

Ⅰ. ①J… Ⅱ. ①李… ②程… Ⅲ. ①JAVA语言一程序设计一高等职业教育一教材 Ⅳ. ①TP312

中国版本图书馆CIP数据核字(2015)第194100号

内 容 提 要

本书共分 11 章，以 MyEclipse 为开发平台，结合 Tomcat Web 服务器、MySQL 数据库系统详细讲解 SSH（Struts 2+Spring+Hibernate）轻量级框架技术。全书从三个轻量级框架的基础知识入手，对每个框架的应用及整合应用做详细的理论讲解，并结合 Struts 2 框架应用、Struts 2+Hibernate 应用以及 SSH 整合应用实例，做到理论联系实际。

本书内容全面，案例丰富，既有简单易懂的程序片段、配置代码，也有实际可用的应用系统实例，有利于读者迅速掌握三大框架开发的核心技术。

本书主要面向有 Java 语言基础，在了解了 JSP、Servlet 等基础知识后的高校学生、工程技术人员和相关技术的爱好者，既可作为大专院校 Java 开发类课程的教材，也可以作为 Java 框架开发人员的入门书籍和参考书。

◆ 主　　编　李　唯　程永恒
　副 主 编　李文蕙　张新华　肖英
　主　　审　王路群
　责任编辑　范博涛
　责任印制　杨林杰

◆ 人民邮电出版社出版发行　　北京市丰台区成寿寺路 11 号
　邮编　100164　　电子邮件　315@ptpress.com.cn
　网址　http://www.ptpress.com.cn
　北京市艺辉印刷有限公司印刷

◆ 开本：787×1092　1/16
　印张：15　　　　　　2016 年 2 月第 1 版
　字数：382 千字　　　2020 年12月北京第 7 次印刷

定价：36.00 元

读者服务热线：(010)81055256　印装质量热线：(010)81055316
反盗版热线：(010)81055315

前　言　PREFACE

Java 是热门的编程语言，随着互联网的普及推广，Web 应用开发得到了迅速发展，Java Web 技术因其高效性和便利性，得到了广泛的应用。Java EE 是 Sun 公司（后被甲骨文公司收购）为企业级应用推出的标准平台，它提供 Web 服务、组件模型等技术，可以实现企业级的面向服务体系结构和 Web 2.0 应用程序，非常适合 Java Web 开发，是目前 B/S 架构应用中最为成熟的技术之一。仅仅采用 Java EE 中的 JSP 技术进行 Java Web 程序开发，开发时间长，安全性和稳定性也得不到保证，而一个良好的框架可以帮助开发人员在短期内搭建结构清晰、可复用性好、维护方便的 Web 应用程序，因此越来越多的项目采用 Java EE 中的框架技术进行开发。SSH（Struts 2+Spring+Hibernate）是目前流行的一种 Java Web 应用程序轻量级的开发框架组合，表示层用 Struts2，业务层用 Spring，持久层用 Hibernate。SSH 轻量级框架组合并没有和 JavaEE 绑定，启动成本低，降低侵入性，实现了效果极佳的架构重用，在目前的软件开发中得到了广泛的应用。

编者在多年的 Java EE 应用系统开发和教学实践经验的基础上，针对职业教育的特点，根据实际软件开发中对 SSH 框架开发知识的需要组织内容，通过大量示例介绍使用 SSH 轻量级框架开发的知识与技能，使读者学会在 MyEclipse 环境中开发基于 SSH 轻量级框架的 Java EE 程序。

本书力图使用简短的内容介绍基础知识，把重点放在使用 MyEclipse 平台进行 SSH 框架开发的技术，书中附有大量的图表、程序，使读者能正确、直观地理解问题。

全书共分为 11 章，第 1 章介绍 Struts 2 基础知识，包括配置 Sturts 2 运行环境、Struts 2 框架工作原理、配置 Struts 2、Action 和类型转换。第 2 章介绍了 Struts 2 标签库，包括标签库概述、使用控制标签、使用数据标签、使用表单 UI 标签。第 3 章介绍了 Struts 2 的高级特性，包括拦截器简介、拦截器配置、自定义拦截器、Struts 2 的国际化、Struts 2 输入校验、应用中的异常处理。第 4 章是一个基于 Struts 2 的注册管理系统项目实训，从项目需求说明、项目系统分析、系统设计与实现等方面进行介绍。第 5 章介绍了 Hibernate 的基础知识，包括持久化概述、ORM 基本概念、Hibernate 的体系结构、Hibernate 执行流程、使用 MyEclipse 工具进行 Hibernate 开发、Hibernate 进行数据库操作。第 6 章介绍了 Hibernate 的关联映射，包括多对一映射、一对多映射、一对一映射、多对多映射以及双向映射。第 7 章介绍了 Hibernate 查询，包括 Hibernate 的检索方式、HQL 检索方式、条件查询和 SQL 检索方式。第 8 章是一个 Struts 2 与 Hibernate 3 的集成开发案例，从项目需求说明、 数据库的设计、系统详细设计和系统实现等方面进行了介绍。第 9 章介绍了 Spring 的基础知识，包括 Spring 简介、Spring 框架的系统架构、Spring 框架的主要技术特性和 Spring 开发环境。第 10 章介绍了 Spring 的用法，包括控制反转的实现、面向切面编程以及 Spring 与 Struts 2、Hibernate 进行整合。第 11 章是一个基于 Struts 2+Hibernate+ Spring 的网上书城项目实训，从项目需求说明、数据库分析和网上书城设计与实现等方面进行了说明。

本书由武汉软件工程职业学院李唯、程永恒担任主编，李文蕙、张新华、肖英担任副主编，王路群教授担任主审。其中第 1 ~ 4 章由程永恒、李文蕙编写，第 5 ~ 8 章、第 11 章由李唯、肖英编写，第 9、10 章由张新华编写。参与本书的编写工作的还有武汉软件工程职业学院董宁、刘洁、肖奎、刘嵩、谢日星、鄢军霞、马力、罗炜、赵丙秀，以及一些企业人员。全书由李唯和程永恒拟定编写大纲，由李唯负责统编全稿。对在编写过程中提供了帮助和支持的同事和朋友，在此表示衷心的感谢。

本书得到了来自湖北省教育科学规划 2015 年度重点课题（2015GA076）的资助，也是该课题的阶段性研究成果。”

由于编者水平有限，书中不妥或错误之处在所难免，恳请广大读者批评指正。

编者

2015 年 11 月

目 录 CONTENTS

第1章 Struts 2基础知识 1

第2章 Struts 2标签库 25

第3章 Struts 2的高级特性 54

第 4 章 基于 Struts 2 的注册管理系统项目实训 79

第 5 章 Hibernate 的基础知识 108

第 6 章 Hibernate 的关联映射 128

第 7 章 Hibernate 查询 150

第 8 章　Struts 2 与 Hibernate 3 的集成开发案例　158

第 9 章　Spring 的基础知识　169

第 10 章　Spring 的用法　178

第 11 章　基于 Struts 2+Spring+Hibernate 的网上书城项目实训　213

PART 1 第1章 Struts 2基础知识

教学要求

- 掌握：Struts 2 的安装与配置
- 理解：Struts 2 的开发流程、Action 的实现类以及配置 Action 的方法
- 了解：动态方法调用、类型转换

1.1 配置 Sturts 2 运行环境

经过多年的发展，Struts 1 已经成为一个高度成熟的框架，其稳定性和可靠性都得到了广泛的证明。市场占有率超过 20%，拥有众多的拥趸，几乎成为工业标准。但是随着时间的流逝，技术的进步，Struts 1 的局限性也越来越多地暴露出来，并且制约了 Struts 1 的继续发展。

目前，Struts 已经分化成两个框架：第一个是在传统的 Struts 1 的基础上，融合了另一个优秀的 Web 框架 WebWork 的 Struts 2。Struts 2 虽然是在 Struts 1 的基础上发展起来的，但是其实质上是以 WebWork 为核心的。Struts 2 为传统的 Struts 1 注入了 WebWork 的先进的设计理念，统一了 Struts 1 和 WebWork 两个框架。Struts 1 分化出来的另外一个框架是 Shale。这个框架远远超出了 Struts 1 原有的设计思想，与原有的 Struts 1 关联很少，使用了全新的设计思想。Shale 更像一个新的框架而不是 Struts 1 的升级。本书主要学习 Struts 2 框架。

要使用 Struts 2 框架进行 Web 开发或者运行 Struts 2 程序，就必须先配置 Struts 2 的运行环境。

配置 Struts 2 运行环境首先就是配置 JDK 环境变量，然后下载安装 Struts 2 框架。至于 Web 服务器，则选择开源的 Tomcat。上述准备工作完成后，在下一节将使用 Struts 2 进行一个简单实例的开发。

访问 Java 官方网站 http://java.sun.com，可以直接下载 JDK。JDK 的安装很简单，这里不再叙述。在安装和配置 JDK 后，配置 JDK 环境变量，然后就可以安装 Java Web 服务器了。Tomcat 服务器的官方网站是 http://tomcat.apache.org/。该网站提供了 Tomcat 的直接使用版和安装版的下载链接，目前最新版本是 Tomcat 7.x。

Struts 的官方网站 http://struts.apache.org/，提供了 Struts 2 框架的下载链接，目前最新版本是 Struts 2.x。下载时有多个选项可供选择，本书选择 Full Distribution 选项，即 Struts 2 的完整版。

下载完毕后，将下载的压缩包进行解压，然后找到 lib 文件夹。该文件夹内存放的就是 Struts 2

的核心库和第三方插件库，开发 Struts 2 需要的 API 就是这些类库，也就是把需要的相关类库复制到 Web 应用的 WEB-INF/lib 文件夹中。这里把 struts2-core-2.2.1.jar、xwork-2.2.1.jar、freemarker-2.3.1.jar、commons-fileupload-1.2.1.jar 以及 commons-logging-1.0.4.jar 复制到 Web 应用的 WEB-INF/lib 文件夹中，这几个包的作用如下所示。

- Struts 2-core-2.2.1.jar：Struts 2 的核心库。
- xwork-2.2.1.jar：WebWork 的核心库。
- ognl-3.0.jar：OGNL 表达式语言，Struts 2 支持该 EL 表达式。
- freemarker-2.3.16.jar：表现层框架，定义了 Struts 2 的可视组件主题。
- commons-logging-1.0.4.jar：日志管理
- commons-fileupload-1.2.1.jar：文件上传与下载

> 注意
>
> 由于 Struts 2 的版本不同，分发包中的目录结构及类库可能不相同，但变化不大。

也可以使用 MyEclipse 自带工具加载 Struts 2 框架，如图 1-1 所示。

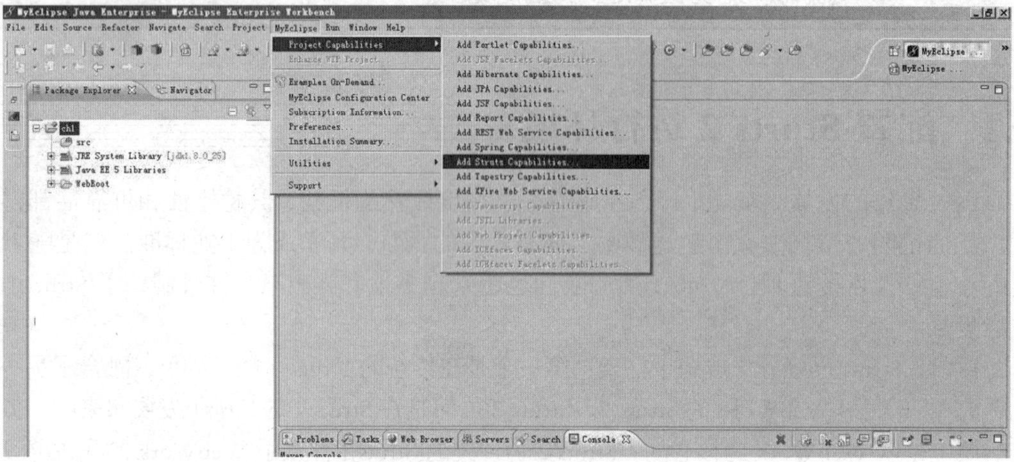

图 1-1　MyEclipse 添加 Struts 框架

添加 Struts 框架支持后，选择 Struts 2 框架，如图 1-2 所示。

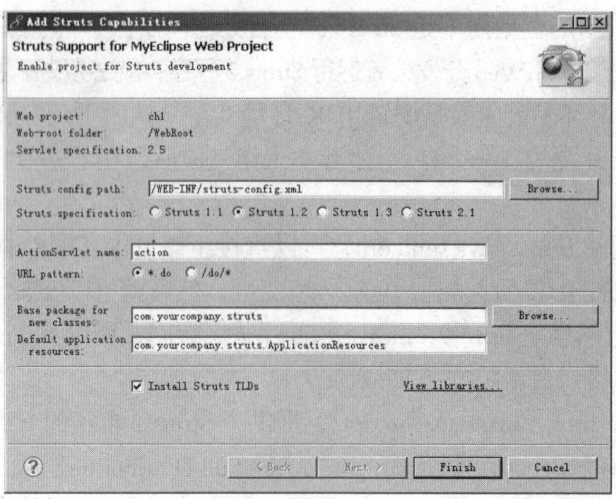

图 1-2　选择 Struts 2 框架

加载完成后，自动添加了 Struts 2 所需 jar 包，如图 1-3 所示。

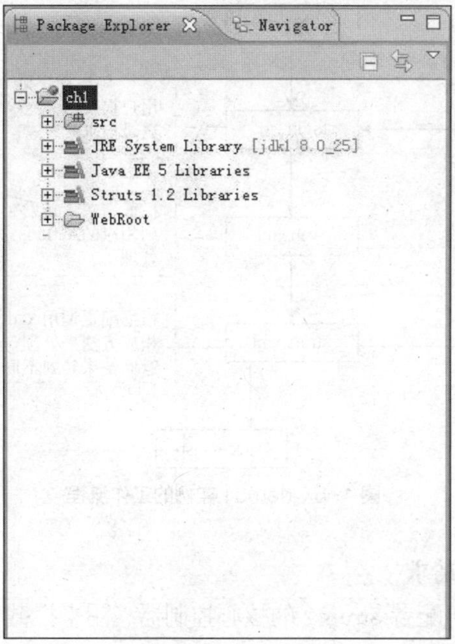

图 1-3 加载完成

1.2 第一个 Struts 2 实例

本实例实现了一个简单的登录功能，即当用户打开一个登录页面后，输入登录名称和登录密码，如果登录名称和登录密码输入正确就进入欢迎页面，否则就重新回到登录页面。图 1-4 所示为本实例的目录结构图，将该项目命名为 demo 1。

图 1-4 demo1 的目录结构

注意

web.xml 文件存储在 WEB-INF 文件夹下，Struts.xml 存储在 classes 文件夹下，lib 文件夹下存储的是所必需的类库包，如 Struts 2 核心类库包等。

demo 1 实例的工作流程如图 1-5 所示。

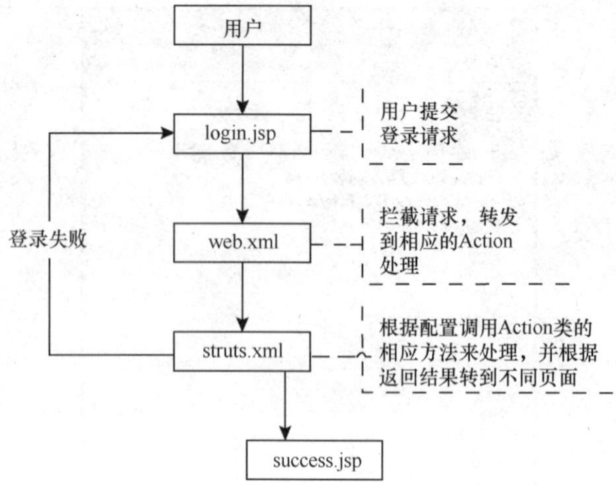

图 1-5　demo1 实例的工作流程

1. Struts 2 拦截用户请求

首先在 web.xml 文件中配置 Struts 2 的核心控制器，用来拦截客户端请求，并把请求转发到相应的 Action 类来处理。web.xml 文件的内容如下。

```
<?xml version="1.0" encoding="UTF-8"?>
<web-app version="2.5"   xmlns="http://java.sun.com/xml/ns/javaee"
xmlns:xsi="http://www.w3.org/2001/XMLSchema-instance"
xsi:schemaLocation="http://java.sun.com/xml/ns/javaee
http://java.sun.com/xml/ns/javaee/web-app_2_5.xsd">
  <filter>
    <filter-name>struts2</filter-name>
    <filter-class>
     org.apache.struts2.dispatcher.ng.filter.StrutsPrepareAndExecuteFilter
    </filter-class>
  </filter>
  <filter-mapping>
    <filter-name>struts2</filter-name>
    <url-pattern>/*</url-pattern>
  </filter-mapping>
</web-app>
```

2. 创建登录页面 login.jsp

Struts 2 的标签库是 Struts 2 的重要组成部分，它提供了既丰富又强大的功能。这些标签库不仅为表现层提供了数据处理能力，而且提供了基本的流程控制功能，以及对国际化、Ajax 的支持等诸多功能。通过使用 Struts 2 的标签库，可以最大限度地减少登录页面的编码量。login.jsp 使用 Struts 2 标签库实现了一个表单。login.jsp 的内容如下。

```
<%@ page language="java" import="java.util.*"
pageEncoding="UTF-8"%>
<%@ taglib prefix="s" uri="/struts-tags" %>   <!-- 导入 Struts2 标签库 -->
<!DOCTYPE HTML PUBLIC "-//W3C//DTD HTML 4.01 Transitional//EN">
<style type="text/css">
*{font-size: 12px;}
</style>
<html>
   <body>
  <div style="font-size:14px; font-weight:bold">用户登录</div>
  <div><s:form action="" namespace="/login">
    <s:textfield name="username"
    style="font-size:12px;width:120px;" label="登录名称" />
    <s:password name="password" style="font-size:12px;width:120px;" label="登录密码" />
    <s:submit value="登    录"/>
  </s:form>
  </div>
    </body>
</html>
```

3. 创建欢迎页面 success.jsp

success.jsp 为登录成功后显示的欢迎页面。success.jsp 的代码如下。

```
  <%@ page language="java" import="java.util.*"
  pageEncoding="UTF-8"%>
<html>
   <body>
  <div style="margin:40px;font-weight:bold">
  登录成功，欢迎您！
  </div>
  </body>
</html>
```

4. 创建业务逻辑控制器 LoginAction

上面两个页面文件是本实例的视图组件，现在来创建本实例的业务逻辑控制器组件 Action。LoginAction.java 的代码如下。

```
package com.action;
import com.opensymphony.xwork2.ActionSupport;
public class LoginAction extends ActionSupport {
     private String username;
     private String password;
     public String getUsername() {
```

```
            return username;
        }
        public void setUsername(String username) {
            this.username = username;
        }
        public String getPassword() {
            return password;
        }
        public void setPassword(String password) {
            this.password = password;
        }
        public String execute() throws Exception{
            if(this.username.equals("admin")&&this.password.equals("12345"))
                return SUCCESS;          }
            {
            else {
                return LOGIN;            }
            }
    }
```

5. 配置 LoginAction

当 Action 处理完客户端请求后就会返回一个字符串，每个字符串都对应一个视图。

在 struts.xml 文件中配置 Action 时，用 name 属性定义该 Action 的名称，用 class 定义该 Action 的实际实现类，method 表示 checkLogin 该 Action 由实际实现类 LoginAction 的 checkLogin( )方法来处理。

配置 Action 时，为每个 Action 都指定了 result 元素，每个 result 元素都定义了一个逻辑视图，而用 name 定义了 Action 所返回的字符串。

struts.xml 文件的内容如下。

```
<?xml version="1.0" encoding="UTF-8" ?>
<!DOCTYPE struts PUBLIC "-//Apache Software Foundation//DTD Struts Configuration 2.1//EN" "http://struts.apache.org/dtds/struts-2.1.dtd">
<struts>
<package name="default" extends="struts-default" namespace="/">
        <action name="checkLogin" class="com.action.LoginAction">
            <result name="success">/success.jsp</result>
            <result name="login">/login.jsp</result>
        </action>
    </package>
</struts>
```

struts.xml 文件应放在 WEB-INF\classes 目录下，至此就创建了本实例的所有文件。把本实例部署到 Tomcat 服务器上后打开 login.jsp 页面，在两个文本框中都输入 admin，如图 1-6 所示。

单击“登录”按钮，登录成功后会转向 success.jsp 页面，如图 1-7 所示。

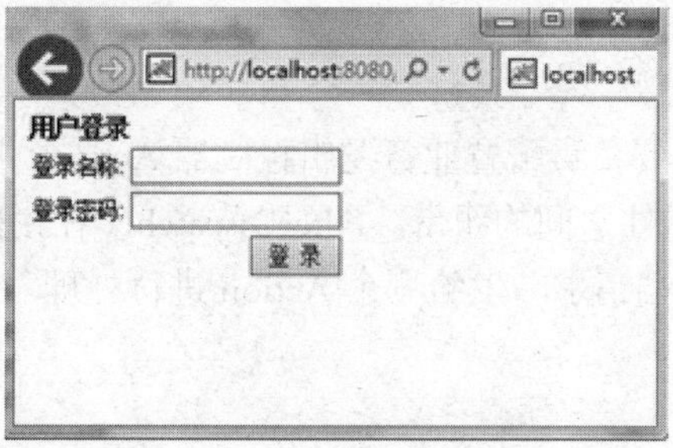

图 1-6　登录页面

图 1-7　欢迎页面

1.3　Struts 2 框架工作原理

1.2 节讲述了如何实现一个 Struts 2 的登录实例，本节将对这个实例进行剖析，其工作原理如下所示。

（1）在图 1-6 中单击“登录”按钮，向服务器提交登录请求。

（2）由于在 web.xml 文件中配置了 Struts 2 核心控制器 FilterDispatcher，因此，此时 Struts 2 会拦截该登录请求。

（3）由于表单的 action 值为 checkLogin，因此 FilterDispatcher 会在 struts.xml 配置文件中查找 name 为 checkLogin 的 Action 配置，找到后将已经拦截的登录请求转发给 LoginAction 来处理。

（4）由于在 struts.xml 配置文件中 Action 的 method 属性的值是 Checklogin，因此 Login-Action 会调用自身的 checkLogin( )方法完成对客户端的登录请求的处理。如果登录成功，就返回 SUCCESS，登录失败就返回 LOGIN。

> 注意　LoginAction 类的 SUCCESS 和 LOGIN 继承自 Struts 2 的 ActionSupport 类，分别对应字符串 success 和 login。

（5）由于在 struts.xml 配置文件中配置 LoginAction 时指定了<result name="success">/ success.jsp</result>，因此当 LoginAction 返回 SUCCESS 时转向 success.jsp 页面，否则转向 login.jsp 页面。

以上 5 步概述了 1.2 节实现登录请求的处理流程，如图 1-8 所示。

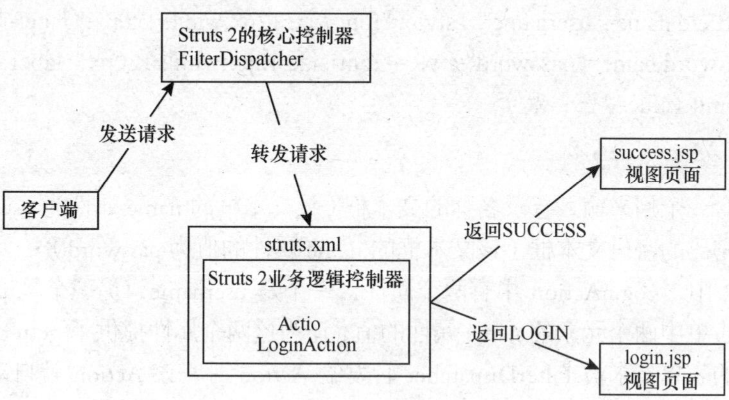

图 1-8　处理流程

1. FilterDispatcher 是 Struts2 的核心控制器，负责拦截所有的客户端请求，作为一个 Filter 通过 web.xml 文件被加入 Web 应用当中，当有客户端请求到达时，它就会进行拦截，然后将客户端请求转发给响应的业务逻辑控制器 Action 进行处理。

2. struts. xml

struts.xml 文件是 Struts 2 框架的配置文件，主要负责配置业务逻辑控制器 Action，以及用户自定义的拦截器等，它可以说是 Struts 2 各个组件之间的纽带。FilterDispatcher 在拦截客户端请求后通过读取 struts.xml 文件来决定把该客户端请求转发给哪个 Action 进行处理。下面是 1.2 节中实例的 struts.xml 文件的代码。

```
<include file="struts-default.xml"/>
<package name="default" extends="struts-default" namespace="/">
        <action name="checkLogin" class="com.action.LoginAction">
            <result name="success">/success.jsp</result>
            <result name="login">/login.jsp</result>
        </action>
    </package>
</struts>
```

在上述代码中，通过 include 标签引入了 struts-default.xml 这个文件。此文件是 Struts 2 默认的核心配置文件，其中配置了 Struts 2 框架自身所提供的拦截器、类型转换器和数据校验等。而在 Web 应用当中经常要用到这些拦截器、类型转换器、数据校验等组件，所以就先通过 include 标签引入了 struts-default.xml 这个文件。

3. Action

Action 是 Struts 2 的业务逻辑控制器，负责处理客户端请求并将处理结果输出给客户端。要想处理客户端请求，就必须获得请求字符串的参数或从表单提交的数据。

Struts 2 采用了 JavaBean 的风格，即要访问数据，就要给每个属性都各提供一个 getter 方法和一个 setter 方法。获得请求字符串的参数和表单提交的数据也是如此。每一个请求字符串的参数和从表单提交的数据都可以作为 Action 的属性，所以可以通过提供 setter 方法来获得请求字符串的参数或从表单提交的数据。现在把 1.2 节实例中的代码复制过来进行分析，登录页面 login.jsp 的表单代码如下。

```
<s:form action="" namespace="/login">
    <s:textfield name="username"   style="font-size:12px;width:120px;" label="登录名称" />
    <s:password name="password" style="font-size:12px;width:120px;" label="登录密码" />
    <s:submit value="登    录"/>
</s:form>
```

表单中包含一个用来输入登录名称的文本框（该文本框的 name 属性为 username）和一个用来输入登录密码的密码文本框（该文本框的 name 属性的值为 password）。

在代码 1.3 中，LoginAction 中有两个属性，一个是 username，另一个是 password，分别对应登录页面表单中两个元素的 name 属性的值，还为这两个属性提供了 getter 和 setter 方法。当客户端发送的表单请求被 FilterDispatcher 转发给 Action 时，该 Action 就自动通过 setter 方法获得表单提交的数据信息。

4. 视图组件

Action在处理完客户端请求后会通过视图组件把处理结果显示出来，包括如下两种情况。

- 一种情况是Action向视图组件输出数据信息，然后由视图组件把这些数据信息显示出来，例如Action执行了查询数据库的操作，并把查询到的数据输出给视图组件，然后由视图组件把这些数据信息显示出来。
- 另一种情况是 Action 并没有向视图组件输出数据信息，只是根据处理结果进行简单的页面跳转。例如在1.2节的实例中，当登录成功的时候就跳转到success.jsp页面，当登录失败的时候就重新跳转到登录页面login.jsp。

这些都是在struts.xml文件中进行配置的，如下所示。

```
<result name="success">/success.jsp</result>
<result name="login">/login.jsp</result>
```

在上述代码中可以看到在 Action 中配置了两个 result，即两个视图。一个是登录成功后的视图，另一个是登录失败后的视图。这里 result 的 name 属性的值与 Action 的返回值相对应。

> 提示　Struts 2除了支持传统的JSP视图外，还提供了对FreeMarker、Velocity等视图的支持。

1.4 配置 Struts 2

任何MVC框架都需要与Web应用整合，这就不得不借助在/WEB-INF路径下的web.xml文件，只有配置在web.xml文件中的Servlet才会被应用加载。

通常，所有MVC框架都需要Web加载一个核心控制器，对于Struts 2框架而言，需要加载FilterDispatcher，只要Web应用负责加载FilterDispatcher，FilterDispatcher就会加载应用的Struts 2框架。

1.4.1 配置 web.xml

因为Struts 2将核心控制器设计成一个过滤器Filter，而不是一个普通的Servlet，所以为了让Web应用加载FilterDispatcher，只需要在web.xml文件中配置FilterDispatcher就可以了。配置FilterDispatcher的代码片段如下。

```
<!-- struts 过滤器 -->
<filter>
<!--配置 Struts 2 核心 Filter 的名字 -->
    <filter-name>struts 2</filter-name>
<!--配置 Struts 2 核心 Filter 的实现类 -->
    <filter-class>
        org.apache.struts 2.dispatcher.ng.filter.StrutsPrepareAndExecuteFilter
    </filter-class>
</filter>
```

```
    <filter-mapping>
  <!--配置 Struts 2 的映射 -->
        <filter-name>struts 2</filter-name>
        <url-pattern>*</url-pattern>
    </filter-mapping>
```

注意 当它的子元素<url-pattern>的值为“*”时，表示用户的所有请求都使用此框架来处理。

配置了 Struts 2 的核心 FilterDispatcher 之后，基本上就完成了 Struts 2 在 web.xml 文件中的配置。

以上的配置是最简单的情况，其实，当配置 FilterDispatcher 类时，还可以指定一系列的初始化参数，其中两个初始化参数有特殊的意义。第一个是 actionPackages 参数，用来配置 Struts 2 框架默认加载的 Action 包结构。参数的值是一个字符串类型的包空间，如果有多个包空间，可以用英文“，”符号隔开，这样，Struts 2 框架将扫描指定的包空间下的所有 Action 类。配置示例如下。

```
<filter>
    <filter-name>struts 2</filter-name>
    <filter-class>
    org.apache.struts 2.dispatcher.ng.filter.StrutsPrepareAndExecuteFilter
    </filter-class>
    <init-param>
    <!-- 配置 Struts 2 框架默认加载的 Action 包结构 -->
      <param-name>actionPackages</param-name>
      <param-value>org.apache.Struts 2.showcase.person</param-value>
    </init-param>
    <!-- 配置 Struts 2 框架的配置提供者类 -->
    <init-param>
        <param-name>configProviders</param-name>
        <param-value>superMos.myconfigurationProvider</param-value>
    </init-param>
</filter>
```

Struts 2 框架将自动加载该属性指定的系列配置文件。还可以在此处配置 Struts 2 常量，每个<init-param>元素配置一个 Struts 2 常量，其中<param-name>子元素指定了常量名，而<param-value>子元素指定了常量值。

1.4.2 配置 struts.xml

Struts 框架的核心配置文件就是 struts.xml 配置文件。该文件主要负责管理 Struts 2 框架的业务控制器 Action。业务控制器不对业务进行真正的操作，仅仅负责根据处理结果来返回字符串，业务控制器调用的是业务逻辑组件的功能，仅仅负责根据处理结果来返回字符串，相当于 Service 的功能组件。业务逻辑组件又封装了 DAO 等操作，在实际的项目中，业务逻辑组件大多是使用 Spring 等 IOC 进行注入的，这样可以更大地降低代码的耦合度，提高代码复用的效率。

在默认情况下，Struts 2 框架将自动加载放到/WEB-INF/classes 路径下的 struts.xml 文件中，在 Eclipse IDE 环境下进行 Struts 2 的配置，一定要将 struts.xml 文件放到 src 文件夹下面，这样在使用 Eclipse 部署到 Tomcat 等容器的时候，才会自动将 struts.xml 放置到/WEB-INF/classes 文件夹下面。

struts.xml 的基本结构如下。

```
<?xml version="1.0" encoding="UTF-8" ?>
<!DOCTYPE struts PUBLIC "-//Apache Software Foundation//DTD Struts Configuration 2.1//EN" "http://struts.apache.org/dtds/struts-2.1.dtd">
<struts>
 <!-- 基本配置 -->
<constant name="struts.devMode" value="false"></constant>
 <constant name="struts.locale" value="zh_CN"></constant>
 <constant name="struts.i18n.encoding" value="UTF-8"></constant>
<!-- 包含文件的配置 -->
<include file="struts-chat.xml"/>
 <include file="struts-hangman.xml"/>
<!-- 默认包的配置 -->
 <package name="default" extends="struts-default" namespace="/">
<!-- 拦截器的配置 -->
 <interceptors>
      <interceptor-stack name="stack">
            <interceptor-ref name="checkbox"></interceptor-ref>
               <interceptor-ref name="params"></interceptor-ref>
   </interceptor-stack>
  </interceptors>
 <!-- Action 的配置 -->
   <action name="login" class="com.action.LoginAction">
        <result name="success">/success.jsp</result>
        <result name="login">/login.jsp</result>
   </action>
   <action name="welcome">
        <result>/WEB-INF/jsp/welcome.jsp</result>
   </action>
 </package>
</struts>
```

struts.xml 里很多元素都是重复的。这里只列出了基本的元素。Struts 2 框架通过 struts.xml

文件自动加载资源完成各种所需的功能。

1.4.3 配置 struts.properties

Struts 2 框架有两个核心的配置文件——struts.xml 和 struts.properties。其中，struts.xml 文件主要负责管理应用中的 Action 映射，以及该 Action 包含的 Result 定义等；struts.properties 文件定义了 Struts 2 框架的大量属性，开发者可以通过改变这些属性来满足应用的需求。

struts.properties 文件是一个标准的 Properties 文件，该文件包含了系列的 key-value 对象，每个 key 就是一个 Struts 2 属性，该 key 对应的 value 就是一个 Struts 2 属性值。

struts.properties 文件通常放在 Web 应用的 WEB-INF/classes 路径下。实际上，只要将该文件放在 Web 应用的 CLASSPATH 路径下，Struts 2 框架就可以加载该文件。

注意

Struts 2 提供了两种方式来管理 Struts 2 的属性，既可以通过 struts.properties 文件来配置 Struts 2 属性，也可以通过在 struts.xml 文件中配置 constant 元素来配置 Struts 2 属性。struts.xml 配置文件如下。

```
<?xml version="1.0" encoding="UTF-8" ?>
<!DOCTYPE struts PUBLIC "-//Apache Software Foundation//DTD Struts Configuration 2.1//EN" "http://struts.apache.org/dtds/struts-2.1.dtd">
<struts>
 <!--通过 constant 元素配置 Struts2 的属性 -->
<constant name="struts.custom.il8n.resources" value="messageResource"/>
<constant name="struts.locale" value="zh_CN"></constant>
<constant name="struts.i18n.encoding" value="UTF-8"></constant>
……
</struts>
```

1.5 Action 和类型转换

在 Struts 2 中，一个 Action 类代表一次请求或调用，每个请求的动作都对应于一个相应的 Action 类，一个 Action 类是一个独立的工作单元。用户的每次请求，都会转到一个相应的 Action 类里面，由这个 Action 类来进行处理，因此，一个 Action 类代表了用户的一次请求或一次调用。

1.5.1 实现 Action 控制类

Struts 2 通常直接使用 Action 来封装 HTTP 请求参数，因此需要为 Action 中的属性添加 setter()与 getter()方法。例如，用户请求中有两个参数，userName 和 password，那么 Action 应该提供两个属性 userName 与 password 来封装参数，并且提供 settet()与 getter()方法。处理这段请求的文件 LoginAction.java 的代码如下。

```
public class LoginAction {
    private String userName;
    private String password;
    public String execute() throws Exception{
```

```
        return "success";
    }
    public String getUserName() {
        return userName;
    }
    public void setUserName(String userName) {
        this.userName = userName;
    }
    public String getPassword() {
        return password;
    }
    public void setPassword(String password) {
        this.password = password;
    }
}
```

上面的 Action 只是一个普通的 Java 类，没有继承任何类，也没有实现任何接口。通常，这样的 Action 需要包含一个无参的 execute( )方法，两个属性 userName 和 password 分别对应着两个请求参数。

为了开发更加规范的 Action，Struts 提供了一个 Action 接口，这个接口定义了 Struts 的 Action 应该实现的规范。下面是实现了 Action 接口的代码。

```
public interface Action {
    public static final java.lang.String SUCCESS = "success"; //定义静态常量SUCCESS，即字符串 success
    public static final java.lang.String NONE = "none"; //定义静态常量 NONE，即字符串 none
    public static final java.lang.String ERROR = "error"; //定义静态常量 ERROR，即字符串 error
    public static final java.lang.String INPUT = "input"; //定义静态常量 INPUT，即字符串 input
    public static final java.lang.String LOGIN = "login";//定义静态常量 LOGIN，即字符串 Login
    public abstract String execute() throws Exception;//定义 execute()方法
}
```

通常，实现该接口的不是 Action 类，而是继承该接口的实现类 ActionSupport。下面是 Struts 2 中 ActionSupport 类的代码片段。

```
    public class ActionSupport implements Action, Validateable, ValidationAware, Text Provider,
LocaleProvider, Serializable {
    protected static Logger LOG = LoggerFactory.getLogger(ActionSupport.class);
    private final ValidationAwareSupport validationAware = new ValidationAwareSupport();
    private transient TextProvider textProvider;
    private Container container;
    //设置 Action 的校验错误信息
    public void setActionErrors(Collection<String> errorMessages) {
        validationAware.setActionErrors(errorMessages);
```

```
}
//返回 Action 的校验错误信息
public Collection<String> getActionErrors() {
     return validationAware.getActionErrors();
}
//设置 Action 信息
public void setActionMessages(Collection<String> messages) {
    validationAware.setActionMessages(messages);
}
//返回 Action 信息
public Collection<String> getActionMessages() {
    return validationAware.getActionMessages();
}
//返回校验错误信息
@Deprecated
public Collection<String> getErrorMessages() {
    return getActionErrors();
}
//返回错误信息
@Deprecated
public Map<String, List<String>> getErrors() {        //返回错误信息
    return getFieldErrors();
}
//设置表单校验错误的方法
public void setFieldErrors(Map<String, List<String>> errorMap) {
    validationAware.setFieldErrors(errorMap);
}
//返回表单校验错误的方法
public Map<String, List<String>> getFieldErrors() {
    return validationAware.getFieldErrors();
}
//控制 Local 的信息
public Locale getLocale() {
    ActionContext ctx = ActionContext.getContext();
    if (ctx != null) {
          return ctx.getLocale();
    }
    else {
          LOG.debug("Action context not initialized");
          return null;
```

```
        }
    }
    public boolean hasKey(String key) {
        return getTextProvider().hasKey(key);
    }
    //返回国际化信息
    public String getText(String aTextName) {
        return getTextProvider().getText(aTextName);
    }
    //返回国际化的资源包
    public ResourceBundle getTexts() {
        return getTextProvider().getTexts();
    }
    //添加错误信息
    public void addActionError(String anErrorMessage) {
        validationAware.addActionError(anErrorMessage);
    }
    public void addActionMessage(String aMessage) {
        validationAware.addActionMessage(aMessage);
    }
    public void addFieldError(String fieldName, String errorMessage) {
    //添加字段校验失败的信息
        validationAware.addFieldError(fieldName, errorMessage);
    }
    public String input() throws Exception {
        return INPUT;
    }
    public String doDefault() throws Exception {
        return SUCCESS;
    }
    //处理用户请求的默认方法，默认返回SUCCESS字符串
    public String execute() throws Exception {
        return SUCCESS;
    }
    //输入校验方法，这是一个空方法，需要用户来实现
    public void validate() {
    }
}
```

1.5.2 访问和配置 Action

在 Struts 2 中，Action 已经与 Servlet API 完全分离，这使得 Struts 2 的 Action 具有更加灵活和低耦合的特性。在实现业务逻辑处理时，经常需要访问 Servlet 中的对象，例如 session、request 和 application 等。Struts 2 提供了一个名称为 ActionContext 的类，在 Action 中可以通过该类获得 Servlet API。

可以通过下面的代码来创建和使用 ActionContext：

```
ActionContext    ac = ActionContext.getContext();
```

在 ActionContext 类中有一些常用方法，如表 1-1 所示。

表 1-1 ActionContext 类的常用方法

方法名称	方法描述
Object get (Object key)	通过参数 key 来查找当前 ActionContext 中的值
Map getApplication( )	返回一个 Application 级的 Map 对象
Static ActionContext getContext( )	获得当前线程的 ActionContext 对象
Map getParameters( )	返回一个包含所有 HttpServletRequest 参数信息的 Map 对象
Map getSession( )	返回一个 Map 类型的 HttpSession 对象
void put (Object key,Object value)	向当前 ActionContext 对象中存入名值对信息
void setApplication (Map application)	设置 Application 上下文
void setSession (Map session)	设置一个 Map 类型的 session 值

下面创建一个实例，演示 Struts 2 中的 Action 是如何通过 ActionContext 访问 Servlet API 的。本实例将模仿登录业务逻辑，分别把登录用户名保存在 application 和 session 中，然后从 JSP 页面中读取消息。

创建应用程序的根目录为 ch1，在该目录下创建应用程序文件，添加 Struts 2 应用。其目录结构如图 1-9 所示。

首先创建登录页面，login.jsp 文件的代码如下所示。

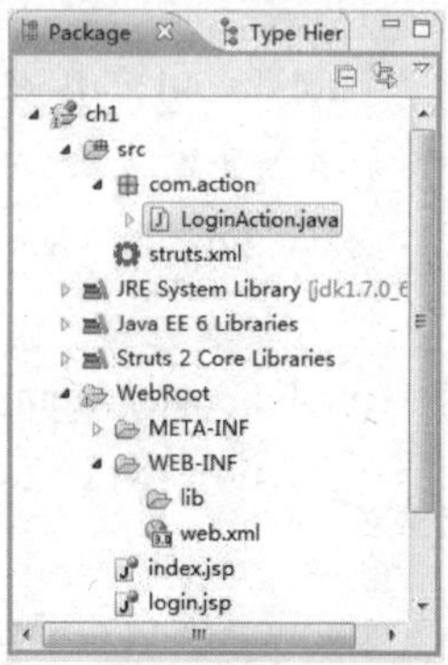

图 1-9 目录结构

```
<%@ page language="java" import="java.util.*"
pageEncoding="UTF-8"%>
<%@ taglib prefix="s" uri="/struts-tags" %>    <!-- 导入 Struts2 标签库 -->
<html> <body>
   <h2>用户登录</h2>
<s:form action="checkLogin" namespace="/">
   <s:textfield name="name"    label="登录名称"    size="15" />
   <s:password name="pwd" label="登录密码" size="15" />
   <s:submit value="登    录"/>
  </s:form>
```

```
    </body>
    </html>
```

在上述登录文件中，引入了 Struts 2 标签库，定义前缀为 s。在<s:form>标签对中，定义登录名称和登录密码文本框，以及提交按钮。将该 form 表单提交给 checkLogin，系统根据在 struts.xml 文件中对 checkLogin 的配置寻找相应类文件。

其次实现 Action，新建名称为 LoginAction.java 的文件。该文件用于实现对登录信息的处理，代码如下所示。

```
//省略 package 和 import 语句
public class LoginAction extends ActionSupport {
    private String name;
    private String pwd;
    public String getName() {
        return name;
    }
    public void setName(String name) {
        this.name = name;
    }
    public String getPwd() {
        return pwd;
    }
    public void setPwd(String pwd) {
        this.pwd = pwd;
    }
    public String checkLogin(){
        ActionContext actionContext   = ActionContext.getContext();//获得 ActionContext
        actionContext.getSession().put("login", this.name); //把登录名放入 session 中
        actionContext.getApplication().put("login", this.name);//把登录名放入 application 中
        return SUCCESS;
    }
}
```

上述 LoginAction.java 类中只有 name 和 pwd 属性，这里没有实现登录验证，只是获得 ActionContext 对象，通过 ActionContext 调用 getSession( )和 getApplication( )方法，把登录名称 name 存放到 session 和 application 中。

下面在 struts.xml 文件中对 LoginAction.java 进行配置，代码如下所示。

```
<?xml version="1.0" encoding="UTF-8" ?>
<!DOCTYPE struts PUBLIC "-//Apache Software Foundation//DTD Struts Configuration 2.1//EN"
"http://struts.apache.org/dtds/struts-2.1.dtd">
<struts>
```

```
  <package name="default" extends="struts-default" namespace="/">
      <action name="checkLogin" class="com.action.LoginAction" method="checkLogin">
          <result>/index.jsp</result>
      </action>
  </package>
</struts>
```

在上述配置文件中，命名空间为根目录，并且配置 LoginAction 类，指向该类的 checkLogin( )方法。

下面介绍显示登录信息的 JSP 页面。新建文件名为 index.jsp 的文件，其主要内容如下所示。

```
<%@ page language="java" import="java.util.*" pageEncoding="UTF-8"%>
<%@ taglib prefix="s" uri="/struts-tags" %>   <!-- 导入 Struts2 标签库 -->
<html>
    <body >
  读取 session 中的信息：欢迎<s:property value="#session.login"/>。<br>
  读取 application 中的信息：欢迎<s:property value="#application.login" />。
    </body>
</html>
```

在浏览器地址栏中输入“http://localhost:8080/ch1/login.jsp”，显示登录页面，如图 1-10 所示，在文本框中输入信息，单击“登录”按钮，显示内容如图 1-11 所示。

图 1-10　登录页面

图 1-11　显示登录信息

1.5.3　动态方法调用

在实际应用中，有时需要一个 Action 来处理多个业务请求，所以 Action 可以包含多个处理业务逻辑的方法。针对不同的客户端请求，Action 会调用不同的方法进行处理。

（1）指定 method 属性

在 struts.xml 配置文件中配置<action/>元素的时候，可以为其指定 method 属性，让 Action 调用指定的方法来处理用户的请求，而不是使用 execute( )方法来处理，例如，下面的一段配置代码。

```
<?xml version="1.0" encoding="UTF-8" ?>
<!DOCTYPE struts PUBLIC "-//Apache Software Foundation//DTD Struts Configuration 2.1//EN"
"http://struts.apache.org/dtds/struts-2.1.dtd">
<struts>
  <package name="default" extends="struts-default" namespace="/">
      <!-- 使用 LoginAction 类中的 login 方法来处理登录请求  -->
```

```
<action name="login" class="com.action.LoginAction" method="login">
            <result>/index.jsp</result>
        </action>
<!-- 使用 LoginAction 类中的 register 方法来处理注册请求   -->
        <action name="register"    class="com.action.LoginAction" method="register">
            <result>/register.jsp</result>
        </action>
  </package>
</struts>
```

上面定义了两个逻辑 Action，但是处理类都是 com.action.LoginAction。login 和 register 虽然有相同的处理类，但是它们的处理逻辑是不同的，处理逻辑通过 method 属性指定。其中，login 处理逻辑采用的方法是 login( )方法，而 register 处理逻辑采用的方法是 register( )方法。

（2）不指定 method 属性

这种动态调用方法并不是直接将某个 Action 的名字赋予表单的 action 属性，form 表单不需要指定 method 属性，而是用如下形式来指定：

```
<s:form action="Action 名称!方法名称"> 或 <s:form action="Action 名称!方法名称.action">
```

使用这种方式将请求提交到 Action 时，如果在 JSP 页面中有多个提交按钮，则每个按钮的提交事件都交给同一个 Action，但是对应 Action 中的不同方法，这时，在 struts.xml 文件中只需要配置该 Action，而不必配置每个方法。如：

```
<s:form action="login.login">
....
<action name="login" class="com.action.LoginAction">
      <result>/index.jsp</result>
  </action>
```

（3）使用通配符

在配置<action/>时，需要填写 name、class 和 method。这三个属性都支持通配符，这种通配符的调用是另一种形式的动态调用，使得 Action 的配置更加方便。下面以 Action 配置为例来说明如何使用通配符进行配置，代码如下。

```
<package name="default" extends="struts-default" namespace="/">
      <action name="login_*" class="com.action.LoginAction" method="{1}">
            <result>/index.jsp</result>
      </action>
</package>
```

上面的<action name=*"login_*"*>不是定义了一个 Action，而是定义了一系列的 Action，只要用户请求的 URL 是 login_*的方式，如"login_register"，都可以使用此 Action 来处理。

配置 Action 元素的时候还指定了 method 属性，该 method 属性使用了表达式{1}。该表达式的意思是使用 name 属性第一个*的值，例如，如果用户请求的 URL 是"/login_login"，那么调用 LoginAction 中的 login 方法；如果用户请求的 URL 是"/login_register"，那么调用 LoginAction 中的 register 方法。

通过匹配，调用不同的 Action 的 execute 方法，代码片段如下。

```
<action name="*Action" class="com.action.{1}Action">
    <result name="input">/login.jsp</result>
    <result name="success">/index.jsp</result>
</action>
```

上面没有出现 method 属性，故默认调用对应的 execute 方法。如果用户请求的 URL 为 LoginAction，则调用 com.action.LoginAction 中的 execute 方法；如果用户请求的 URL 为 Register-Action，则调用 com.action.RegisterAction 中的 execute 方法。

另外，对 result 元素也可以采用通配符配置，代码如下。

```
<action name="login_*" class="com.action.LoginAction" method="{1}">
    <result name="input">/input.jsp</result>
    <result>/{1}.jsp</result>
 </action>
```

当处理结果是 input 时，会转到/input.jsp 页面，当处理结果是 success 时，如果页面请求是 login_create.action，则会执行 com.action.LoginAction 中的 create 方法，并且跳转到/create.jsp；如果页面请求是 login_delete.action，则会执行 com.action.LoginAction 中的 delete 方法，并且跳转到/delete.jsp。

1.5.4 使用 Struts 2 内建类型转换器

Java 语言是强类型的语言，因此要进行类型转换。Struts 2 支持数据类型的自动转换，这种转换以对象图形导航语言（Object-Graph Navigation Language，OGNL）为基础。OGNL 通过其简单、一致的表达式语法，可以存取对象的任意属性值，调用对象的方法，遍历整个对象的结构图，实现字段类型转化等功能。OGNL 的具体实现方法是：数据转移和类型转换。数据转移就是把页面上的参数转换成属性，或将属性显示在页面上。类型转换就是将页面上提交的字符串数据转换成属性中的 int、float 等类型的数据，或反过来。

OGNL 取代原来的 EL 来做界面数据绑定。所谓界面数据绑定，就是把界面元素（例如，textfield、select、hidden 等）和对象层某个类的某个属性绑定在一起，使得修改和显示自动同步，这种同步的基础则来源于 OGNL 对数据类型自动转换的支持。Struts 2 把用户提交的内容映射成动作的属性，或将属性内容通过 Struts 2 标签显示在 JSP 页面中，而这些映射和显示的过程正是通过 OGNL 实现的。下面重点介绍为什么要进行类型转换以及 OGNL 如何支持类型转换。

1. 简单类型转换

在简单类型转换方式下，Struts 2 内建的类型转换器通常都能满足应用需求。下面创建应用程序实现简单类型转换，将客户端输入的数量和价格分别转换为 int 和 double 类型。视图页面 goods.jsp 的内容如下所示。

```
<%@ page language="java" import="java.util.*"
pageEncoding="UTF-8"%>
<%@ taglib prefix="s" uri="/struts-tags" %>   <!-- 导入 Struts2 标签库
```

```
-->
<html>
    <body>
        <h2>添加商品</h2>
        <s:form action="addAction" namespace="/" method="add">
        <s:textfield name="name"  label="商品名称"  size="15" />
        <s:textfield name="price"  label="商品价格"  size="15" />
        <s:textfield name="num"  label="商品数量"  size="15" />
        <s:submit value="添加"/></s:form>
    </body>
</html>
```

上述代码实现了添加商品的表单，用户输入商品的名称、价格和数量。表单提交后，信息被作为字符串传递给了服务器端的 Action。Action AddAction.java 的代码如下所示。

```
package com.action;
import com.opensymphony.xwork2.ActionSupport;
public class AddAction extends ActionSupport {
    private String name;
    private double price;
    private int num;
    public String getName() {
        return name;
    }
    public void setName(String name) {
        this.name = name;
    }
    public double getPrice() {
        return price;
    }
    public void setPrice(double price) {
        this.price = price;
    }
    public int getNum() {
        return num;
    }
    public void setNum(int num) {
        this.num = num;
    }
    public String add (){
        return SUCCESS;
```

```
    }
}
```

从上述代码中可以看出，Action 中的 price 和 num 属性分别是 double 和 int 类型，而客户端提交的都是字符串格式的数据，因此需要将用户输入的数据从字符串类型转换为 double 类型和 int 类型。

创建添加成功页面，该页面中输出商品信息。该页面文件的主要内容如下所示。

```
<%@ page language="java" import="java.util.*" pageEncoding="UTF-8"%>
<%@ taglib prefix="s" uri="/struts-tags" %>   <!-- 导入 Struts 2 标签库 -->
<html>
    <body>
    <h2>添加成功</h2>
    您添加的商品信息如下。<br>
    商品名称：<s:property value="name"/> <br>
    商品价格：<s:property value="price"/> <br>
    商品数量：<s:property value="num"/> <br>
    </body>
</html>
```

配置好 Action 后，运行程序，在浏览器地址栏中输入“http://localhost:8080/ch1/goods.jsp”，如图 1-12 所示。

单击按钮“添加”，显示结果如图 1-12 所示。

图 1-12　添加图书

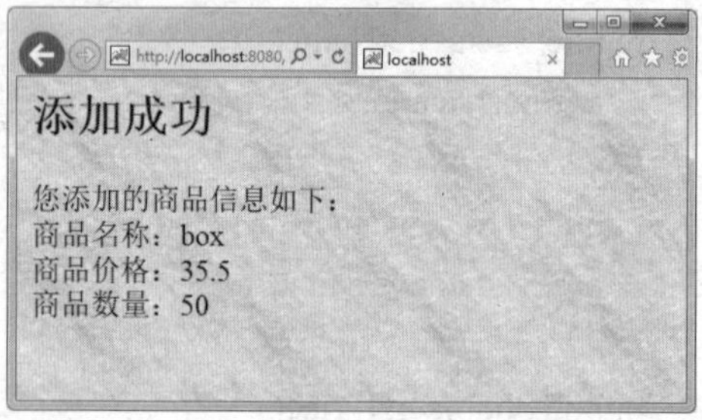

图 1-13　输出图书信息

2. 集合类型转换

在上面的实例中，一次只能添加一个商品的信息，如果要一次添加多个商品的信息，那么就需要在 Action 中使用集合类型的属性，并使用集合类型转换器进行数据类型转换。下面介绍使用集合类型转换器的例子，AddListAction.java 的代码如下所示。

```
package com.action;
import java.util.List;
import com.dto.Goods;
import com.opensymphony.xwork2.ActionSupport;

public class AddListAction extends ActionSupport {
    private List<Goods> goodsList;
    public List<Goods> getGoodsList() {
```

```
        return goodsList;
    }
    public void setGoodsList(List<Goods> goodsList) {
        this.goodsList = goodsList;
    }
    public String addGoods()
    {
        return SUCCESS;
    }
}
```

该 Action 只包含一个 List 类型的属性，指定 List 的具体泛型为 Goods 对象（对象的属性即为商品的名称、价格和数量），并为这个对象设置 set 和 get 方法。所以，当从客户端传递多个商品的集合类对象时，Action 能自动接收并转换，代码如下所示。

```
<%@ page language="java" import="java.util.*" pageEncoding="UTF-8"%>
<%@ taglib prefix="s" uri="/struts-tags" %>   <!-- 导入 Struts 2 标签库 -->
<html> <body>
  <h2>添加商品</h2>
<s:form action="addAction" namespace="/" method="add">
<s:iterator value="new int[3]" status="stat">
<s:textfield name="%{goodsList['+#stat.index+'].name'}"   label="商品名称"   size="15" />
<s:textfield name="%{goodsList['+#stat.index+'].price'}"   label="商品价格"   size="15" />
<s:textfield name="%{goodsList['+#stat.index+'].num'}"   label="商品数量"   size="15" />
  <s:submit value="添加"/>
  </s:iterator>
  </s:form>
 </body>
</html>
```

在上述代码中使用了<s:iterator>标签循环输出 3 行添加商品信息的文本框。关于此标签的使用细节在后面的章节有详细的说明。

Struts 2 提供的集合类型转换器为开发者省去了大量的编码工作，从而使开发者有更多的精力来开发业务逻辑。在实际应用中，Struts 2 内建类型转换器能满足基本需求，需要开发自定义类型转换器的情况并不常见，所以这里不再介绍自定义类型转换器，读者若有兴趣，可自行查阅相关资料。

1.6 本章小结

Struts 2 是 Struts 的下一代产品，是合并了 Struts 1 和 WebWork 的全新的 Struts 2 框架。全新的 Struts 2 的体系结构与 Struts 1 的体系结构差别巨大。Struts 2 以 WebWork 为核心，采用拦截器的机制来处理用户的请求，这样的设计也使得业务逻辑控制器能够与 ServletAPI 完全脱离开，所以 Struts 2 可以理解为 WebWork 的更新产品。虽然从 Struts 1 到 Struts 2 有着太大的变化，但是相对于 WebWork，Struts 2 的变化很小。

本章还讲解了 Struts 2 的配置与应用，并通过实例让读者了解 Struts 2 的基本框架开发。

1.7 课内实训

【课内实训 1】使用 JSP+Servlet+JavaBean（MVC）的模式，完成用户的注册登录过程，自行设计数据库。

【课内实训 2】使用课内实训 1 的数据库，然后用 Struts 2 框架改写，使用 Action 替代 Servlet，完成注册登录过程。

【课内实训 3】建立图书数据库 Book（序号，书名，作者，出版社，定价，ISBN 号，图书类别），创建 Struts 2 Web 项目，新建前台页面，使用 Struts 2 接受输入信息并保持在数据库中，完成图书信息录入。

【课内实训 4】将实训 2 与实训 3 合并，注册用户才能输入图书信息。通过注册页面注册用户，然后跳转到登录页面登录，验证用户名密码，如果密码正确，跳转到图书信息录入页面，如果不正确，回到登录页面。通过 Action 和 struts.xml 配置文件实现各种跳转。

1.8 实训题

【实训 1】在课内实训 4 的基础上，新建图书查询页面，实现按书名、图书类别、作者和 ISBN 号多条件查询。可以建立 DAO 数据处理层辅助查询，通过 Struts 2 框架调用 DAO 层 Java 类实现查询，并将结果显示在前台页面上。

【实训 2】在实训 1 的基础上，增加功能，实现对查询到的图书进行更新和删除。图书更新可修改书名、作者等信息，并按序号保持到数据库中。

【实训 3】在实训 2 的基础上，完成图书信息的统计功能，包括所查询到的图书的总数和总价。前台页面上所有的请求都通过 Struts 2 框架调度。

PART 2

第2章 Struts 2标签库

教学要求

- 掌握：OGNL 表达式、Struts 2 标签库及其使用
- 理解：Struts 2 标签库的应用范围
- 了解：Struts 2 标签库的优、缺点

2.1 OGNL

OGNL 是 Object-Graph Navigation Language 的缩写，它是一种功能强大、可以方便地操作对象属性的开源表达式语言，它通过简单一致的表达式语法，可以存取对象的任意属性，调用对象的方法，遍历整个对象的结构图，实现字段类型转化等功能。它使用相同的表达式去存取对象的属性。OGNL 的目的就是避免在 JSP 页面中出现过多的<% %>语句，和 Struts 2 的标签库一起使用，可以方便的实现页面与后台代码的分离。

Struts 2 默认的表达式语言就是 OGNL，相对于其他表达式语言，它具有以下优势。

- 支持对象方法调用，如 xxx.doSomeSpecial( )。
- 支持类静态的方法调用和值访问，表达式的格式为@[类全名（包括包路径）]@[方法名 | 值名]，例如：@java.lang.String@format('foo %s', 'bar') 或 @tutorial.MyConstant@APP_NAME。
- 支持赋值操作和表达式串联，如 price=100，discount=0.8, calculatePrice (price*discount)，这个表达式会返回 80。
- 可以方便地访问 OGNLContext 和 ActionContext。
- 可以方便的操作集合对象

OGNL 通常结合 Struts 2 一起使用。主要是#、%和$这三个符号的使用，使用方法如下。

1. “#”符号

该符号主要有以下 3 种用途。

（1）访问 OGNL 上下文和 Action 上下文，相当于 ActionContext.getContext( )。下面列出了 ActionContext 中一些常用的属性：

- parameters

属性作用：包含当前 HTTP 请求参数的 Map。

应用说明：#parameters.id[0]相当于 request.getParameter(“id”)。

- request

属性作用：包含当前 HttpServletRequest 的属性（attribute）。

应用说明：#request.userName 相当于 request.getAttribute(“userName”)。

- session

属性作用：包含当前 HttpSession 的属性（attribute）的 Map。

应用说明：#Session.userName 相当于 session.getAttribute(“uname”)。

- application

属性作用：包含当前应用的 ServletContext 的属性（attribute）的 Map。

应用说明：#application.userName 相当于 application.getAttribute(“userName”)。

（2）用于过滤和投影集合，例如：

```
books.{?#this.pirce<100}
```

（3）用于构造 Map，例如：

```
#{'book1':'23','book2':'55'}
```

下面将通过实例介绍“#”的具体应用，首先是 Action 类，用来构建 request、application、session 和 list 对象，如代码所示。

```
package action;
//省略 import 语句
public class OGNLAction extends ActionSupport implements ServletRequestAware, SessionAware,
ServletContextAware{
        private HttpServletRequest request;
        @SuppressWarnings("unchecked")
        private Map session;
        private ServletContext application;
        private List<News> newsList;
        public void setServletRequest(HttpServletRequest request)    {
                this.request = request;
        }
        @SuppressWarnings("unchecked")
       public void setSession(Map session)    {
              this.session = session;
        }
        public void setServletContext(ServletContext application)    {
                this.application = application;
        }
        public List<News> getNewsList()    {
                return this.newsList;
        }
```

```
    @SuppressWarnings("unchecked")
    public String execute() {
        request.setAttribute("userName", "userName From request");
        session.put("userName", "userName From session");
        application.setAttribute("userName", "userName From application");
        newsList=new LinkedList();
        News news1 = new News();
        news1.setNid(1);
        news1.setNtitle("the first News Title");
        news1.setNcontent("the first News Content");
        news1.setNtime("2009-3-16");
        newsList.add(news1);
        News news2 = new News();
        news2.setNid(2);
        news2.setNtitle("the second News Title");
        news2.setNcontent("the second News Content");
        news2.setNtime("2009-3-17");
        newsList.add(news2);
        News news3 = new News();
        news3.setNid(3);
        news3.setNtitle("the third News Title");
        news3.setNcontent("the third News Content");
        news3.setNtime("2009-3-18");
        newsList.add(news3);
        return SUCCESS;
    }
}
```

在上述代码中，分别在 request、session 和 application 范围内添加 userName 属性。

接下来创建客户端页面使用 OGNL 获得后并输出在 Action 中定义的内容，如代码所示。

```
<h3>访问 OGNL 上下文和 Action 上下文</h3>
<p>request.userName: <s:property value="#request.userName" /></p>
<p>session.userName: <s:property value="#session.userName" /></p>
 application.userName: <s:property value="#application.userName" />
<hr />
<h3>用于过滤和投影集合</h3>
所有的新闻:
<ul>
<s:iterator value="newsList">
<s:property value="nid" />. <s:property value="ntitle" /><br>
</s:iterator>
```

```
</ul>
ID 是"1"的新闻标题: <s:property
value="newsList.{?#this.nid==1}.{ntitle}[0]"/>
<hr />
<h3>构造 Map</h3>
<s:set name="books" value="#{'book1':'23', 'book2':'55'}" />
 book1 的价格是: <s:property value="#books['book1']" />
<hr />
<h3>%的用途</h3>
<p><s:url value="#books['book1']" />:
<s:url value="%{#books['book1']}" /></p>
```

因为下面代码的返回值是集合类型的，所以要用［索引］，例如［0］，来访问其值。

```
<s:property value="newsList.{?#this.id==1}.{title}"/>
```

最后是 Struts 2 的配置文件 struts.xml，在该文件中对 Action 类进行配置，<result>元素表示逻辑结果视图，即返回到 OGNLTag.jsp 页面。配置内容如下：

```
<!-- OGNL Action -->
        <action name="OGNLAction" class="action.OGNLAction">
             <result name="success">/ognl.jsp</result>
         </action>
```

应用程序创建完成后，在 web.xml 文件中配置 Struts 2 应用，运行程序请求 OGNLAction.action。

2．“%”符号

“%”符号的用途是当标签的属性为字符串类型时，计算 OGNL 表达式的值。例如在 OGNL.jsp 中加入以下代码：

```
<h3>%的用途</h3>
<p><s:url value="#books['book1']" />:
<s:url value="%{#books['book1']}" /></p>
```

3．“$”符号

“$”符号主要有以下两个主要用途。

（1）在国际化资源文件中使用 OGNL 表达式，例如，年龄必须在${min}和${max}之间。

（2）在 Struts 2 配置文件中使用 OGNL 表达式，例如：

```
<action name="AddPhoto" class="addPhoto">
<interceptor-ref name="fileUploadStack"/>
<result type="redirect">/myOGNL.action?id=${id}</result>
</action>
```

在配置文件中使用 OGNL 表达式，一般是指在指定的 URL 路径中需要带有参数，参数值可以使用 OGNL 表达式实现。

2.2 标签库概述

Struts 2 自带了一套非常强大的标签库。标签库不仅自身功能强大，而且能与 Struts 2 的其他部分无缝结合。该标签库大大简化了视图页面代码，提高了视图页面的维护效率。与 Struts 1 标签库相比，Struts 2 标签库不但功能强大，而且更加简单易用。

2.2.1 使用标签库的优势

在传统 Web 应用开发中，表现层的 JSP 页面主要通过使用 Java 脚本来处理业务逻辑，所以 JSP 页面中会嵌套大量 Java 代码。如下列代码所示。

```
<%@ page language="java" import="java.util.*" pageEncoding="UTF-8"%>
<%
 ShoppingDao sd = new ShoppindDao();
 Vector v =new Vector();
 v = sd.getShopping();
 %>
 <h2>商品列表</h2>
 <ul><li>商品名称</li><li>购买数量</li><li>修改数量</li><li>删除商品</li>
 </ul>
 <%
  for(int i=0;i<v.size();i++)
  {
   if(v.get(i)!=null){
    ShoppingBean sb = new ShoppingBean();
    sb=(ShoppingBean)v.get(j);
 %>
   <ul><li><%=sb.getName() %></li><li><%=sb.getNum() %></li>
   <li><a href="editProduct.jsp?id=<%=sb.getId()%>">修改数量</a></li>
   <li><a href="delProduct.jsp?id=<%=sb.getId()%>">删除商品</a></li>
  <%
  }
  }
  %>
```

上述代码主要实现商品列表的输出，在“<% %>”之间嵌入了大量 Java 脚本。这不仅使代码可读性降低，也给以后的维护带来不便，而且很多 Java 脚本功能相似，从而使页面中包含大量的重复代码，而应用 Struts 2 标签库能够解决上述问题。

Struts 2 也支持 JSP 标准标签库（JSP Standard Library，JSTL），而且支持更加强大的表达式语言 OGNL。Struts 2 标签库所提供的标签不但全面而且功能强大，其绝大部分标签不依赖于任何表现层技术。

2.2.2　Struts 2 标签库分类

Struts 2 标签库并没有对标签进行严格分类，而是把所有标签都整合到一个标签库中。为了对 Struts 2 标签库有清晰的认识，可以将 Struts 2 标签库分成以下三大类。

- UI 标签，主要用于生产 HTML 页面元素。
- 非 UI 标签，主要用于进行数据逻辑输出和数据访问等。
- Ajax 标签，主要用于支持 Ajax 技术。

其中，UI 标签又可以分为如下两类。

- 表单标签，主要用于生成 HTML 中的表单。
- 非表单标签，主要包含一些常用的功能标签，例如显示日期或者树状菜单。

非 UI 标签也可以再细分为如下两类。

- 数据标签，主要用于数据存储和数据处理。
- 逻辑控制标签，主要用于条件和循环等流程控制。

Struts 2 标签库的分类如图 2-1 所示。

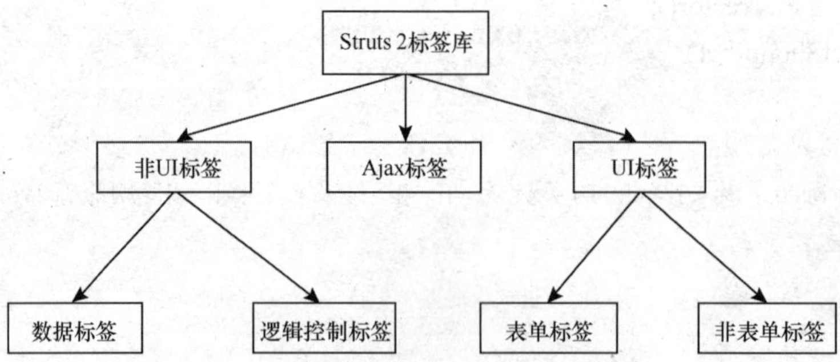

图 2-1　Struts 2 标签库分类

2.3　使用控制标签

Struts 2 的非 UI 标签包括逻辑控制标签和数据标签，其中逻辑控制标签主要用于程序流程的逻辑控制，例如选择、分支和循环，也可以实现对集合进行合并和排序等操作。逻辑控制标签主要包括以下 9 个标签。

- If：用于控制选择输出。
- elseif：与 if 标签结合使用。
- else：与 if 标签结合使用。
- append：用于将多个集合合并成一个新集合。
- generator：用于将一个字符串解析成一个集合。
- iterator：这是一个迭代器，用于将集合进行循环输出。
- merge：与 append 标签一样，用于将多个集合合并成一个新集合，但方式有所不同。
- sort：用于对集合进行排序。
- subset：用于截取集合的一部分，形成一个新的子集合。

2.3.1　if/else if/else 标签

if/elseif/else 标签和 Java 程序里的用法类似，具体用法如下。

```
<s:if test="">标签体</s:if>
<s:elseif></s:elseif>
<s:else></s:else>
```

逻辑控制标签的具体实现代码如下所示。

```
<s:set name="dengji" value="85"/>
<s:if test="#dengji>=90">成绩优秀</s:if>
<s:elseif test="#dengji>=80">成绩良好</s:elseif>
<s:elseif test="#dengji>=60">成绩合格</s:elseif>
<s:else>成绩不合格</s:else>
```

在上述代码中，首先通过 set 标签定义一个名为 dengji 的属性，并且为属性设置初始值，然后通过 if/elseif/else 标签根据 dengji 属性值的范围来控制输出。

2.3.2 iterator/append/merge/generator/subset/sort 标签

本节介绍的这 6 个标签都是用来对集合进行操作的，例如对集合进行循环输出、添加、截取和排序操作等。

1. iterator 标签

iterator 标签用于对集合类型的变量进行迭代输出。这里的集合类型包括 List、Set、数组和 Map 等。该标签主要有以下 3 个属性。

- Value：可选属性。该属性用来指定被迭代输出的集合，被迭代的集合可以由 OGNL 表达式指定，也可以通过 Action 返回一个集合类型。
- id：可选属性。该属性用来指定集合中元素的 ID 属性。
- status：可选属性。该属性用来指定集合中元素的 status 属性。

下面创建实例文件。在该文件中使用 iterator 标签，文件内容如下所示。

```
<%@ page language="java" pageEncoding="UTF-8"%>
<%@ taglib prefix="s" uri="/struts-tags"%>
<s:iterator value="{'Java 程序设计案例教程', 'JSP 实践教程','Struts 2 完全学习手册','SSH 从入门到精通'}" id="bookname">
  <s:property value="bookname" /><br>
  </s:iterator>
```

在上述代码中，通过 iterator 标签指定一个集合，通过 value 属性指定集合元素值，并指定 id 属性值为 bookname，然后通过<s:property value="bookname">输出集合中每个元素的值。该页面的运行效果如图 2-2 所示。

在文件中添加如下代码，练习 status 属性的使用。

```
<s:iterator value="{'Ajax+JSP 巧学巧用','Java 程序设计案例教程', 'JSP 实践教程','Struts 2 完全学习手册','SSH 从入门到精通'}" id="name" status="st">
    <ul <s:if test="#st.odd">style="color:red;"</s:if>>
```

```
            <li><s:property value="name" /></li>
        </ul>
</s:iterator>
```

上述代码通过 iterator 标签输出一个集合，并定义 status 属性。在 if 标签中通过 status 属性值 st 调用 odd( )方法，实现奇数行字体颜色的控制，运行效果如图 2-3 所示。

图 2-2　iterator 标签的应用

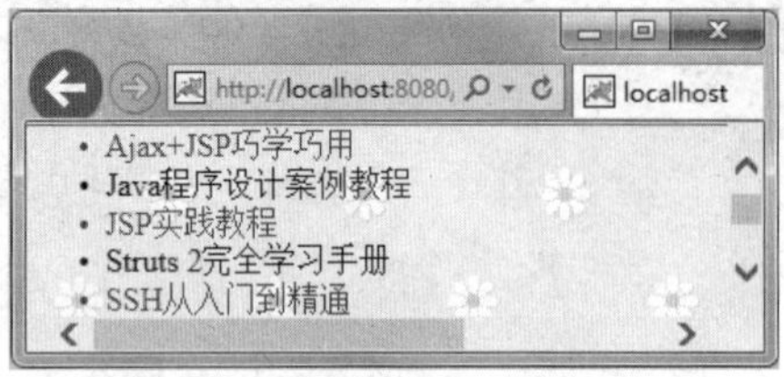

图 2-3　使用 status 属性

通过 iterator 标签进行迭代输出的都是集合类型。除此之外，iterator 标签也能很好地对 Map 对象进行迭代输出，Map 对象中的每个 key-value 组合都被当成一个集合元素。实例应用如下所示。

```
<ul style="width: 500px; float: left;">
        <li style="width: 200px; float: left;">姓名</li>
        <li style="width: 200px; float: left;">年龄</li></ul><br>
<s:iterator
value="#{'aa':'20','bb':'21','cc':'22','dd':'23','ee':'24'}" status="st">
        <ul     <s:if est="#st.odd">style="background-color:yellow;width:500px;float: left;"</s:if>>
        <li style="width: 200px; float: left;"><s:property value="key"/></li>
        <li style="width: 200px; float: left;"><s:property value="value"/></li>
        </ul>
</s:iterator>
```

上述代码在使用 iterator 标签时，其 value 属性使用 Map 对象定义。该实例的运行结果如图 2-4 所示。

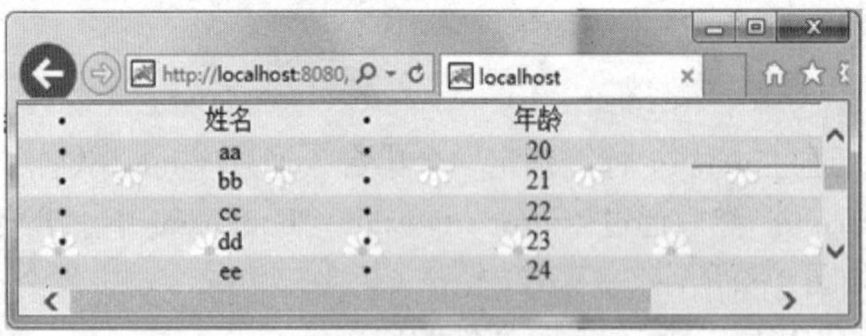

图 2-4　iterator 迭代输出 Map 对象

2. append 标签

使用append标签可以把多个集合对象连接起来，从而组成一个新的集合，然后通过 iterotor 标签进行迭代输出。append 标签的 id 属性定义连接后新集合的名字。该标签包含 param 子标签，每个子标签指定一个集合，如下列代码所示。

```
<s:append id="newList">
<s:param value="{'Java 程序设计案例教程','Ajax+JSP 巧学巧用','Struts 2 完全学习手册'}" />
    <s:param value="{'JSP 实践教程','JSF 开发从入门到精通'}" />
    </s:append>
    <s:iterator value="#newList" status="st">
    <ul <s:if
    test="#st.odd">style="color:blue;width:500px;"</s:if>>
        <li style="width: 500px;">
        <s:property />
        </li></ul>
</s:iterator>
```

在上述代码中，在 append 标签中定义了两个 param 子标签，每个子标签分别对应一个集合。这两个集合重新组合后，通过 iterator 标签循环输出，其 value 值指向 append 标签的 id 属性值。实例的运行效果如图 2-5 所示。

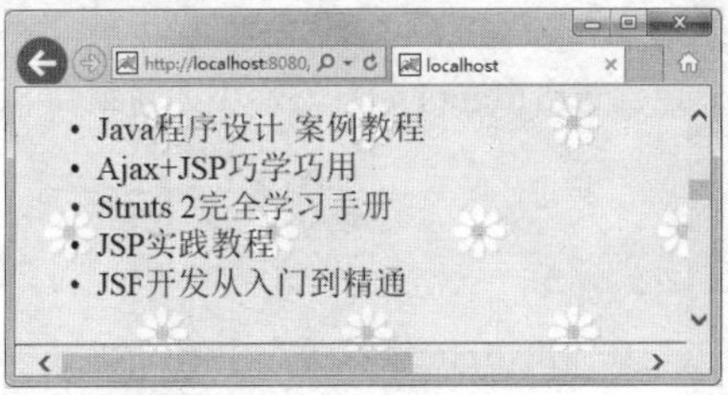

图 2-5　append 标签的应用

3. merge 标签

merge 标签和 append 标签所实现的功能一样，也是将多个集合连接成一个新的集合，但是在这两个标签连接生成的新集合中，元素的排序方式有所不同。实例应用如下列代码所示。

```
<s:append id="newList_append">
    <s:param value="{'集合 1 中的元素 1','集合 1 中的元素 2','集合 1 中的元素 3'}" />
        <s:param value="{'集合 2 中的元素 1','集合 2 中的元素 2'}" />
    </s:append>
    <s:merge id="newList_merge">
        <s:param value="{'集合 1 中的元素 1','集合 1 中的元素 2','集合 1 中的元素 3'}" />
        <s:param value="{'集合 2 中的元素 1','集合 2 中的元素 2'}" />
    </s:merge>
    <h3 style="color: green">迭代输出由 append 标签产生的新集合</h3>
    <s:iterator value="#newList_append" status="st">
                <ul <s:if test="#st.odd">style="color:blue;width:400px;height:20px; "</s:if>>
                    <li style="width: 400px;height:20px;">
        <s:property/></li></ul>
    </s:iterator>
    <h3 style="color: green">
```

```
迭代输出由 merge 标签产生的新集合
</h3>
    <s:iterator value="#newList_merge" status="st">
        <ul
          <s:if test="#st.odd">style="color:blue;width:400px;height:20px; "</s:if>>
            <li style="width: 400px;height:20px;">
                <s:property />
            </li>
        </ul>
    </s:iterator>
```

在上述代码中，使用 append 和 merge 标签分别定义了一个新集合，每个新集合都是由两个子集合组成的。接下来通过 iterator 标签，使用同样的方式输出新集合，而输出的结果不同，运行效果如图 2-6 所示。

图 2-6　append 标签和 merge 标签的应用

4. generator 标签

generator 标签可以将一个字符串按指定的分隔符分隔成多个子串，新生成的多个子串可以使用 iterator 标签迭代输出。使用 generator 标签时可以指定如下属性。

- count：可选属性，用来指定所生成集合中元素的总数。
- val：必选属性，指定被解析的字符串。
- separator：必选属性，用来指定分隔符。
- converter：可选属性，用来指定一个转换器。该转换器负责将集合中的每个字符串转换成对象。
- id：可选属性，如果指定该属性，则新生成的集合会被放在 pageContext 属性中。

该标签的用法如下列代码所示。

```
<h3 style="color: green">迭代输出由 generator 标签产生的新集合</h3>
    <s:generator val="'Java 程序设计案例教程, Ajax+JSP 巧学巧用, Struts 2 完全学习手册,
JSP 实践教程, JSF 开发从入门到精通'"separator=",">
    <s:iterator status="st">
```

```
<ul <s:if test="#st.even">style="color:blue;width:400px;"</s:if>>
 <li style="width: 400px;"><s:property/></li></ul>
</s:iterator>
</s:generator>
```

上述代码在使用 generator 标签时，通过 value 属性定义一个集合，通过 separator 属性定义集合的分割符合为“,”，运行效果如图 2-7 所示。

5. subset 标签

subset 标签用于从一个集合中进行截取，从而产生一个新的子集合。使用该标签时可以指定以下几个属性。

- source：可选属性。该属性用来指定源集合。
- count：可选属性。该属性用来指定子集合中元素的个数，如果不指定该属性，则默认取得源集合中的所有元素。
- start：可选属性。该属性用来指定从源集合的第几个元素开始截取。
- decider：可选属性。该属性用来指定是否选中当前元素。

该标签的应用如下所示。

```
<h3 style="color: green">
    使用 subset 标签截取集合
</h3><br>
<s:subset source="{'Java 程序设计案例教程', 'Ajax 完全学习手册', 'Struts 2 完全学习手册',
' JSP 实践教程', 'JSF 开发从入门到精通'}" start="1" count="3">
 <s:iterator status="st">
 <ul <s:if test="#st.even">style="color:blue"</s:if>><li><s:property /></li></ul>
 </s:iterator>
</s:subset>
```

上述代码的 subset 标签设置 start="1"和 count="3"，表示从源集合的第 2 个元素开始往后截取 3 个元素，由这些元素组合成一个新元素，并通过 iterator 标签进行迭代输出。上述代码的运行效果如图 2-8 所示。

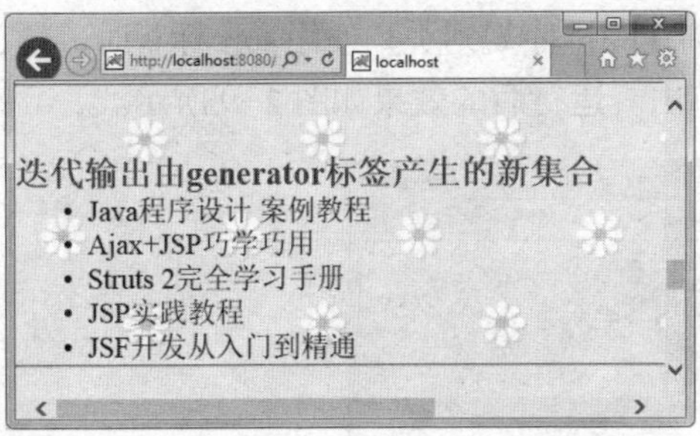

图 2-7 迭代输出由 generator 标签产生的新集合

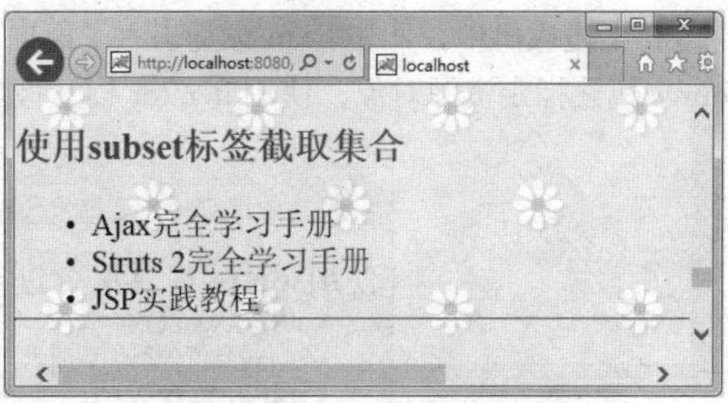

图 2-8 用 subset 标签截取集合

6. sort 标签

sort 标签用来对指定的集合进行排序，排序规则由开发者提供，即实现自己的 Comparator

实例。Comparator 是通过 java.util.comparator 接口来实现的。使用 sort 标签时可以指定如下属性。

- comparator：必选属性。该属性用来指定实现排序规则的 comparator 实例。
- source：可选属性。该属性用来指定将要排序的集合。

接下来创建应用实例。首先创建 Comparator 类，在该类中实现排序规则，代码如下所示。

```
package com;
import java.util.Comparator;
public class MyComparator implements Comparator{
  public int compare(Object element1, Object element2){
      return element1.toString().length() - element2.toString().length();
  }
}
```

在实现 Comparator 类时，需要实现 compare (Object element1, Object element2)方法。这个方法具体实现了排序规则。本实例将根据字符串的长度进行排序。

接下来创建客户端 JSP 页面，实现对集合排序的输出显示，页面代码如下所示。

```
<s:bean id="mycomparator" name="com.MyComparator" />
    <h3 style="color: green">使用 sort 标签对集合进行排序</h3>
    <s:sort source="{'Java 程序设计案例教程','Ajax 完全学习手册','Struts 2 完全学习手册','JSP 实践教程','JSF 开发从入门到精通'}"comparator="#mycomparator">
    <s:iterator status="st">
        <ul <s:if test="#st.odd">style="color:blue"</s:if>>
            <li>
              <s:property />
            </li>
        </ul>
    </s:iterator>
    </s:sort>
```

在上述代码中，使用 bean 标签引入了前面所创建的排序规则类；使用 sort 标签时，通过 source 属性指定资源对象；使用 iterator 标签循环输出。运行后的效果如图 2-9 所示。

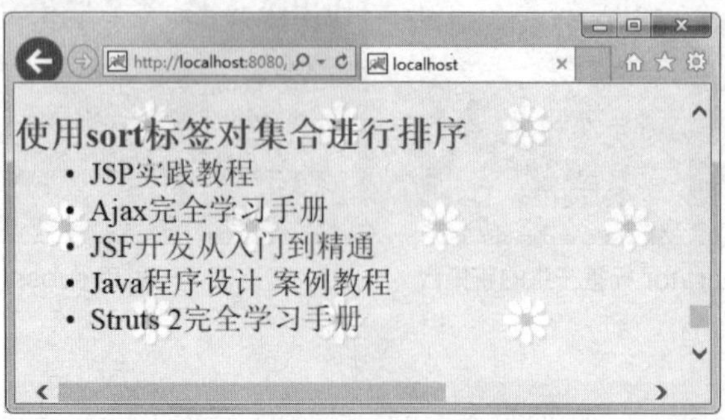

图 2-9 使用 sort 标签进行排序

2.4 使用数据标签

数据标签主要用来实现获得或访问各种数据的功能，常用于显示 Action 中的属性以及国际化输出等。数据标签主要包含以下几种。

- action：该标签用于在 JSP 页面中直接调用一个 Action。
- bean：该标签用于创建一个 JavaBean 实例。
- debug：该标签用于生成一个链接。通过这个链接，可以查看当前 ValueStack 和 StackContext 中的内容。
- i18n：该标签用于指定国际化资源文件。
- include：该标签用于在 JSP 页面中包含其他资源。
- param：该标签用于设置一个参数，通常用作 bean 标签和 url 标签的子标签。
- property：该标签用于输出某个值。
- set：该标签用于设置一个新变量。
- text：该标签用于输出国际化消息。
- url：该标签用于生成一个 URL 地址。
- date：该标签用于格式化输出一个日期。

2.4.1 action 标签

action 标签允许在 JSP 页面中直接调用 Action。要调用 Action，就需要指定 Action 的 name 和 namespace 等属性。下面是 action 标签的主要属性。

- id：可选属性，用来指定被调用 Action 的引用 ID。
- name：必选属性，用来指定被调用 Action 所在的 namespace。
- executeResult：可选属性，用来指定是否将 Action 的处理结果包含到当前页面中。该属性的默认值是 false，即不包含。
- ignoreContextParams：可选属性，用来指定当前页面中的参数是否需要传给被调用的 Action。该属性的默认值是 false，即默认将页面中的参数传给被调用 Action。

接下来通过创建一个实例，介绍 Action 标签的具体应用。Action 类如下列代码所示。

```
package com;
import org.apache.struts2.ServletActionContext;
import com.opensymphony.xwork2.ActionSupport;
public class TagAction extends ActionSupport{
  private String name;
  public void setName(String name)       {
      this.name = name;
  }
  public String getname(){
      return name;
  }
  public String execute() throws Exception{
      return "ok";
```

```
    }
    public String login() throws Exception{
        ServletActionContext.getRequest().setAttribute("name", getname());
        return "ok";
    }
}
```

在上述代码中，TagAction 类包含两个方法：execute( )和 login( )。其中，execute( )方法用于逻辑处理，直接返回字符串“ok”；login( )方法也用于逻辑处理，并设置名称为 name 的 request 对象，然后返回字符串“ok”。下面在 struts.xml 文件中配置 Action，如下列代码所示。

```
<?xml version="1.0" encoding="UTF-8"?>
<!DOCTYPE struts PUBLIC
        "-//Apache Software Foundation//DTD Struts Configuration 2.0//EN"
        "http://struts.apache.org/dtds/struts-2.0.dtd">
<struts>
  <constant name="struts.i18n.encoding" value="GB2312" />
  <include file="struts-default.xml" />
  <package name="struts2_login" extends="struts-default">
      <action name="tag1" class="com.TagAction">
          <result name="ok">succ.jsp</result>
      </action>
      <action name="tag2" class="com.TagAction" method="login">
          <result name="ok">loginSucc.jsp</result>
      </action>
</package>
</struts>
```

上述代码配置了两个逻辑 Action，并返回两个视图。下面对视图文件进行定义，如下列代码所示。

```
<font color=blue>调用 Action!!</font>
```

上面是 succ.jsp 视图文件的代码，只是输出“调用 Action！！”。接下来创建登录成功视图文件，如下列代码所示。

```
<br> <span style="color:blue"><s:property value="#attr.name" /> 登录成功！</span>
```

上面是 loginSucc.jsp 视图文件的代码，通过 property 标签输出当前页面传递的参数值。下面创建 actionTag.jsp 文件。在该文件中使用 action 标签，如下列代码所示。

```
        <br>
        <s:action name="tag1" executeResult="true" namespace="/tags" />
        <hr />下面调用第二个 Action，并将结果包含到本页面中。
        <br>并且阻止当前页面的参数传入 Action。<br>
```

```
<s:action name="tag2" executeResult="true" ignoreContextParams="true"
      namespace="/tags" />
<hr />下面调用第二个 Action，并不将结果包含到本页面中。<br>
但接受当前页面的参数传入 Action。<br><br>
<s:action name="tag2" namespace="/tags"/>
 当前页面传递的参数 name 的值：
<span stylc="color:blue"><s:property value="#request.name" /></span>
```

在上述代码中，第 1 个 action 标签调用名字为 tag1 的逻辑 Action，并设置 executeResult 属性，属性值为 true 表示将结果包含到本页面中；第 2 个 action 标签调用名字为 tag2 的逻辑 Action，并设置 ignoreContextParams 属性，属性值 true 表示阻止当前页面传入的参数值；第 3 个 action 标签也调用名字为 tag2 的逻辑 Action，并默认接收当前页面传入的参数值。

在浏览器地址栏中输入“http://localhost:8080/ch2/actionTag.jsp?name=aa”，实例的运行效果如图 2-10 所示。

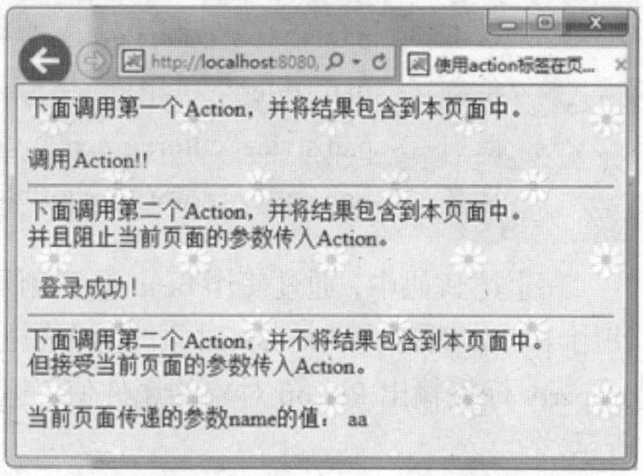

图 2-10　action 标签的应用

2.4.2　bean 标签

bean 标签用于在当前页面中创建 JavaBean 实例对象。在使用该标签创建 JavaBean 对象时，可以嵌套 param 标签，为该 JavaBean 实例指定属性值。该标签主要有以下两个属性。

- name：必选属性，用来指定可以实例化 JavaBean 的实现类。
- id：可选属性，如果指定该属性，就可以直接通过 id 来访问 JavaBean 实例。

接下来通过实例介绍 bean 标签的具体应用。下面是一个简单的 JavaBean，定义属性及相应方法的代码如下所示。

```
package com;
public class Person {
      private String name;
      private int age;
      private String sex;
      private String home;
      public String getName() {
            return name;
      }
      public void setName(String name) {
            this.name = name;
      }
//省略其他属性的 setXXX()和 getXXX()方法
}
```

上述代码很简单，包含 4 个属性，以及这 4 个属性的 getXXX()和 setXXX()方法，下面的 beanTag.jsp 页面文件中使用了 bean 标签，如下列代码所示。

```
<s:bean name="com.Person" id="p">
    <s:param name="name" value="'王红敏'" />
    <s:param name="age" value="20"></s:param>
    <s:param name="sex" value="'女'" />
    <s:param name="home" value="'北京市怀柔区'"></s:param>
</s:bean>
姓名：<span style="color: green;"><s:property value="#p.name" /></span><br>
年龄：<span style="color: green;"><s:property value="#p.age" /></span><br>
性别：<span style="color: green;"><s:property value="#p.sex" /></span><br>
籍贯：<span style="color: green;"><s:property value="#p.home" /></span>
```

在上述代码中，通过使用 bean 标签创建 Person 对象，并使用 param 标签为 Person 对象的两个属性赋值，最后使用 property 标签输出 Person 对象的属性值。运行效果如图 2-11 所示。

图 2-11　bean 标签的应用

2.4.3　debug 标签

debug 标签主要用于辅助调试，通过该标签可以在页面上生成一个链接，单击这个链接可以查看 ValueStack 和 Stack Context 中的所有信息。

在 2.3.2 节的 beanTag.jsp 页面中加入<s:debug/>标签，然后运行该页面。该页面中将增加一个链接，如图 2-12 所示。单击“Debug”链接，将看到如图 2-13 所示的页面。

图 2-12　debug 标签的应用

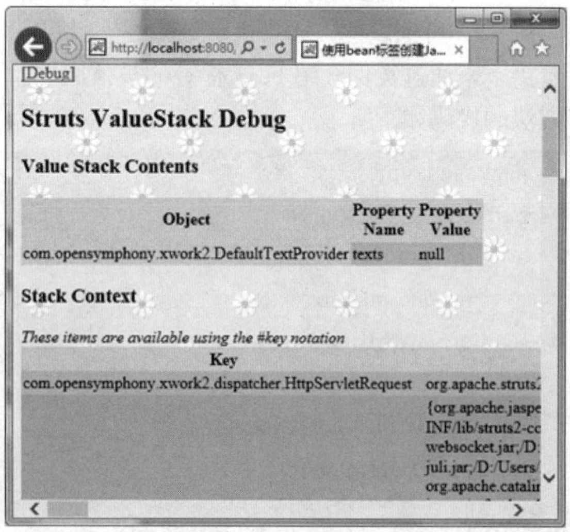

图 2-13　查看调试信息

2.4.4　include 标签

include 标签用来将 JSP 和 Servlet 等资源内容包含到当前页面中。该标签主要有以下两个属性。

- value：必选属性，用来指定被包含的JSP或Servlet等资源文件。
- id：可选属性，用来指定该标签的引用ID。

另外，在include标签中可以嵌套param标签，实现将当前页面的参数传给被包含的页面。接下来通过实例介绍include标签的引用，首先是被包含页面includefile.jsp，其主要内容如下列代码所示。

```
<h3>这是 includefile.jsp 页面</h3>传递的姓名为：
<% out.println(request.getParameter("user")); %>
```

在上述代码中，通过request对象的getParameter( )方法获得传递的参数并进行输出。

下面是包含上述页面的includeTag.jsp文件，如下列代码所示。

```
<h2>使用 include 标签包含 includefile.jsp 页面</h2>
<s:include value="includefile.jsp">
    <s:param name="user" value="'WHM'"/>
</s:include>
```

在上述代码中，通过使用include标签包含includefile.jsp文件，并通过param标签给includefile.jsp页面传递user参数和参数值。运行程序，请求includeTag.jsp，页面运行效果如图2-14所示。

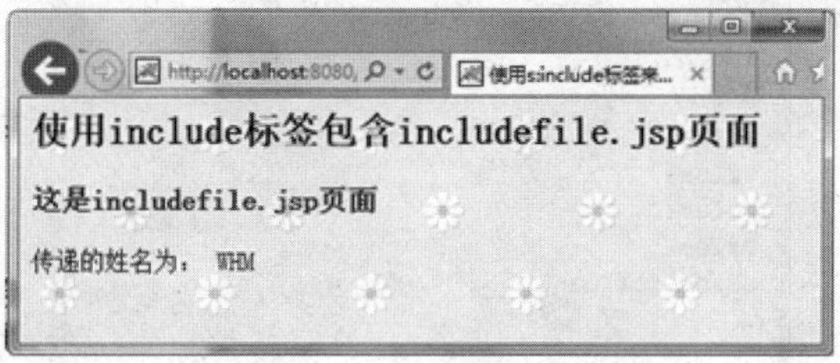

图2-14　include标签的应用

2.4.5　param标签

param标签通常要与其他标签结合使用，主要用来为其他标签提供参数，在使用include标签时，就使用param标签给被包含页面传递参数。

param标签有两种用法，举例如下。

```
<s:param name="">red</param>
<s:param name="" value="red"/>
```

name属性是可选的，如果提供name属性，则要求Component提供该属性的setXXX( )方法，系统根据该方法传入参数；如果不提供name属性，则外层标签必须实现Unnamed Parametric接口。

上述两种用法都指定了名为color的参数，并为该参数设置值，实现的功能是一样的。但如果参数值是一个对象而不是一个字符串，则第2种用法需要改变一下，例如，<param name="user" value="Person"/>（value值没有单引号），如果采用第2种用法定义value属性，又希望直接传入字符串值，则应该将字符串常量放在一对单引号中，如value="'red'"和value="'WHM'"。这种用法在前面已经用过，可以参考beanTag.jsp文件。

2.4.6 property 标签

property 标签的作用就是输出 value 属性指定的值。该标签有如下两个属性。

- default：用来指定当属性值为 null 时输出的值。
- escape：用来指定是否显示标签代码，若不显示标签代码，则指定属性值为 false。

在前面已经多次使用 property 标签，例如在学习 bean 标签时，就使用了<s:property value="#p.name"/>语句。接下来再创建一个实例，具体说明 property 标签的用法，如下列代码所示。

```
<%
    session.setAttribute("param1","value1");
    request.setAttribute("param2","value2");
%>
<s:property value="#session.param1"/><br>
<s:property value="#request.param2"/><br>
<s:property value="#session['param1']"/><br>
<s:property value="#request['param2']"/><br>
<s:property default="defaultvalue" value="s"/>
```

运行程序，请求 propertyTag.jsp，页面效果如图 2-15 所示。

图 2-15 property 标签的应用

2.4.7 set/url/date 标签

1. set 标签

set 标签用来定义一个新的变量，并把一个已有的变量值赋给这个新变量，同时可以把这个新变量放到指定的范围内，例如 application 范围和 session 范围等。该标签有如下几个属性。

- name：用来定义新变量的名字。
- scope：用来定义新变量的使用范围，可选值有 application、session、request、response、page 和 action。
- value：用来定义将要赋值给新变量的值。
- id：用来定义该元素的引用 ID。

下面通过实例介绍 set 标签的具体应用，视图页面的主要内容如下列代码所示。

```
<h2>Struts 2 Set Tag 示例 </h2>
    <s:set name="technologyName" value="%{'Struts 2'}" />
    Technology Name:<span style="color: green"><s:property value="#technology
Name" /></span>
```

```
<h2>使用 s:set 设置一个新变量</h2>
<s:bean name="com.Person" id="p">
    <s:param name="name" value="'王红敏'" />
</s:bean>
scope 属性值为 action 范围:
<span style="color: green"> <s:set value="#p" name="user"
scope="action" /> <s:property value="#attr.user.name" /> <br></span>
<br>scope 属性值为 session 范围:
<span style="color: green"> <s:set value="#p" name="user"
        scope="session" /> <s:property value="#session.user.name" />
</span>
```

在上述代码中，使用 set 标签和 value="%{'Struts 2'}"设置属性值，然后将该属性值输出。接下来使用 bean 标签生成一个 JavaBean 实例，然后通过 set 标签定义一个新变量，并把这个新变量分别放在 action 和 session 范围内。运行效果如图 2-16 所示。

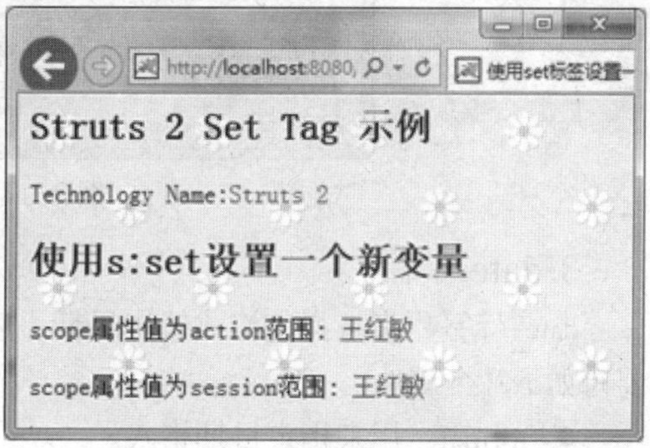

图 2-16　set 标签的应用

2. url 标签

url 标签用来生成一个 URL 地址，也可以通过嵌套 param 标签来为 URL 地址指定发送参数。该标签主要有如下一些属性。

- includeParams：用来指定是否包含请求参数，有 3 个可选参数值——none、get 和 all。
- value：用来指定 URL 的地址值。
- action：用来指定一个 Action 作为 URL 地址值。
- namespace：用来指定命名空间。
- method：用来指定调用 Action 的方法名。
- encode：用来指定是否编码请求参数。
- includeContext：用来指定是否将当前上下文包含在 URL 地址值中。
- id：用来指定 URL 元素的引用 ID。

下面创建页面文件，在该文件中应用 url 标签，文件的主要内容如下列代码所示。

```
<h3>使用 url 标签</h3>
<hr>指定 action 属性,且使用 s:param 标签传入参数。<br>
<span style="color: blue"> <s:url action="showPerson">
<s:param name="name" value="'WHM'" />
</s:url> </span>
<hr 指定 value 属性,且使用 s:param 标签传入参数。
<br>
<span style="color: blue"><s:url value="http://localhost:8080/Struts 2/news.jsp">
<s:param name="name" value="'WHM'" />
```

```
</s:url></span>
<hr>既不指定 action 属性，也不指定 value 属性，但使用 s:param 标签传入参数。
<br><span style="color: blue"><s:url includeParams="get">
<s:param name="name"      value="%{'WHM'}" />
</s:url> </span>
```

在上述代码中，url 标签被使用了 3 次，通过为该标签指定不同的属性，得到不同的 url 地址。该页面的运行效果如图 2-17 所示。

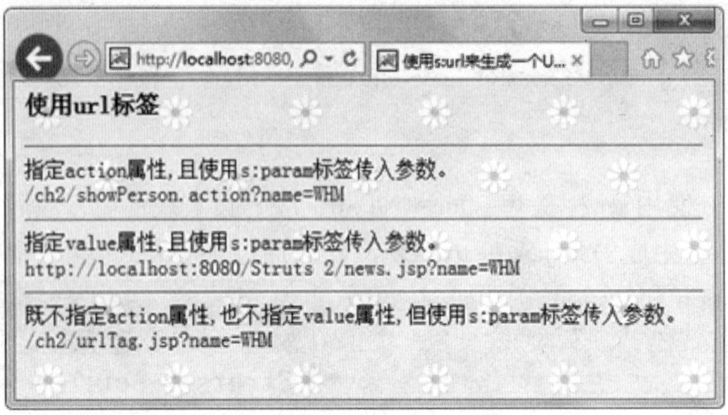

图 2-17　url 标签的应用

3. date 标签

date 标签用来按指定格式输出日期，还可以计算指定时间到当前时间的时差。该标签主要有如下几个属性。

- format：用来指定日期格式。
- nice：指定是否输出指定时间到当前时间的时差，默认值为 false，即不输出时差。
- name：用来指定要格式化输出的日期值。
- id：用来指定该元素的引用 ID。

接下来通过实例演示 date 标签的使用方法，实例的主要内容如下列代码所示。

```
<h3>date 标签的使用</h3>
<ul><li>日期格式</li><li>日期</li></ul>
<ul><li>Day/Month/Year</li><li><s:date name="currentDate" format="dd/MM/yyyy" />
</li></ul>
<ul><li>Month/Day/Year</li><li><s:date name="currentDate" format="MM/dd/yyyy" />
</li></ul>
<ul><li>Month/Day/Year</li><li><s:date   name="currentDate"   format="MM/dd/yy"   />
</li></ul>
 <ul><li>Month/Day/Year Hour:Minute</li><li>
     <s:date name="currentDate" format="MM/dd/yy hh:mm" /></li></ul>
 <ul><li>Month/Day/Year Hour:Minute:Second</li><li>
     <s:date name="currentDate" format="MM/dd/yy hh:mm:ss" /></li></ul>
 <ul><li>Nice  Date  (Current  Date  &  Time)</li><li><s:date  name="currentDate"  nice=
"false" /></li></ul>
```

```
<ul><li>Nice Date</li><li><s:date name="currentDate" nice="true" /></li></ul>
```

在上述代码中，使用 date 标签定义了 format 属性，将当前日期以多种形式输出，通过将 nice 属性指定为 true 或 false 来显示不同内容。

另外还需创建 Action 文件 DateTag.java，该文件的主要内容如下列代码所示。

```
public class DateTag extends ActionSupport {
    private Date currentDate = new Date();
    public Date getCurrentDate() {
        return currentDate;
    }
    public void setCurrentDate(Date currentDate) {
        this.currentDate = currentDate;
    }
    public String execute() throws Exception{
        return SUCCESS;
    }
```

另外还需在 struts.xml 文件中对该 Action 进行配置，其 name 值为 dateTag。在运行程序时，在浏览器地址栏中输入“http://localhost:8080/ch2/dateTag.action”，请求该 Action，运行效果如图 2-18 所示。

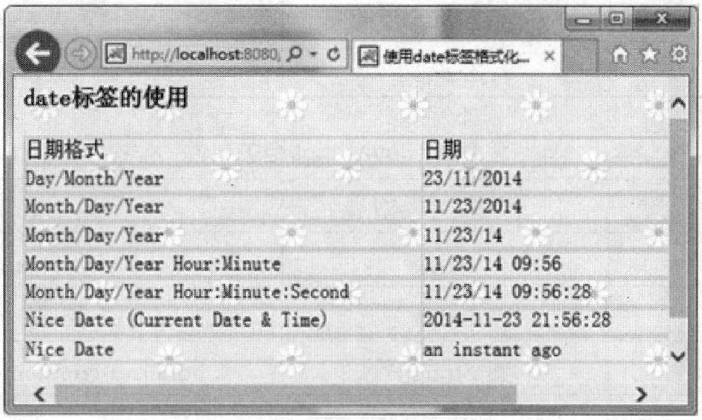

图 2-18 date 标签的应用

2.5 使用表单 UI 标签

表单 UI 标签的种类比较多，而且每个标签都包含很多属性，有很多属性都是通用的。本节首先介绍这些通用的属性，然后介绍每个表单 UI 标签的具体应用。

2.5.1 表单标签的通用属性

一般来说，可以将表单标签的通用属性分成 3 种，分别是模板相关属性、Javascript 相关属性和通用属性，见表 2-1～表 2-3。

表 2-1 通用属性

属　性	数据类型	描　述
cssClass	String	定义 html class 属性
cssStyle	String	定义 html style 属性
title	String	定义 html title 属性
disabled	String	定义 html disabled 属性
label	String	定义表单元素的 label
labelPosition	String	定义表单元素的 label 位置（top/left），默认为 left
requiredposition	String	定义 required 标识相对 label 元素的位置(left/right)，默认为 right
name	String	表单元素的 name 映射
required	Boolean	在 label 中添加*（值为 true 时添加，否则不添加）
tabIndex	String	定义 html tabindex 属性
value	Object	定义表单元素的 value

表 2-2 模板相关属性

属　性	数 据 类 型	描　述
templateDir	String	定义模板目录
theme	String	定义主题名称
template	String	定义模板名称

表 2-3 Javascript 相关属性

属　性	数 据 类 型	描　述
onclick	String	html javascript onclick 属性
ondbclick	String	html javascript ondbclick 属性
onmousedown	String	html javascript onmousedown 属性
onmouseup	String	html javascript onmouseup 属性
onmouseover	String	html javascript onmouseover 属性
onmouseout	String	html javascript onmouseout 属性
onfocus	String	html javascript onfocus 属性
onblur	String	html javascript onblur 属性
onkeypress	String	html javascript onkeypress 属性
onkeyup	String	html javascript onkeyup 属性
onkeydown	String	html javascript onkeydown 属性
onselect	String	html javascript onselect 属性
onchange	String	html javascript onchange 属性

2.5.2 form 标签

Struts 2 的表单标签很多，其中一部分是与 HTML 标签相对应的，这些标签比较简单。这里首先介绍这些简单的表单标签，再逐一介绍复杂一些的标签。

创建 JSP 文件，在这个文件中包含一些简单的表单标签，其主要内容如下列代码所示。

```
<h2>Struts 2 的简单表单标签    </h2>
    <s:form action="addUser" namespace="/user" theme="simple">
        <s:textfield name="loginname" label="登录名称"></s:textfield>
        <s:password name="pwd" label="登录密码"></s:password>
        <s:textarea name="info" label="个人简介" cols="28" rows="3"></s:textarea>
        <s:submit value="注册"></s:submit>
        <s:reset value="重填"></s:reset>
    </s:form>
```

2.5.3 文本域型标签

1. 单行文本框 textfield

单行文本框是表单域中最常见的，textfield 标签对应着 HTML 的<input type="text">，用于生成单行文本。

除了上面列出的各种常见通用属性，textfield 标签还有以下几个属性。

- maxlength：单行文本框中所能容纳的最大文本长度。
- size：单行文本框自身的长度。
- readonly：单行文本框中的内容是否只读。

2. 多行文本框 textarea

多行文本框用来输入一段可能带有换行符的很长的文本。textarea 标签对应 HTML 中的<textarea>。

除了上面列出的各种常见通用属性，textarea 标签还有以下几个属性。

- cols：列数。
- rows：行数。
- readonly：多行文本框中的内容是否只读。
- wrap：指定多行文本框中的内容是否自行换行。

textarea 标签和 HTML 的 textarea 标签在指定默认值的时候稍有区别，用 HTML 中的 textarea 标签指定默认值的时候，必须使用<textarea>标签内的文本，其 value 属性不起作用，实例如下。

```
<textarea>默认值</textarea>
```

而用 textarea 标签指定默认值的时候则正好相反，必须使用 value 属性，而不是标签内的文本，实例如下。

```
<s:textarea value="默认值"/>
```

3. 密码框 password

密码框用来输入一段单行文本，但是不会明文显示，而是用掩码代替。password 标签对应<input type="password">。

除了上面列出的各种常见通用属性，password 标签还有以下几个属性。

- maxlength：密码框中所能容纳的最大文本长度。
- size：密码框自身的长度。
- readonly：密码框中的文本是否只读。
- showPassword：是否显示初始值，即使显示初始值，也为密文显示，用掩码代替。

Struts 2 的 password 标签和 HTML 的<input type="password">标签稍有不同，<input type="password">只要设置 value 属性就可以将 value 属性的值作为默认值显示；但是 Struts 2 的 password 标签除了要设置 value 属性，还要设置 showPassword 属性为 true。

2.5.4 选择型标签

1. checkboxlist 标签

checkboxlist 标签主要用来根据 list 属性指定的集合一次创建多个复选框，即一次生成多个 HTML 表单标签中的<input type="checkbox"/>。如果 list 属性是一个字符串集合，那就不需要再指定该标签的其他属性，如果 list 属性是一个 Java 对象或者 Map 对象，那么仍然需要指定该标签的 listKey 和 listValue 属性。

- listKey：该属性用来指定集合元素中的某个属性作为复选框的 value，如果集合元素是一个 Java 对象，那么指定该 Java 对象的 name 属性作为复选框的 value。
- listValue：该属性用来指定集合元素中的某个属性作为复选框的标签，如果集合元素是一个 Java 对象，那么指定该 Java 对象的 name 属性作为复选框的 value。

接下来创建程序实例，说明如何使用字符串集合、Map 对象和 Java 对象创建多个复选框。由于本实例使用 Java 对象来创建复选框，因此首先介绍 Java 类文件，该文件的内容如下列代码所示。

```
package com;
public class Book {
    private String name;
    private String price;
    public Book(){}
    public   Book(String name,String price)      {
        this.name=name;
        this.price=price;
    }
    //省略属性的 setXXX()和 getXXX()方法
}
```

上述代码创建了一个 Book 类，该类含有 name 和 price 两个属性，并且为这两个属性设置了 setXXX( )和 getXXX( )方法。下面创建一个集合类文件，在该类中返回 Book 集合对象，如下列代码所示。

```
package com;
public class BookService {
    public Book[] getBooks(){
```

```
        return new Book[]{
                    new Book("Java 从入门到精通","68"),
                    new Book("Struts 2 完全学习手册","55"),
                    new Book("Ajax 完全学习手册","38")};
    }
}
```

在上述代码中，创建 BookService 类以返回一个集合对象，该集合包含 3 个 Book 对象。下面创建 JSP 页面，在页面中使用 checkboxlist 标签创建多个复选框，该文件的主要内容如下列代码所示。

```
<s:form>
    <!-- 使用字符串集合生成多个复选框 -->
    <s:checkboxlist list="{'JSP','Servlet','Struts 2','Ajax'}"
    name="skills" label="熟悉技术" labelposition="center">
    </s:checkboxlist>
    <!-- 使用 Map 对象来生成多个复选框 -->
    <s:checkboxlist name="skillsarea" label="你所关注的技术领域"
                labelposition="center"
                list="#{'Java':'Java', '.NET':'.NET', 'Database':'Database',' Ajax': 'Ajax'}"
                listKey="key" listValue="value" />
    <s:bean name="com.BookService" id="bs" />
    <!-- 使用 Java 对象集合来生成多个复选框 -->
    <s:checkboxlist name="books" label="请选择您喜欢的图书" labelposition="center"
                list="#bs.books" listKey="name" listValue="name" />
</s:form>
```

在上述代码中，checkboxlist 标签被使用了 3 次，但是使用方式各不相同，分别实现使用字符串集合生成多个复选框、使用 Map 对象生成多个复选框和使用Java对象集合生成多个复选框的功能，这 3 种情况最终的显示效果是一样的，该页面的运行效果如图 2-19 所示。

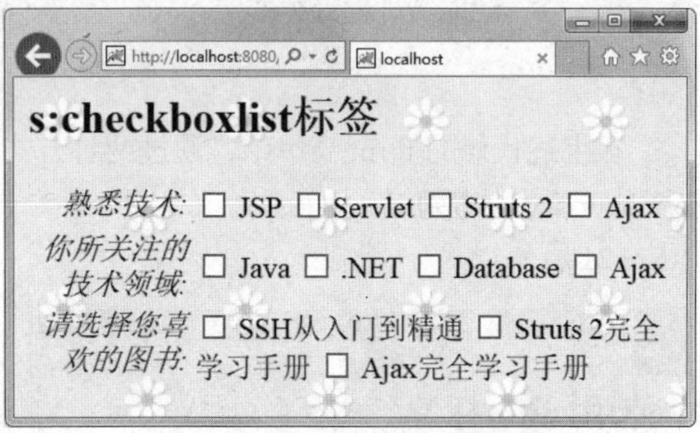

图 2-19　checkboxlist 标签的应用

2. radio 标签

radio 标签用来生成单选按钮，通过指定 list、listKey 和 listValue 等属性来生成 HTML 元素，具体用法与 checkboxlist 标签的用法基本相同，不同的是，checkboxlist 标签生成的是复选框，而 radio 标签生成的是单选按钮。

下面创建程序文件，在文件中使用单选按钮。该文件的主要内容如下列代码所示。

```
<s:form>
    <!-- 使用字符串集合来生成多个单选框 -->
```

```
<s:radio list="{'JSP','Servlet','Struts 2','Ajax'}" name="skills" label="熟悉技术" labelposition= "right">
    </s:radio>
    <!-- 使用 Map 对象来生成多个单选框 -->
    <s:radio name="skillsarea" label="你所关注的技术领域" labelposition="left" list= "#{'Java':
'Java', '.NET':'.NET', 'Database':'Database','Ajax':'Ajax'}" listKey="key" listValue="value" value="'Java'" />
     <s:bean name="com.BookService" id="bs" />
     <!-- 使用 Java 对象集合来生成多个单选框 -->
<s:radio name="books" label="请选择您喜欢的图书" labelposition="left" list="#bs. books"
          listKey="name" listValue="name" />
</s:form>
```

在上述代码中，radio 标签被使用了 3 次，分别采用不同的方式指定标签资源对象，但是都通过 list 属性指定资源集合。该页面的运行效果如图 2-20 所示。

3. combobox 标签

在页面中使用 combobox 标签时，会生成两个元素，分别是单行文本框和下拉列表框。其中，单行文本框的值对应请求参数，而下拉列表框用来辅助输入，且没有 name 属性，也不会产生请求参数。当选择下拉列表框中的一个选项时，该选项会自动出现在文本框中。该标签通过 list 属性所指定的集合来生成列表项。

接下来创建实例文件，在该文件中使用 combobox 标签，如下列代码所示。

```
<s:form >
    <s:combobox label="图书列表" labelposition="left" list="{'Java 程序设计案例教程
','Ajax+JSP 巧学巧用','Struts 2 完全学习手册','JSF 开发从入门到精通'}" size="20" maxlength=
"20" name="books" />
    <s:bean name="com.BookService" id="bs" />
    <s:combobox name="book" label="图书列表" labelposition="left"
        list="#bs.books" listKey="name" listValue="name" />
</s:form>
```

在上述代码的 form 表单中，通过两种方式使用 combobox 标签。第 1 种方式是通过调用 BookService 类得到 Book 集合对象，第 2 种方式是直接定义 list 属性的。该页面的运行效果如图 2-21 所示。

图 2-20　radio 标签的应用

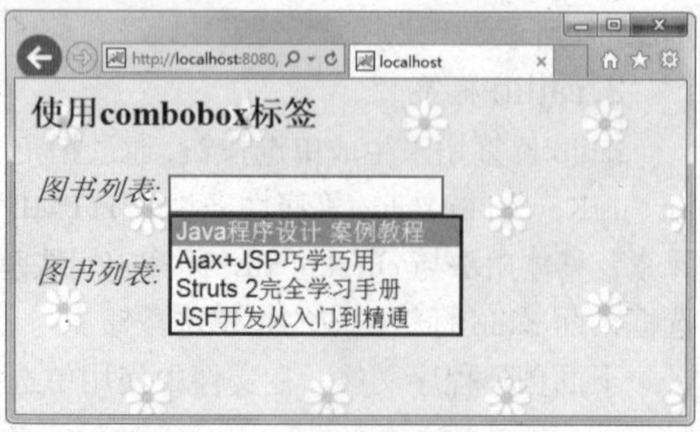

图 2-21　combobox 标签的应用

4. select 标签

select 标签用来生成一个下拉列表框，通过为该标签的 list 属性指定一个集合可以生成下拉列表框的选项。该标签的用法与 checkboxlist 标签的用法非常相似，在使用 Map 对象和 Java 对象集合来生成下拉列表框时，也可以使用 listKey 和 listValue 属性指定下拉列表框的 value 和 label 属性。

接下来创建实例文件，在该文件中使用 select 标签，如下列代码所示。

```
<s:select list="{'Java 程序设计案例教程','Ajax+JSP 巧学巧用','Struts 2 完全学习手册'}"
name="books" label="图书列表">
</s:select>
<br>
<!-- 使用简单对象来生成下拉列表框 -->
<s:select name="books_map" label="图书列表" labelposition="top" list="#{'SSH':'SSH 从入
门到精通', 'JSF':'JSF 开发从入门到精通', 'ajax':'Ajax 完全学习手册'}" listKey="key" listValue=
"value" />
    <br>
<s:bean name="com.BookService" id="bs" />
<!-- 使用 Java 对象集合来生成下拉列表框 -->
    <s:select name="books_java" label="图书列表" labelposition="top"
        list="#bs.books" listKey="name" listValue="name" />
```

5. doubleselect 标签

doubleselect 标签用来生成两个相互关联的下拉列表框，即当选择第 1 个下拉列表框的值时，第 2 个下拉列表框的内容会随之改变。这两个下拉列表框是相互关联的，相当于级联下拉列表。具体实现时，可以通过 Map 类型来实现这种关联关系，把 Map 对象的 Key 值作为第 1 个下拉列表框的集合，把 Map 对象的 Value 值作为第 2 个下拉列表框的集合。

接下来创建实例文件，在该文件中使用 doubleselect 标签，如下列代码所示。

```
<s:form   name="aa" action="bb">
    <s:set name="pc" value="#{'北京市':{'朝阳区','西城区','海淀区'}, '上海市':{'黄浦区','
南汇区','徐汇区'}, '郑州市':{'二七区','金水区','郑东新区'}}" />     <s:doubleselect name="city"
list="#pc.keySet()" doubleName="area"    doubleList="#pc[top]" label="所在城市" />
</s:form>
```

在上述代码中，首先使用 set 标签创建 Map 对象，然后使用 list="#pc.keySet( )"给第 1 个下拉列表框指定集合元素，使用 doubleList="#pc[top]"给第 2 个下拉列表框指定集合元素。该页面的运行效果如图 2-22 所示。

图 2-22　doubleselect 标签的应用

2.5.5 其他简单标签

除了前面介绍的文本型标签和选择型标签之外，还有一些比较简单的标签，基本都可以从 HTML 中找到对应的标签，其用法也差不多，而且与前面总结的通用属性相吻合。这些标签如下。

Struts 2 的 hidden 标签对应<input type="hidden">。

Struts 2 的 file 标签对应<input type="hidden">。

Struts 2 的 reset 标签对应<input type="reset">。

Struts 2 的 submit 标签对应<input type="submit">。

Struts 2 的 label 标签对应 HTML 的<label>。

Struts 2 的 checkbox 标签对应一个<input type="checkbox">标签，它的特殊之处在于只能表达 Boolean 值，它提交到 Action 的值只能是 Boolean 类型的属性值。checkboxlist 标签则是用于生成一组复选框。

2.5.6 复杂操作标签

Struts 2 的表单标签还提供了一些用于复杂操作的标签，如 updownselect 标签、optiontransferselect 标签等。这些标签在 HTML 里并没有直接对应的标签，一般都是通过简单表单域和一些 Javascript 来实现多个表单域的联动或单个表单域内的复杂操作，从而满足更复杂的需求。有兴趣的读者可以在 Struts 2 官网 http://struts.apache.org 上下载最新的 API 帮助文档查阅。

2.6 本章小结

Struts 2 作为一个优秀的 MVC 框架，提供了一个功能强大、支持广泛和高扩展性的标签库，从而完全能满足 Web 页面复杂性和多边形的需求。Struts 2 将所有标签都放到一个标签库中，从而简化了标签的使用，而且 Struts 2 标签库提供主题和模板支持，极大地简化了视图页面代码的编写。更值得一提的是，Struts 2 标签库提供对 Ajax 的支持，大大丰富了视图的表现效果。

本章详细介绍了 Struts 2 标签库的构成和应用，并针对每种类型的标签提供实例代码并进行讲解，希望读者能够熟练掌握 Struts 2 标签库在视图页面开发中的使用。

2.7 课内实训

【课内实训 1】新建一个用户注册页面，注册信息包括（用户名，密码，确认密码，用户昵称，性别，年龄，E-mail，联系地址等），要求视图页面使用 Struts 2 标签库。

【课内实训 2】使用第 1 章课内实训的图书信息数据库 Book，新建一个展示图书详细信息页面，要求使用 Struts 2 的迭代循环标签与信息显示标签完成多条图书信息的展示。

【课内实训 3】使用 Struts 2 的时间显示标签，在页面上格式化显示当前时间，并完成日历显示模块。

【课内实训 4】使用 Struts 2 的控制标签与集合标签，完成学生的分数统计，90 ~ 100 分的为优秀，80 ~ 89 分为良好，70 ~ 79 分的为中等，60 ~ 69 分为合格，低于 60 分为不及格，通过查询将班级内的分数情况统计在页面上。

2.8 实训题

【实训 1】体会使用 Struts 2 框架标签的好处，查看第 1 章实训的图书信息查询项目。使用 Struts 2 标签改写前台页面，体会改写后的页面的难易度，并查看执行效率。

【实训 2】练习使用 Struts 2 选择标签，在注册页面的地址栏上增加省、市、地区的选择，性别的选择，并将选择后的地址信息注册到用户信息表中。

PART 3 第 3 章 Struts 2 的高级特性

教学要求

- 掌握：Struts 2 的拦截器的应用，Struts 2 输入校验
- 理解：Struts 2 的国际化，异常处理机制
- 了解：拦截器工作原理，自定义拦截器

3.1 拦截器简介

拦截器是面向切面编程（Aspect-Oriented Programming，AOP）的一种实现策略，如果说面向对象编程是将需求功能划分为不同的、相对独立的和封装良好的类，并使它们有着属于自己的行为，依靠继承和多态等来定义彼此的关系，那么，面向切面编程则是将通用需求功能从不相关的类中分离出来，使得很多类共享一个行为，一旦发生变化，不必修改很多类，只需修改这个行为即可。

3.1.1 拦截器的工作原理

在通常情况下，拦截器都是通过代理的方式调用的。当请求到达 Struts 2 的 Servlet Dispatcher（Web HTTP 请求的调度器，所有对 Action 的请求都将通过 ServletDispatcher 调用）时，Struts 2 会查找配置文件，并根据配置实例化相对的拦截器对象，然后将这些对象串成一个列表（list），最后逐个调用列表中的拦截器，如图 3-1 所示。每个 Action 请求都被包装在一系列的拦截器内部。拦截器可以在 Action 执行之前做准备操作，也可以在 Action 执行之后做回收操作。每个 Action 既可以将操作转交给下面的拦截器，也可以直接退出操作，返

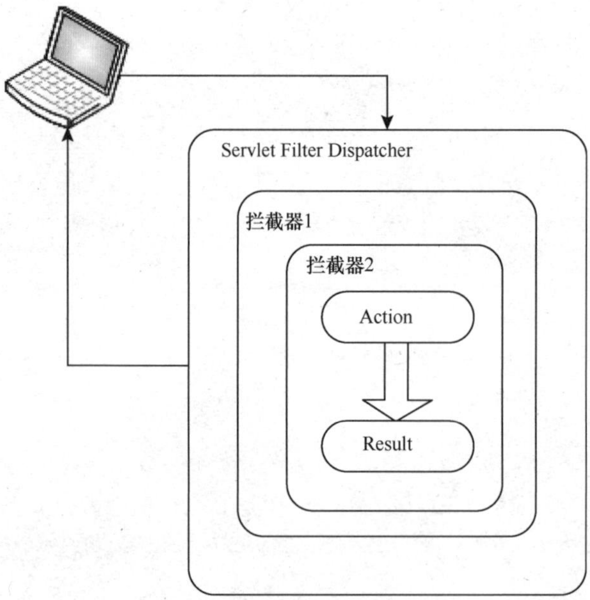

图 3-1 拦截器的工作原理

回用户需要的视图资源。拦截器的工作时序图如图 3-2 所示。

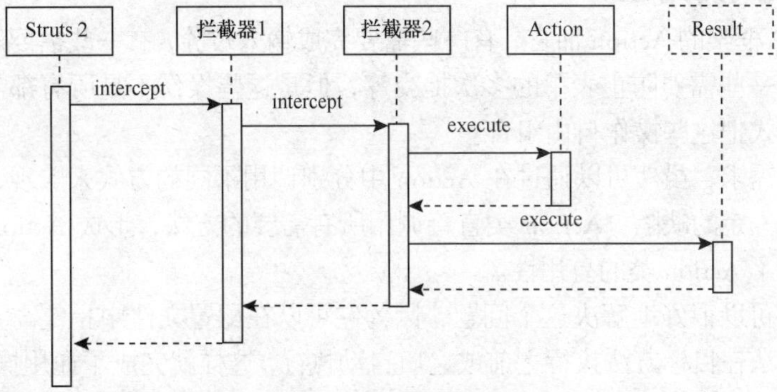

图 3-2　拦截器的工作时序

3.1.2　拦截器意义

在软件开发阶段，往往由于前期设计不合理导致系统在多个地方需要使用相同的代码。许多刚从事软件开发的人员遇到这种情况时，可能使用复制与粘贴的方式解决问题，从软件功能角度看，这种方式也是能够实现软件的功能的。通过复制与粘贴开发出来的软件如图 3-3 所示。

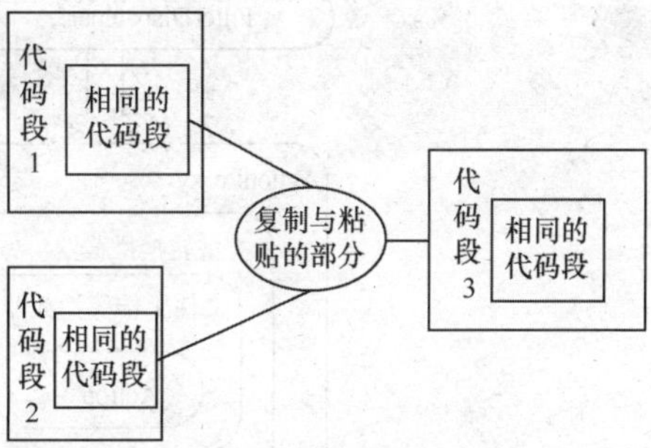

图 3-3　复制与粘贴的方式

从图 3-3 中可以看出，复制与粘贴方式的缺点是代码臃肿，更重要的是，给软件日后的升级与维护带来极大不便。如果复制与粘贴部分的代码需要修改，是不是要找出上述 3 个代码段进行修改呢？如果在更多地方都使用了该复制与粘贴部分的代码，那又会出现什么后果？

如果把图 3-3 中的相同代码段定义成一个方法，然后在 3 个代码段中调用该方法，如图 3-4 所示。这样，如果要修改方法的代码，则只需要修改一处即可，而不用管在代码系统中的多少个地方调用了此方法，这样就降低了软件维护的复杂度，也体现了 DRY（Don’t Repeat Yourself，在软件开发领域的一条重要规则，即“不要书写重复代码”）原则。

这里把拦截器看作对调用方法的改进。称某个实例是一个拦截器时，是从其行为角度来说的。如果从代码的角度来看，拦截器就是一个类，类中包含方法，只是这个方法比较特殊，它会在目标方法被调用之前“自动”执行。

通过拦截器自动调用方法的示意图如图 3-5 所示。

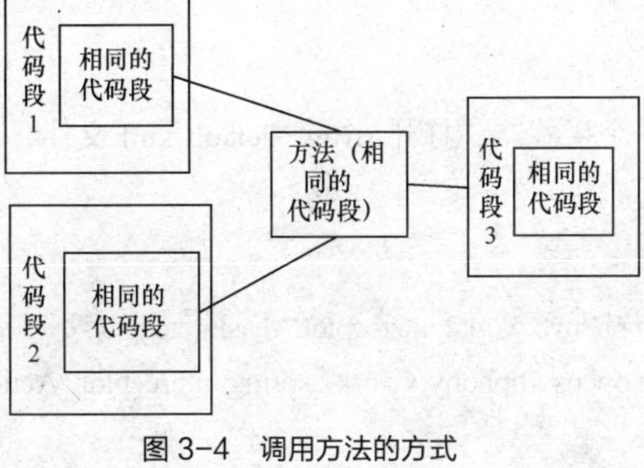

图 3-4　调用方法的方式

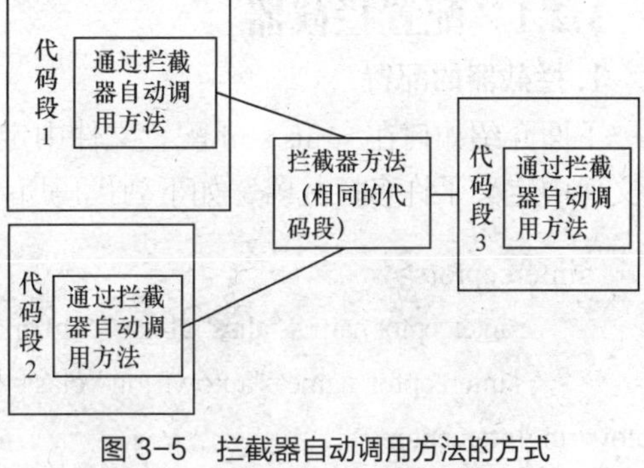

图 3-5　拦截器自动调用方法的方式

3.1.3 拦截器角色

对于 Struts 2 框架的 Action 而言，有一些需要完成输入校验，有一些需要解析上传表单中的文件域，还有一些需要防止表单的多次提交等，但是这些操作不是所有都需要实现，所以需要以动态的方式把这些操作自由组合。

要实现这种需求，虽然可以通过在 Action 中分别调用不同的方式来实现，但这种直接调用方法的方式有一定的缺陷：Action 类直接调用所有需要的方法，形成 Action 与特定方法的高度耦合，降低了 Action 类的复用性。

拦截器策略可以很好地解决这个问题，因为它可以在配置文件中指定需要的拦截器，从而使拦截器的方法在目标方法执行之前或之后自动执行，这样就完成了通用操作的动态插入。例如类型转换、数据校验和文件上传等，这些不同的通用处理都可以被定义为相应的拦截器，Action 需要某种功能，只需要在配置文件中指定拦截器的引用即可。如果某功能是大多数 Action 都需要的，则在 Struts 2 中将该拦截器配置为默认拦截器。

拦截器与 Action 之间的关系如图 3-6 所示。

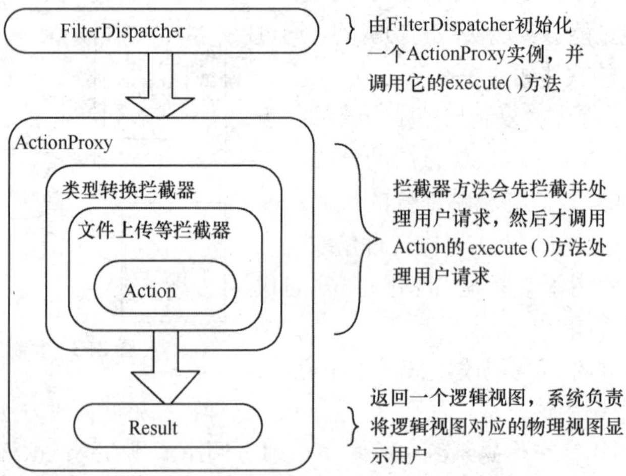

图 3-6 拦截器与 Action 的关系

由于拦截器是通过配置文件配置的，所以通过拦截器引入操作的方式是可插拔方式。当系统需要执行这些操作时，在配置文件中引入这些拦截器，当不需要这些操作时，则取消相应配置。

3.2 拦截器配置

3.2.1 配置拦截器

1. 拦截器的配置

下面介绍如何在 struts.xml 配置文件中定义一个拦截器。打开 struts-default.xml 文件，在该文件中定义了许多拦截器，如下列代码所示。

```
<interceptors>
    <interceptor name="alias" class="com.opensymphony.xwork2.interceptor.AliasInterceptor"/>
    <interceptor name="autowiring" class="com.opensymphony.xwork2.spring.interceptor. Action
AutowiringInterceptor"/>
```

```
        <interceptor name="chain" class="com.opensymphony.xwork2.interceptor.Chaining
Interceptor"/>
        <interceptor name="conversionError" class="org.apache.struts2.interceptor.Struts Conversion
ErrorInterceptor"/>
        <!--其他拦截器的配置-->
    </interceptors>
```

可以看出，要定义一个拦截器，只需要使用<interceptor>元素指定拦截器类与拦截器名。定义拦截器的最简单语法形式如下。

```
<interceptor name="拦截器名字" class="拦截器对应的 Java 类型"/>
```

在大多数情况下，只需要使用上面的形式就可以完成拦截器的配置，如果还需要向配置的拦截器传入参数，则需要在<interceptor>元素中加入<param>元素。为拦截器传入参数的语法形式如下。

```
    <interceptor name="拦截器名字" class="拦截器对应的 Java 类型"/>
        <!—param 元素可以出现多次，name 属性指定的是参数的名字，中间是参数的值-->
        <param name="参数名"></param>
    </interceptor>
```

2. 使用拦截器栈

当拦截器被附加到一个 Action 时，还可以将多个拦截器合并在一起组成一个拦截器栈。要想执行 Action，必须先执行拦截器堆栈中的每一个拦截器。打开 struts-default.xml 文件，在该文件中已经配置了许多拦截器栈。拦截器栈配置如下列代码所示。

```
    <interceptor-stack name="basicStack">
        <interceptor-ref name="exception"/>
        <interceptor-ref name="servletConfig"/>
        <interceptor-ref name="prepare"/>
        <interceptor-ref name="checkbox"/>
        <interceptor-ref name="multiselect"/>
        <interceptor-ref name="actionMappingParams"/>
        <interceptor-ref name="params">
            <param name="excludeParams">dojo\..*,^struts\..*</param>
        </interceptor-ref>
        <interceptor-ref name="conversionError"/>
    </interceptor-stack>
    <interceptor-stack name="validationWorkflowStack">
        <interceptor-ref name="basicStack"/>
        <interceptor-ref name="validation"/>
        <interceptor-ref name="workflow"/>
    </interceptor-stack>
    <interceptor-stack name="jsonValidationWorkflowStack">
        <interceptor-ref name="basicStack"/>
        <interceptor-ref name="validation">
```

```
            <param name="excludeMethods">input,back,cancel</param>
        </interceptor-ref>
        <interceptor-ref name="jsonValidation"/>
        <interceptor-ref name="workflow"/>
    </interceptor-stack>
    <interceptor-stack name="fileUploadStack">
        <interceptor-ref name="fileUpload"/>
        <interceptor-ref name="basicStack"/>
    </interceptor-stack>
........  <!—其他拦截器栈-->
```

从上述代码中可以看出，定义拦截器栈可以使用<interceptor-stack>元素。由于拦截器栈是由多个拦截器组成的，所以加入<interceptor-ref>元素指定拦截器栈包含的每一个拦截器。定义拦截器的语法形式如下。

```
<interceptor-stack name="拦截器栈名字">
    <interceptor-ref name="拦截器名字"/>
    <interceptor-ref name="拦截器名字"/>
    <interceptor-ref name="拦截器名字"/>
<!--其他拦截器-->
</interceptor-stack>
```

一个拦截器栈被定义之后，就可以将这个拦截器栈当成一个普通的拦截器来使用，只是它在功能上是多个拦截器的有机组合，这样，就可以在一个拦截器栈中包含另一个拦截器栈，如上述拦截器配置文件所示。

3. 为拦截器栈指定参数

为拦截器栈指定参数可以分为如下两种情况。

- 定义拦截器栈时指定参数值：这种参数值为拦截器参数的默认值，通过<interceptor>元素来使用。
- 使用拦截器栈时指定参数值：这种参数值是在使用拦截器时动态分配的参数值，通过<interceptor−ref>元素来使用。

下面的代码是在配置拦截器栈时为拦截器栈指定参数，语法如下。

```
<interceptor-stack name="拦截器栈 1">
    <interceptor-ref name="拦截器 1">
        <param name="参数 1">参数值</param>
        <param name="参数 2">参数值</param>
        <!—更多拦截器-->
    </interceptor-ref>
<interceptor-ref name="拦截器 2"/>
<interceptor-ref name="拦截器 3"/>
<!—更多拦截器-->
</interceptor-stack>
```

当需要为拦截器栈中的拦截器指定参数时，不但可以针对每一个拦截器指定参数，而且可以针对一个拦截器栈统一定义所有的参数，例如单独为拦截器定义参数，如下列代码所示。

```
<interceptor-stack name="拦截器栈">
    <interceptor-ref name="拦截器 1">
        <param name="参数 1">参数值</param>
        <param name="参数 1">参数值</param>
    </interceptor-ref>
    <interceptor-ref name="拦截器 2">
        <param name="参数 1">参数值</param>
        <param name="参数 1">参数值</param>
    </interceptor-ref>
</interceptor-stack>
<!—下面的代码给拦截器栈统一指定参数-->
<interceptor-stack name="拦截器栈">
    <param name="参数 1">参数值</param>
    <param name="参数 1">参数值</param>
<interceptor-ref name="拦截器 1"></interceptor-ref>
<interceptor-ref name="拦截器 2"></interceptor-ref>
</interceptor-stack>
```

3.2.2 使用拦截器

定义拦截器或者拦截器栈后，就可以使用这个拦截器或拦截器栈来拦截 Action 了，拦截行为会在 Action 的 execute( )方法被执行之前执行。

可以使用<interceptor−ref>元素在 Action 中配置拦截器，其配置语法与在拦截器栈中引用拦截器的语法完全一样，都是定义<interceptor−ref>元素，并且在该元素中定义 name 属性。例如，struts.xml 文件中的配置片段如下列代码所示。

```
<interceptors>
    <interceptor name="拦截器 1" class="对应的 Java 类"/>
    <interceptor name="拦截器 2" class="对应的 Java 类"/>
</interceptors>
<!—使用拦截器-->
<action name="public" class="com.action.PublicAction">
    <result name="success"></result>
    <result name="login"></result>
        <interceptor-ref name="拦截器 1"/>
        <interceptor-ref name="拦截器 2"/>
</action>
<action name="checkLogin" class="com.action.DefaultAction">
    <result name="success">/success.jsp</result>
    <result name="login">/login.jsp</result>
    <interceptor-ref name="拦截器 1"/>
    <interceptor-ref name="defaultStack"/>
</action>
```

在上述代码中定义了两个拦截器：拦截器 1 与拦截器 2。在 Action 中使用拦截器，从配置代码中可以看出，配置语法与在拦截器栈中引用拦截器是一样的。但是在第 2 个 Action 配置中使用了<interceptor-ref name="defaultStack"/>，即使用了系统默认拦截器栈 defaultStack。在 struts-default.xml 文件中可以看到这个拦截器栈的配置代码如下列代码所示。

```
<interceptor-stack name="defaultStack">
    <interceptor-ref name="exception"/>
    <interceptor-ref name="alias"/>
    <interceptor-ref name="servletConfig"/>
    <interceptor-ref name="i18n"/>
    <interceptor-ref name="prepare"/>
    <interceptor-ref name="chain"/>
    <interceptor-ref name="debugging"/>
    <interceptor-ref name="scopedModelDriven"/>
    <interceptor-ref name="modelDriven"/>
    <interceptor-ref name="fileUpload"/>
    <interceptor-ref name="checkbox"/>
    <interceptor-ref name="multiselect"/>
    <interceptor-ref name="staticParams"/>
    <interceptor-ref name="actionMappingParams"/>
    <interceptor-ref name="params">
        <param name="excludeParams">dojo\..*,^struts\..*</param>
    </interceptor-ref>
    <interceptor-ref name="conversionError"/>
    <interceptor-ref name="validation">
        <param name="excludeMethods">input,back,cancel,browse</param>
    </interceptor-ref>
    <interceptor-ref name="workflow">
        <param name="excludeMethods">input,back,cancel,browse</param>
    </interceptor-ref>
</interceptor-stack>
```

Struts 2 框架的大部分功能都是通过这个默认拦截器栈来实现的，比如，此拦截器栈引用拦截器 params 来解析客户端请求参数等。虽然大部分应用都没有配置这个系统默认拦截器栈，但是它们具有对客户端的请求参数进行解析等各种功能。这是因为如果开发者没有为 Action 指定拦截器，那么系统就会以默认拦截器栈 defaultStack 来拦截 Action。如果开发者为 Action 指定了另外的拦截器（栈），那么系统就不再使用默认拦截器栈。所以，如果开发者为 Action 指定了一个拦截器栈，但还需要默认拦截器提供服务时，就需要再配置系统默认拦截器栈 defaultStack。

3.2.3　默认拦截器

配置默认拦截器需要使用<default-interceptor-ref>元素。此元素为<package>的子元素，配置后，拦截器为其所在包的默认拦截器。配置<default-interceptor-ref>元素时，需要指定 name 属性。该 name 属性值必须是已经存在的拦截器的名字，表明将拦截器设置为默认拦截器。下面是默认拦截器的配置示例。

```
<struts>
<package name="default" extends="struts-default" namespace="/">
    <interceptors>                                  <!--拦截器根元素-->
        <interceptor name="" class=""/><!--定义一个拦截器-->
        <interceptor-stack name=""/>      <!--定义一个拦截器栈-->
    </interceptors>
    <default-interceptor-ref name="拦截器（栈）的名字"/>
    <action .../>
</package>
</struts>
```

在 struts.xml 文件中配置一个包时，可以为其指定默认拦截器。一旦为某个包指定了默认拦截器，如果该包中的某些 Action 没有显式指定其他拦截器，则默认拦截器会起作用。

与在 Action 中使用普通拦截器一样，也可以在配置默认拦截器时为该拦截器指定参数。所以，在< default-interceptor-ref >元素中同样支持<param>子元素。

在配置默认拦截器时，为拦截器指定参数的示例如下列代码所示。

```
<struts>
 <package name="default" extends="struts-default" namespace="/">
    <interceptors>                                  <!--拦截器根元素-->
        <interceptor name="" class=""/><!--定义一个拦截器-->
        <interceptor-stack name=""/>      <!--定义一个拦截器栈-->
    </interceptors>
    <default-interceptor-ref name="">
        <param name=""></param>
     <!-- 可以配置多个参数值 -->
    </default-interceptor-ref>
    <action .../>
 </package>
 </struts>
```

为配置默认拦截器指定参数时，与使用拦截器指定的参数一样，将覆盖定义拦截器时指定的参数。其实，配置默认拦截器也是使用拦截器的一种方式，可以避免在单独的 Action 中配置拦截器。通过在包的<package>元素下配置默认拦截器，为此包下的所有 Action 同时配置了相同的拦截器。

当继承了 Struts-default 包时，也就继承了默认拦截器栈 defaultStack，这就意味着，如果在子包中没有为 Action 指定拦截器，则 defaultStack 拦截器栈将执行默认拦截器 Action。

最后，总结与拦截器相关的配置元素，具体如下。

- <interceptors>元素：用来定义拦截器，所有拦截器与拦截器栈都在此元素下定义。可以包含子元素<interceptor>和<interceptor-stack>，分别用来定义拦截器与拦截器栈。

- <interceptor>元素：用来定义拦截器，需要指定两个属性，用 name 属性指定拦截器的名字，用 class 属性指定拦截器的类。
- <interceptor-ref>元素：用来引用其他拦截器或拦截器栈，可以作为<interceptor-stack>元素和<action>元素的子元素。
- <param>元素：用来为拦截器指定参数，可以作为<interceptor>元素和<interceptor-ref>元素的子元素。

3.3 自定义拦截器

3.3.1 实现拦截器类

Struts 2 提供了 Interceptor 接口，通过该接口可以很容易地实现一个拦截器类。开发者只需要直接或间接实现 Interceptor 接口，该接口的定义如下列代码所示。

```
public interface Interceptor extends Serializable{
    void destroy();
    void init();
    String intercept(ActionInvocation invocation) throws Exception;
}
```

这个接口提供了以下 3 种方法。

- init()：由拦截器在执行之前调用，主要用于初始化系统资源。
- destroy()：与 init()对应，用于拦截器在执行之后销毁资源。
- intercept()：拦截器的核心方法，实现具体的拦截操作，返回一个字符串作为逻辑视图。与 Action 一样，如果拦截器能够成功调用 Action，则 Action 中的 execute()方法返回一个字符串类型值，将其作为逻辑视图返回，反之，则可以返回一个开发者自定义的逻辑视图。

在 Java API 中，很多时候一个接口通过一个抽象类（Abstract）来实现，然后在抽象类中提供接口方法的空实现。这样在使用时，就可以直接继承抽象类，不用实现那些不需要的方法。Struts 2 也提供了一个抽象拦截器类（AbstractInterceptor），这个类对 init()和 destory()方法进行空实现，因为并不是每次实现拦截器时都要申请资源。这样，开发自定义拦截器，继承这个类就会方便很多。例如，实现判断用户是否登录的拦截器，如下列代码所示。

```
package com.interceptor;
import java.util.Map;
import com.opensymphony.xwork2.Action;
import com.opensymphony.xwork2.ActionContext;
import com.opensymphony.xwork2.ActionInvocation;
import com.opensymphony.xwork2.interceptor.AbstractInterceptor;
 public class LoginInterceptor extends AbstractInterceptor {
    @Override
public String intercept(ActionInvocation arg0) throws Exception {
```

```
            Map session = arg0.getInvocationContext().getSession();
            //获取 session 对象
            String username = (String)session.get("user");
            //获取 session 中的 user，赋值给 username 属性
            if(username != null && username.length()>0){
                //如果 session 中存在 user，则进行后续操作
                return arg0.invoke();
            }
            else //否则，即没有 user 对象，表示用户还没有登录
            {
                ActionContext ac = arg0.getInvocationContext();
                //获取 ActionContext 对象
                ac.put("popedom", "您还没有登录，请登录！");
                //设置提示信息
                return Action.LOGIN;
            }
        }
    }
```

3.3.2 使用自定义拦截器

使用自定义拦截器可分为以下两个步骤。

① 使用<interceptor>元素定义拦截器。

② 通过<interceptor-ref>元素使用拦截器。

在这里以 3.3.1 节中的登录拦截器为例，拦截器配置文件为 struts.xml，该文件内容如代码所示。

```
<?xml version="1.0" encoding="GBK"?>
<!DOCTYPE struts PUBLIC
        "-//Apache Software Foundation//DTD Struts Configuration 2.0//EN" "http://struts.
 apache.org/dtds/struts-2.0.dtd">
<struts>
    <package name="default" extends="struts-default">
        <interceptors>   <!--用户登录 拦截器配置-->
            <interceptor name="checkLogin" class="tmq.interceptor.LoginInterceptor" >
            </interceptor>
        </interceptors>
        <action name="checkLogin" class="tmq.action.DefaultAction">
            <result name="success">/success.jsp</result>
            <result name="login">/login.jsp</result>
            <interceptor-ref name="defaultStack" />
            <interceptor-ref name="checkLogin" />
```

```
        </action>
    </package>
</struts>
```

通过上述配置文件，使用<interceptors>元素配置拦截器，拦截器名为 checkLogin，指向 LoginInterceptor.java 拦截器类，并在名为 checkLogin 的 Action 中使用此拦截器，对请求 Action 进行简单定义，如下列代码所示。

```
package com.action;
import com.opensymphony.xwork2.ActionSupport;
public class DefaultAction extends ActionSupport {
    public String execute()
    {
        return SUCCESS;
    }
}
```

在这个 Action 中，不但使用了 checkLogin 拦截器，还使用了系统的默认拦截器栈。

如果用户还没有登录，系统就会转向 login.jsp 登录页面，登录页面如下列代码所示。

```
<%@ page language="java" import="java.util.*" pageEncoding="UTF-8"%>
<%@ taglib prefix="s" uri="/struts-tags" %>   <!-- 导入 Struts 2 标签库 -->
<html>
   <body><center>
<s:property value="popedom"/>
<br/><b>用户登录</b><br/>
<s:form>
   <s:textfield name="username"   label="用户名"   size="15" />
   <s:password name="password" label="密码" size="15" />
   <s:submit value="提交"/>
  </s:form>
</center>
</body>
</html>
```

在上述代码中，首先使用 taglib 指令定义 uri 属性，该属性值表示引入 Struts 2 框架，并设置前缀标签为 s，所以<s:property>、<s:form>和<s:textfield>标签等都有前缀 s，表示它们都是 Struts 2 标签。在这里使用<s:property>标签定义 value 属性及属性值，是为了输出相应的 popedom 提示信息。

另外，在应用程序的 web.xml 文件中对 Struts 2 框架进行了配置，否则运行程序时会出现 404 错误，即找不到该应用程序。web.xml 文件的内容如下列代码所示。

```
<?xml version="1.0" encoding="UTF-8"?>
<web-app version="2.5"
```

```
        xmlns="http://java.sun.com/xml/ns/javaee"
        xmlns:xsi="http://www.w3.org/2001/XMLSchema-instance"
        xsi:schemaLocation="http://java.sun.com/xml/ns/javaee
        http://java.sun.com/xml/ns/javaee/web-app_2_5.xsd">
        <!-- 定义 Struts2 的 FilterDispathcer 的 Filter -->
        <filter>
            <filter-name>struts2</filter-name><filter-class>org.apache.
struts2.dispatcher.FilterDispatcher</filter-class>
        </filter>
        <!-- FilterDispatcher 用来初始化 struts2 并且处理所有的 WEB 请求。 -->
        <filter-mapping>
            <filter-name>struts2</filter-name>
            <url-pattern>/*</url-pattern>
        </filter-mapping>
        <welcome-file-list>
            <welcome-file>index.jsp</welcome-file>
        </welcome-file-list>
    </web-app>
```

完成配置后，启动 Tomcat 服务器，在浏览器地址栏中输入链接 “http://localhost:8080/ch3/checkLogin.action” 并发送请求，因为没有用户的登录信息，所以会返回到 login.jsp 页面，如图 3-7 所示。

图 3-7　login.jsp 页面

像这种检查用户是否登录的拦截器，通常不会仅仅作用在一个 Action 上，而是作用在所有需要用户登录后才可以访问的 Action 上。因此，可以把这个拦截器定义为一个默认拦截器，如下列代码所示。

```
    <struts>
        <package name="default" extends="struts-default">
            <interceptors><!—定义拦截器-->
                <interceptor name="checkLogin" class="tmq.interceptor.LoginInterceptor" />
                <interceptor-stack name="checkLogin">
                    <interceptor-ref name="check"/><!--定义一个登录拦截器栈-->
                    <interceptor-ref name="defaultStack"/><!--使用默认拦截器-->
                </interceptor-stack>
            </interceptors>
            <default-interceptor-ref name"checkLogin"/> <!--使用拦截器-->
            <action name="checkLogin" class="tmq.action.DefaultAction">
                <result name="success">/success.jsp</result>
```

```
            <result name="login">/login.jsp</result>
        </action>
    </package>
</struts>
```

3.4 Struts 2 的国际化

国际化主要是指语言的国际化，目的是能提供一个语言自适应、显示更友好的用户界面，扫除语言障碍，使不同地区和使用不同语言的用户都能方便地使用同一个应用系统。例如，当客户端使用中文操作系统时，Web 应用系统就提供一个中文界面，当客户端使用英文操作系统时，该系统就提供一个英文界面，这个过程就被称为国际化。Struts 2 框架实现了国际化要求。

3.4.1 Struts 2 实现国际化的机制

Struts 2 国际化建立在 Java 国际化的基础上，它对 Java 国际化进行了优化和封装，从而简化了国际化的实现过程。Struts 2 国际化的运行流程如图 3-8 所示。

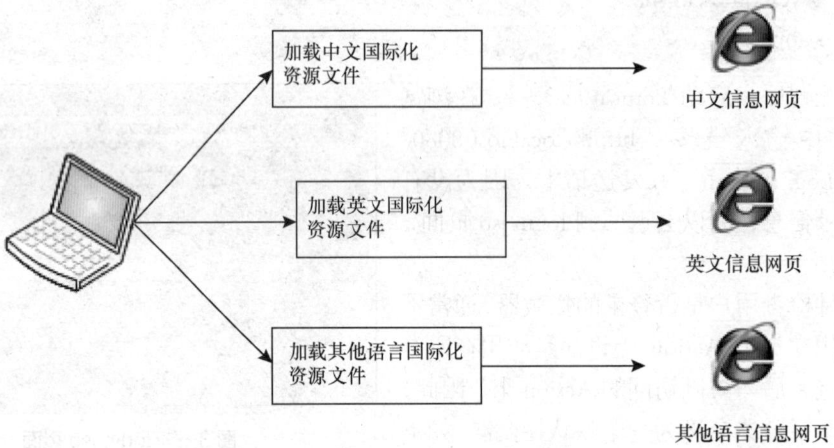

图 3-8 Struts 2 国际化运行流程

当客户端发送请求时，Struts 2 的 il8n 拦截器会对客户端请求进行拦截，并获得参数 request_locale 的值。该值存储的是客户端浏览器的地区和语言环境，获得该值后，il8n 拦截器将它实例化成 Locale 对象，并存储在用户 Session 中。

在获得客户端地区和语言环境后，Struts 2 会查找 struts.xml 或 struts.properties 配置文件来加载国际化资源文件。例如，当客户端是中文语言环境时，就加载中文国际化资源文件；当客户端是英文语言环境时，就加载英文国际化资源文件。加载好国际化资源文件后，Struts 2 的视图文件会通过 Struts 2 标签把国际化消息显示出来。

接下来，对上述运行流程中需要实现的文件进行介绍。

1. 国际化资源文件

国际化资源文件是以.properties 为扩展名的文本文件，该文本文件以键值对的形式存储国际化消息，即 key=value。国际化资源文件的命名规则是 resourceName_language_country.properties。

下面是一个英文国际化资源文件，文件名为 globalMessages_en_US.properties，源代码如下。

```
loginBtn = Login
loginTitle= UserLogin
loginName= LoginName
loginPassword= LoginPassword
```

与上述资源文件对应的是中文资源文件，文件名为 globalMessages_GBK.properties。

该中文资源文件的源代码如下。

```
UserName = 用户名
PassWord = 密码
Login = 登录
Register = 注册
```

从上述两个资源文件可以看出，国际化资源文件都是以 key=value 的形式存在的，“=”左边部分（即 key）是相同的，而“=”右边的部分（即 value）是不同的。上面的中文资源文件在实际应用中不能直接使用，因为它包含非西欧字符，必须把这个文件通过 native2ascii 命令进行转码，转码之后的资源文件才能使用。例如，使用 native2ascii 命令对 globalMessages_GBK.properties 文件进行转码，命令语句如下。

```
native2ascii –encoding UTF-8 globalMessages_GBK.properties globalMessages_zh_CN. properties
```

golbalMessages_zh_CN.properties 就是经过转码后的中文资源文件，代码如下。

```
loginBtn =\u767B\u5F55
loginTitle= \u7528\u6237\u767B\u5F55
loginName= \u7528\u6237\u540D\u79F0
loginPassword= \u7528\u6237\u5BC6\u7801
```

经过转码后，中文都以汉字编码的形式存在，其实这是非西欧字符的编码方式，不影响应用程序的显示效果。

2. 配置文件

完成国际化资源文件后，还要对这些文件进行简单配置，就是把当前国际化资源文件的名字告诉 Struts 2 框架，从而使 Struts 2 框架的 il8n 拦截器在加载国际化资源文件时能顺利找到这些文件。通常在 struts.xml 配置文件中进行配置，代码如下。

```
<constant name="struts.custom.i18n.resources" value="messageResource"/>
```

也可以在 struts.properties 配置文件中进行配置，代码如下。

```
struts.custom.i18n.resources=globalMessages
```

从上述代码可以看出，在国际化资源文件名中，自定义文件作为 value 值赋给 uts.custom.i18n.resources 属性，这样就完成了国际化配置。

3. 输出国际化消息

国际化消息最终是要在视图页面中通过 Struts 2 标签进行输出的。这可以分为两种情况：在页面上输出国际化消息和在表单的 label 标签中输出国际化消息。

下面是一个在 JSP 页面中进行国际化输出的实例，JSP 页面的代码如下所示。

```
<%@ page language="java" import="java.util.*"    pageEncoding="UTF-8"%>
<%@ taglib prefix="s" uri="/struts-tags"%>
<html>
    <head>
        <title>用户登录</title>
    </head>
    <body>
        <h3><s:text name="loginTitle"/></h3>
        <s:form action="checklogin" method="post">
            <s:textfield name="loginName" key="loginName"/>
            <s:password name="loginPassword" key="loginPassword"/>
            <s:submit key="loginBtn"/>
            <s:token/>
        </s:form>
    </body>
</html>
```

在中文语言环境下，该页面的运行效果如图 3–9 所示。

在英文语言环境下，刷新该页面，运行效果如图 3–10 所示。

图 3–9　中文环境下的国际化输出

图 3–10　英文环境下的国际化输出

这里是在 JSP 页面中通过 Struts 2 标签进行国际化输出的，接下来介绍在 Action 中进行国际化输出的方法，如下列代码所示。

```
public String addUser(){
    int jg = ud.addUser(this.username);
    if(jg==1)
        return SUCCESS;
    else if(jg==2){
        this.addFieldError("user.name", getText("huizhi.havename"));
        return NONE;
    }
    else{
        return ERROR;
    }
}
```

这是 Action 中的 addUser()方法，通过 addFieldError()方法向客户端输出提示信息，在对信息进行国际化处理时，使用 getText()方法。

3.4.2 加载国际化资源文件的方式

前面已经介绍了 Struts 2 实现国际化的运行流程，在这个流程中，Struts 2 加载国际化资源文件的方式有很多种，包括加载全局范围资源文件、加载包范围资源文件、加载类范围资源文件，以及加载临时指定范围资源文件等。下面将对这些方式进行详细介绍。

1. 加载全局范围资源文件

使用这种方式加载资源文件时，要把国际化资源文件放到 WEB-INF/classes 文件夹下。这种方式对于 Web 应用中的所有 Action 和视图文件，都能够访问或输出国际化资源文件中的消息。

2. 加载包范围资源文件

采用这种方式时，要把国际化资源文件放在某个包下，国际化资源文件的命名规则是 packageName_language_country.properties。其中 packageName 是包名，例如，user_zh_CN.properties 和 user_en_US.proerties。这样可以使该包下的所有 Action 都能访问该资源文件，而其他 Action 则不能访问。

3. 加载 Action 范围资源文件

采用这种方式时，可以为某个 Action 单独指定国际化资源文件，这时要把国际化资源文件放在该 Action 的同级目录内。文件的命名规则是 ActionName_language_country.properties，ActionName 是 Action 的名字，例如，loginAction_zh_CN.properties 和 loginAction_en_US.properties。这样可以使某个 Action 能访问资源文件，而其他 Action 则不能访问。

4. 加载临时指定范围资源文件

采用这种方式时，国际化资源文件的存放位置和命名规则与加载全局范围资源文件的方式基本相同。不同的是，采用此种方式时，可以使用 il8n 标签临时动态地设置国际化子文件。在<s:il8n>标签中定义 name 属性，用来指定国际化资源文件名字中自定义的部分。该标签要作为其他标签的父标签来使用，例如，将<s:il8n>标签作为<s:text>标签的父标签时，<s:text>标签就会加载<s:il8n>标签指定的国际化资源文件；将<s:il8n>标签作为<s:form>标签的父标签时，表单中的元素就会加载<s:il8n>标签指定的国际化资源文件，如下列代码所示。

```
<s:i18n name="globalMessages">
    <s:form action="checklogin" method="post">
        <s:textfield name="loginName" key="loginName"/>
        <s:password name="loginPassword" key="loginPassword"/>
        <s:submit key="loginBtn"/>
        <s:token/>
    </s:form>
</s:i18n>
```

3.4.3 实现自由选择语言环境

很多成熟的、完善的商业软件或网络系统，通常都会提供一个下拉列表框让用户自行选择语言环境，这种实现效果非常人性化。本节将通过 Struts 2 来实现这个功能。

Struts 2 提供一个名为 il8n 的拦截器，并把该拦截器添加到默认拦截器栈中。接下来利用

i18n 拦截器实现让用户自由选择语言环境的功能。首先新建一个名字为 ChooseAction.java 的文件，文件内容如下列代码所示。

```
package com.util;
import java.util.*;
import java.util.Map;
import com.opensymphony.xwork2.ActionSupport;
public class ChooesAction extends ActionSupport {
    private Locale current;
    public void setCurrent(Locale current) {
        this.current = current;
    }
    public Map getLocales(){
    Map locales = new Hashtable(2);   //定义 Map 类型实例化对象 locales
    ResourceBundle bundle = ResourceBundle.getBundle("globalMessages",current);
                                        //获取系统的默认国家/语言环境
    locales.put(bundle.getString("huizhi.en"),Locale.US);
                                        //向集合中装载美国英语语言对象
    locales.put(bundle.getString("huizhi.cn"),Locale.CHINA);
                                        //向集合中装载简体中文语言对象
    return locales;                     //返回本地化对象
  }
  public String execute(){
      return SUCCESS;
  }
}
```

上述代码把简体中文环境的 Locale 和美国英语环境的 Locale 存储在一个 Map 对象中，i18n 拦截器会自动查找客户端请求中一个名字为 request_locale 的参数，并根据该参数的值实例化一个 Locale 对象。该对象是地区语言环境类，任何 Struts 2 都会把 Locale 对象保存在 Session 中一个名为 WW_TRANS_i18N_LOCALE 的属性中。该属性的值将会作为浏览器默认的 Locale。

接下来就可以在 JSP 页面中利用这个 Map 对象填充下拉列表框。新建一个名字为 choose.jsp 的文件，如下列代码所示。

```
<%@ page language="java" pageEncoding="UTF-8"%>
<%@taglib prefix="s" uri="/struts-tags"%>
<script language="javascript">
    function changeLocale() {
        document.langForm.submit();
    }
</script>
```

```
<!--省略其他内容-->
<s:set name="SESSION_LOCALE" value="#session['WW_TRANS_I18N_LOCALE']"/>
<s:bean id="localeList" name="com.ChooseAction">
    <s:param name="current" value="#SESSION_LOCALE==null ? locale : #SESSION_LOCALE" />
</s:bean>
<form action='<s:url />' name="langForm">
<s:select   cssStyle="width:130px"
    list="#localeList.locales" listKey="value" listValue="key"
    value="#SESSION_LOCALE==null ? locale : #SESSION_LOCALE"
    name="request_locale" id="langSelecter"
    onchange="changeLocale()" theme="simple"/>
</form>
```

上述代码使用<s:bean>标签实例化 changeLocale 类，并用该类的 Map 为下拉列表框填充内容。下拉列表框的 value 值由 session 中的一个名为 WW_TRANS_i18N_LOCALE 的属性来指定，然后使用<s:set>标签获得该属性的值，并为下拉列表框的 value 属性赋值。

下面是国际化中文资源文件的代码。

```
huizhi.en = 美国英语
huizhi.cn = 简体中文
```

下面是与之相对应的英文资源文件的代码。

```
huizhi.en = American English
    huizhi.cn = Simplified Chinese
```

以上两个资源文件中的其他内容省略。为了让 Struts 2 中的 il8n 拦截器处理 JSP 页面，需要在 struts.xml 中进行如下配置。

```
<action name="choose" class="com.util.ChooseAction">
    <result name="success">/choose.jsp</result>
</action>
```

在浏览器中访问 choose.action 时，客户端请求将被 Struts 2 的拦截器处理，最后返回 choose.jsp 页面的内容，如图 3-11 所示。

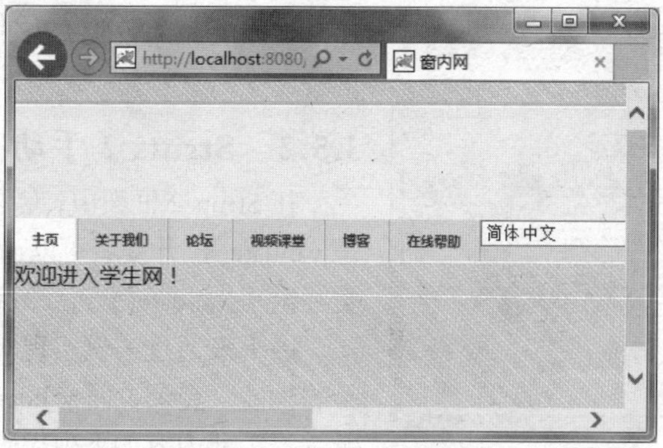

图 3-11　简体中文语言环境

在下拉列表框中选择 American English 选项后，页面上的信息以英语显示，如图 3-12 所示。

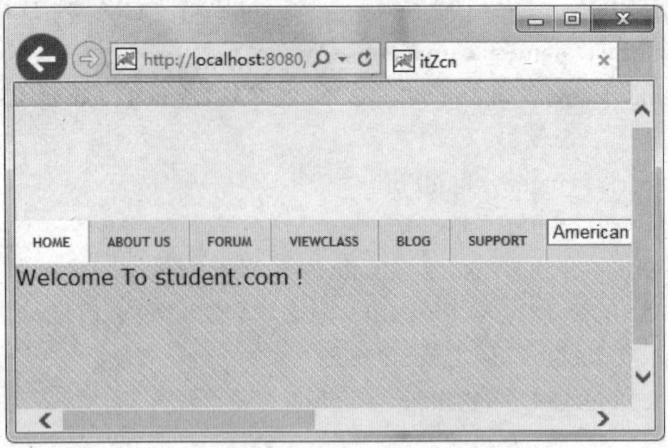

图 3-12 美国英语语言环境

3.5 Struts 2 输入校验

从客户端输入数据，在服务器使用数据，数据要经过两道工序的处理：首先是数据转换，其次是数据校验。开发者应该做最坏的打算，尽可能地对客户端输入数据进行校验。

3.5.1 Struts 2 输入校验的必要性

对于 Web 应用而言，所有数据基本上都是从客户端接收过来的。客户端用户操作不熟练、输入错误、网络有问题和恶意输入等，都可能产生异常数据，如果不对这些数据加以校验，轻则导致系统阻塞，重则可能导致系统崩溃。

例如，用户注册模块，如果没有对用户输入的信息进行校验，可能出现一些不符合规范的数据，如图 3-13 所示。

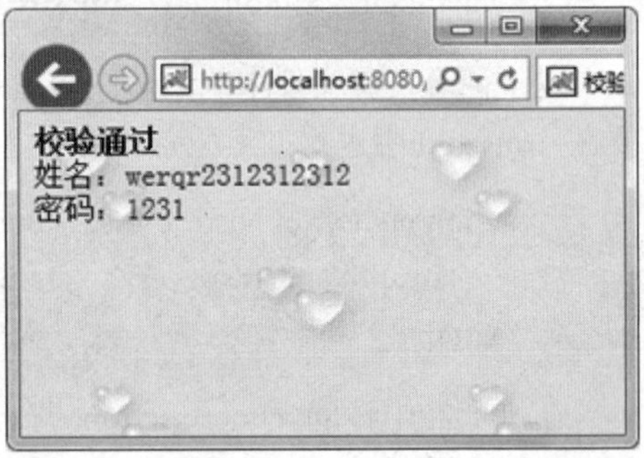

图 3-13 异常数据

从图 3-13 中可以看出，用户提交的姓名数据太长，不符合实际（以中文名来说），这样，当把数据写入数据库时就可能产生异常；再者，输入的年龄也不符合实际，密码字符串中也可能存在不允许使用的字符。这些都可能会引起意料之外的系统异常，因此输入校验（也叫数据校验）显得非常重要。

3.5.2 Struts 2 手动完成输入校验

在 Struts 2 框架中，专门用来校验数据的方法是 validate()。开发者可以通过继承 Action Support 类并重写 validate()方法来完成输入校验。

接下来通过实例实现对用户登录信息进行校验的功能。登录页面 validate.jsp 的效果如图 3-14 所示，主要内容如下列代码所示。

图 3-14 登录页面

```
<s:form action="validate.action" method="post">
      <s:textfield label="姓名" name="name"/>
      <s:textfield label="密码" name="pass"/>
      <s:submit value="提交"/>
</s:form>
```

定义处理用户登录的 Action 为 ValidateAction.java，在该类中重写 ActionSupport 类的 validate( )方法，实现对用户输入的数据进行校验的功能，如下列代码所示。

```
package com.action;
import java.util.regex.Pattern;
import com.opensymphony.xwork2.ActionSupport;
@SuppressWarnings("serial")
public class ValidateAction extends ActionSupport{
      private String name;
      private String pass;
      //省略属性的 setXXX()和 getXXX()方法
      public String execute(){
            return SUCCESS;
      }
      public void validate(){                           //数据校验 validate()方法
            if(getName()==null || getName().length()<6 || getName().length()>15){
                  //如果用户名不符合要求，提示错误信息
                  addFieldError("name","用户姓名的长度不符合要求");
            }
            if(getPass()==null || getPass().length()<8 || getPass().length()>20){
                  //如果密码不符合要求，提示错误信息
                 addFieldError("pass","用户密码的长度不符合要求");     }
            }
      }
}
```

在 struts.xml 文件中配置 Action，如下列代码所示。

```
<action name="validate" class="tmq.action.ValidateAction">
      <result name="input">/validate.jsp</result>
      <result name="success">/success.jsp</result>
</action>
```

若登录成功，则返回视图。当用户输入的姓名与密码不符合要求时，将在页面中提示错误信息，如图 3-15 所示。如果输入正确，则验证通过，这就证明在 Struts 2 框架中，重写 ActionSupport 的 validate( )方法可以实现输入数据的校验，而且系统会自动调用此方法。

若 validate( )方法发现有不合法输入，则会调用其父类的 addFieldError( )方法，记录一个 fieldError 错误。在流程进入 execute( )方法之前，系统会检查有没有 fieldError，如果有，则不再执行 execute()方法，而是返回一个 input 逻辑视图。所以，如果 validate()方法检测到输入错误，只需将错误记录下来即可，Struts 2 框架在调用业务逻辑之前会得知这个错误，这样就可以完成校验功能。其工作流程如图 3-16 所示。

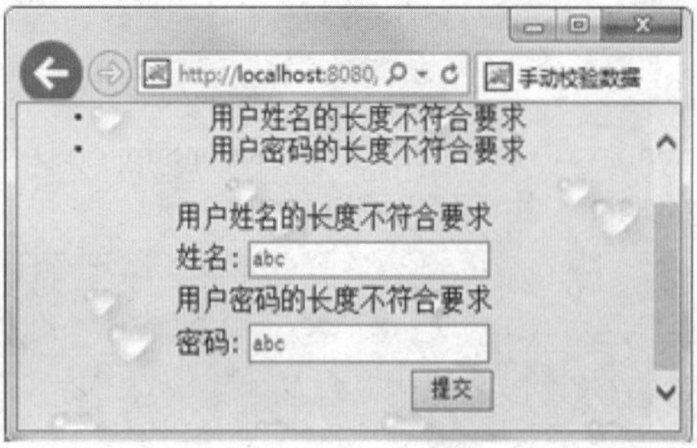

图 3-15　校验未通过

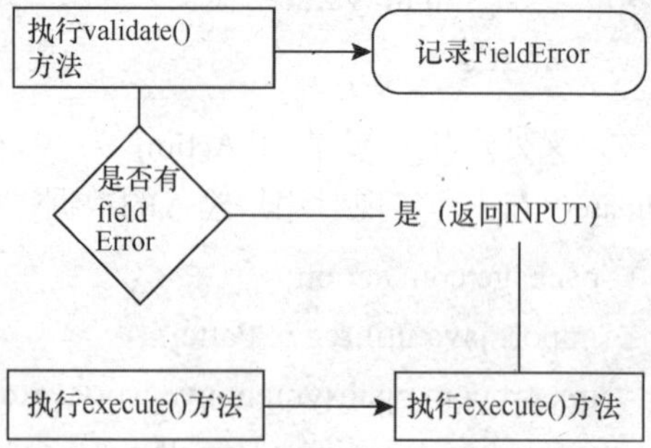

图 3-16　validate( )方法校验流程

3.5.3　自定义校验器

Struts 2 为开发者提供了丰富的校验器，可以满足大多数校验的要求，但是如果在项目程序中需要验证的内容比较复杂，内置校验器不能满足要求，就需要考虑使用自定义校验器。

要实现自定义校验器，首先需要一个校验类，这个类要满足一定的规则（实现一些接口），可以通过 com.opensymphony.xwork2.validator 接口或者其子类来实现一个校验类。例如，现在需要一个字段校验器，来校验一个字段的值是不是某个字符串，假设框架没有提供这个功能的内置校验器，这时就必须通过自定义校验器实现。可以通过继承 com.opensymphony.xwork2. validator.validators. FieldValidatorSupport 类，这是一个抽象类，需要重写 validate(Object object)方法，如下列代码所示。

```
package com.validator;
import com.opensymphony.xwork2.validator.ValidationException;
import com.opensymphony.xwork2.validator.validators.FieldValidatorSupport;
public class MyValidator extends FieldValidatorSupport {
    private String str;                                         //定义 str 属性
    public void validate(Object obj) throws ValidationException {
        String name = super.getFieldName();                     //取得被校验的字段名字
        String value = super.getFieldValue(name, obj).toString();    //取得被校验字段的值
        if (!str.equals(value)) {//被校验的字符串值是否与指定值相同
            super.addFieldError(super.getFieldName(), obj);
        }
    }
    public String getStr() {
        return str;
    }
    public void setStr(String str) {
        this.str = str;
    }
}
```

开发者只实现校验类还不够，因为 Struts 2 框架还不知道这个校验器，还必须将自定义校验器告诉框架，即注册验证器。在 src 文件夹下新建 validators.xml 文件，文件内容如下列代码所示。

```
<?xml version="1.0" encoding="UTF-8"?>
<!DOCTYPE validators PUBLIC "-//OpenSymphony Group//XWork Validator Config 1.0//EN"
"http://www.opensymphony.com/xwork/xwork-validator-config-1.0.dtd">
<validators>
    <validator name="test" class="tmq.validator.MyValidator"/>
</validators>
```

在上述代码中，<validator>元素的 name 属性用于指定自定义校验器名称，class 属性用于指定校验器对应的校验类，这样就向框架注册了一个自定义校验器，下面使用该校验器来完成校验功能。在对 Action 进行配置时，要求姓名必须为 whm 才可以成功登录，在这里校验规则就改变了。UserAction-validation.xml 校验器配置文件的主要内容如下列代码所示。

```
<field name="name">
    <field-validator type="test">
        <!--指定用户名必须输入的值-->
        <param name="str">whm</param>
        <message>用户名必须为 whm！ </message>
    </field-validator>
</field>
```

3.6 应用中的异常处理

任何成熟、完善的软件系统或网站都有可能出现异常，因此异常处理是必不可少的。在传统的异常处理方式中，开发人员一般需要编写大量的 try...catch 块。这种方式增加了开发人员的编码量，而且与其他代码高度耦合，一旦系统需要改变异常处理，就必须修改代码，给系统维护带来很多不便。Struts 2 作为优秀的 MVC 框架提供了成熟的异常处理机制。

3.6.1 Struts 2 异常处理机制

在 Struts 2 的 Action 中，execute( )方法将业务处理代码放在 try...catch 中，若程序出现 SQLException 异常，就会捕捉到该异常并返回 ERROR 视图，这仍然是传统的异常处理方式。另外，在 Struts 2 中，可以采用声明式异常处理方式，这样即可在 struts.xml 文件中进行配置，而在 Action 中无须编写任何异常处理代码，下面将介绍这种声明式异常处理机制。

在 Struts 2 中，客户端发送一个请求后会在 Action 中进行处理，在 Action 业务处理过程中，如果出现异常，一个名称为 exception 的拦截器将拦截该异常并进行处理，然后转到相应的视图反馈给用户。

struts.xml 文件通过使用<exception-mapping>元素进行异常映射配置，在使用该元素时需要指定以下两个属性。

- exception：该属性用来指定出现异常的类型。
- result：该属性用来指定出现异常时，Struts 2 返回给用户的视图名称。

根据异常映射起作用的范围，可以将异常映射配置分为全局异常映射和局部异常映射。

- 全局异常映射：这种映射使用<global-exception-mapping>元素进行配置，在该元素中嵌套<exception-mapping>作为子元素，映射范围是 package 中的所有 Action。
- 局部异常映射：这种映射直接在 Action 内部使用<exception-mapping>元素配置就可以了，其作用范围为它所在的 Action。

Struts 2 的异常处理流程如图 3-17 所示。

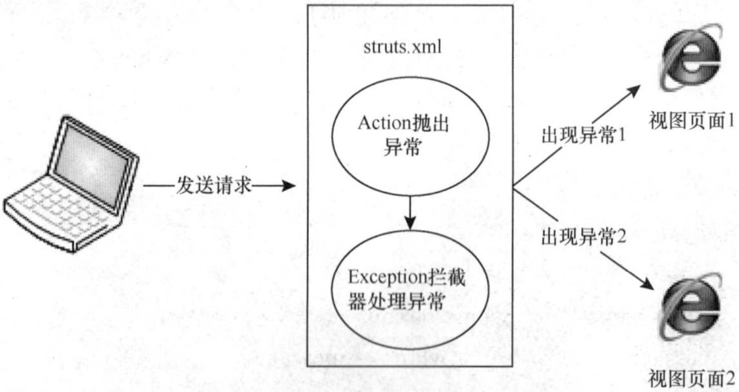

图 3-17　异常处理流程图

3.6.2　Struts 2 异常处理实例

下面通过一个实例来介绍 Struts 2 的异常处理机制。在程序中，当除数为 0 时将出现 java.lang.ArithmeticException 异常，本实例就模拟除数为 0 的情况。

首先创建 Action，新建一个名字为 ExceptionAction.java 的文件，如下列代码所示。

```
package com;
import com.opensymphony.xwork2.ActionSupport;
@SuppressWarnings("serial")
public class ExceptionAction extends ActionSupport{
    private int a;
    private int b;
    private int c;
    //省略属性的 setXXX()和 getXXX()方法
    public String jisuan() throws Exception{
        c=a/b;
        return SUCCESS;
    }
}
```

这个 Action 很简单，只是进行了除法运算，在 jisuan( )方法中通过 throws Exception 抛出异常，并没有编写 try...catch 语句块。struts.xml 文件的配置代码如下所示。

```
<package name="struts2_login" extends="struts-default">
        <!-- 异常处理错误页面 -->
        <global-results>
            <result name="error">/error.jsp</result>
        </global-results>
        <!-- 异常 Exception -->
        <global-exception-mappings>
            <exception-mapping result="error"
                exception="java.lang.ArithmeticException">
            </exception-mapping>
        </global-exception-mappings>
        <!-- 异常处理 Action -->
    <action name="exception" class="com.ExceptionAction" method="jisuan">
            <result name="success">/exception.jsp</result>
            <result name="error">/error.jsp</result>
        </action>
    </package>
</struts>
```

在 struts.xml 文件中为 jusuanAction 配置一个全局视图映射和一个全局异常映射。当程序出现除 0 异常时，Struts 2 的 exception 拦截器就会进行处理并返回 error.jsp 页面给用户。下面是 error.jsp 文件，主要内容如下。

```
<h4 style="color:red">除 0 异常</h4>
```

这个页面输出了一条提示信息，非常简单。下面新建一个名字为 jisuan.jsp 的文件，提供进行除法运算的界面，如下列代码所示。

```
<s:form action="exception"   theme="simple">
<s:textfield name="a" label="" cssStyle="width:60"></s:textfield>
除以
<s:textfield name="b" label="" cssStyle="width:60"></s:textfield>
等于
<s:textfield name="c" label="" cssStyle="width:60"></s:textfield>
<s:submit value="计算"></s:submit>
</s:form>
```

该页面的运行效果如图 3-18 所示。

在第一个文本框中输入 20，在第二个文本框中输入 0，这样程序就会出现异常。单击“计算”按钮后，界面如图 3-19 所示。

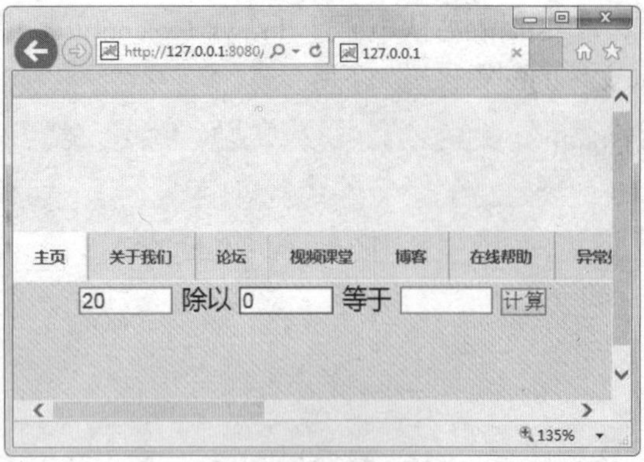

图 3-18 输入信息

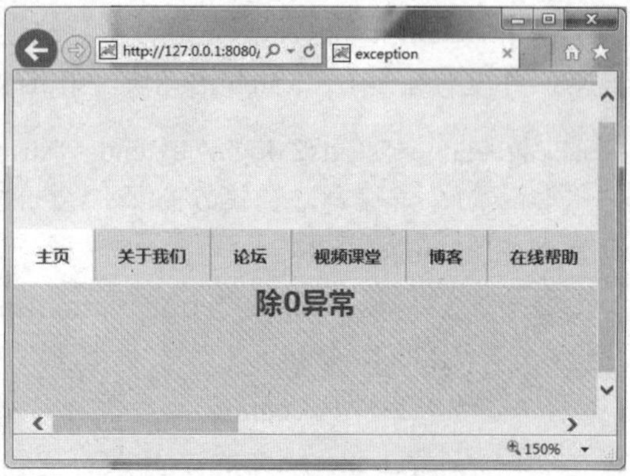

图 3-19 出现异常

3.7 本章小结

本章主要介绍了 Struts 2 的扩展与高级技巧，包括拦截器的原理与应用、Struts 2 的输入校验、国际化以及异常处理。这些在成熟、完善的 Web 应用系统中是不可或缺的部分，希望读者通过本章的学习，能熟悉 Struts 2 的一些高级特性，从而开发出成熟完善的 Web 应用系统。

3.8 课内实训

【课内实训 1】新建留言板项目，登录后可以在留言框内留言。在点击确定提交留言后，后台的 Struts 2 框架通过添加自定义的文字过滤拦截器，完成敏感词的过滤。将预先定义的敏感词内容过滤，以*号代替，显示在页面上。

【课内实训 2】修改第 1 章实训 1 注册页面，使用 Struts 2 的输入校验。用户名不能为空和特殊符号，密码的长度在 6 ~ 16 个字符以内，E-mail 地址要合法。

【课内实训 3】利用 Struts 2 的国际化，完成注册页面的中英文转换。做好资源页面并保持在系统中。

【课内实训 4】添加注册过程中的错误处理页面。当注册过程中有错误时，由 Struts 2 的异常处理机制处理，并跳转到专门的错误信息提示页面。

3.9 实训题

【实训 1】新建 Web 项目，完成通信录模块的开发。

本通信录，主要功能是能在 Web 页面上快速地查看、查找联系人，以及方便地录入、修改联系人资料。本通信录的操作包括：添加联系人、联系人列表、删除联系人、修改联系人、查询联系人。

要求：自行设计数据库，并使用 Struts 2 框架技术。在添加联系人页面使用 Struts 2 框架的输入验证；添加联系人，查询联系人等页面可以实现中英文切换；在通信录录入、使用以及查询的过程中如果出现错误，有相应的错误处理页面（采用异常处理机制）。

【实训 2】中文在页面使用中经常会出现乱码，一般会统一页面和数据库的编码格式。为了保证中文能在页面中正常显示，我们这里自定义拦截器，增加中文过滤拦截应用，将中文再次编码，然后显示在页面上。将这个拦截器添加到整个的拦截器栈，并应用到本章实训 1 的系统中。

PART 4

第4章 基于 Struts 2 的注册管理系统项目实训

教学要求

- 掌握：Struts2、JSP、JavaBean 结合的软件开发流程
- 理解：注册系统的设计思想
- 了解：注册系统模块的扩展

4.1 项目需求说明

用户注册登录在留言板、BBS 和邮箱等各大小网站中都会用到，在网站制作中是很常见的一部分。在用户注册系统中，只有具有合法身份的用户才能登录，才能访问特定资源，在一定程度上防止了信息资源的扩展，保障了信息资源的安全性。而且在用户注册时，该系统要求用户必须填写某些信息，并把这些基本信息保存到服务器的数据库中，从而方便了对用户进行统一管理，而且可以为研究网站的用户群体收集数据，为分析网站的运营趋势提供重要信息。如果用户身份为管理员，则可以对注册用户进行管理，比如浏览、添加或删除用户。这样，整个系统的用户具有良好规范。

通过以上分析，该系统应具有以下功能。

- 用户注册。
- 用户登录。
- 用户修改个人信息。
- 管理员登录。
- 浏览新增用户。
- 浏览所有用户信息。
- 浏览所有管理员信息。
- 修改和删除用户。
- 添加、修改和删除管理员。

4.2 项目系统分析

1. 前台用例图

经过分析，用户注册系统前台用例图如图 4-1 所示。

图 4-1 中的各个用例代表前台用户的不同行为操作。每个操作的详细信息如下。

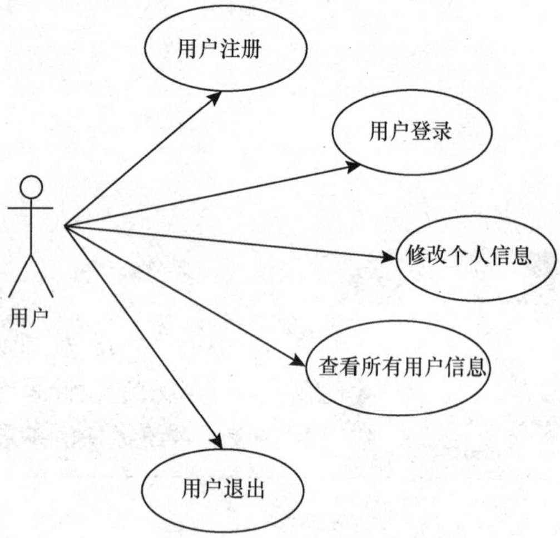

图 4-1 前台用例图

（1）用户注册。

用户运行系统，出现系统登录页面，单击“注册”按钮即跳转到注册页面。填写注册信息后，单击“注册”按钮，系统验证输入数据是否通过。如果验证不通过，则在当前页面显示注册失败原因；如果验证通过，则将用户注册信息添加到数据库中，然后转到注册成功页面。

（2）用户登录。

注册成功后进入登录页面，用户输入账号和密码，单击“登录”按钮，系统验证登录信息。如果用户名或密码不正确，则返回登录页面，显示错误信息，可继续登录；如果用户名和密码正确，则用户登录成功，系统显示一个页面，即用户可以进行前台操作的系统首页。

（3）修改个人信息。

单击“查看个人信息”链接，进入修改个人信息页面，对信息进行修改后，系统将修改数据库中的相关信息，并提示修改成功。

（4）查看所有用户信息。

进入查看所有用户信息的页面，可以查看到所有注册用户的基本信息。

（5）用户退出。

用户单击“退出”链接，系统销毁与用户的会话相关的资源，再呈现登录页面给用户，供其再次登录系统。

2. 后台用例图

在用户注册系统中，针对管理员的后台用例图如图 4-2 所示。

图 4-2 中的各个用例代表管理员的不同操作行为。每个操作的详细信息如下。

（1）管理员登录。

管理员进入后台页面后，输入用户名和密码，进入系统管理首页。

（2）查看新增用户。

单击“查看新增用户”链接，进入新增用户页面后，系统会根据用户的 ID 字段从大到小取出 8 个用户的信息并显示出来。此页面提供修改和删除用户的功能。

（3）查看所有用户信息。

系统可以把所有注册的用户信息全部显示出来。此页面提供修改和删除用户的功能。

（4）修改用户信息。

在查看用户页面中，可以通过链接修改用户信息。

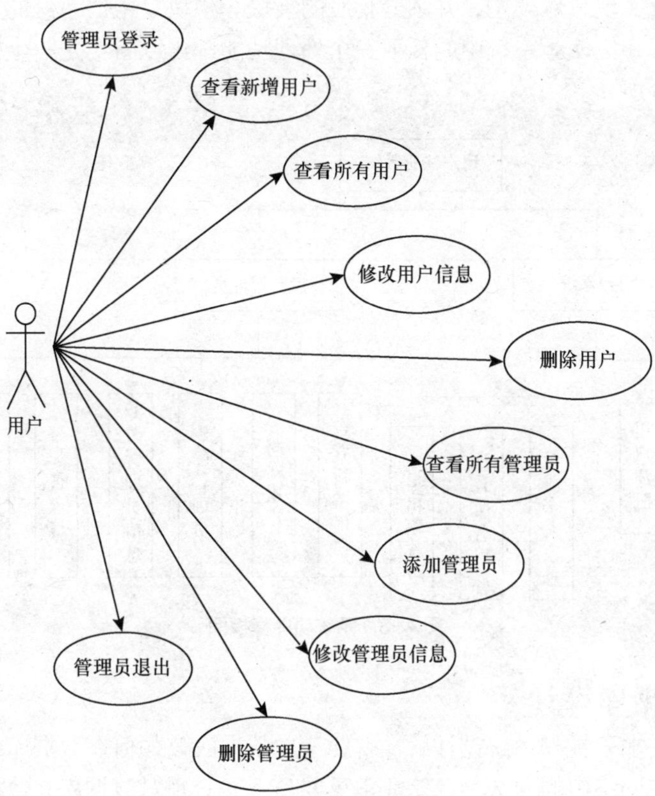

图 4-2　后台用例图

（5）删除用户。

在查看用户页面中，系统可以根据用户 ID 删除用户。

（6）查看所有管理员。

系统可以把所有管理员的详细信息显示出来，此页面提供修改和删除管理员的功能。

（7）添加管理员。

此页面提供添加管理员账号的功能，在提交信息后，系统会判断当前用户是否有权限添加账号，如果有权限，则将信息添加到数据库中。

（8）修改管理员信息。

系统通过判断权限后，将修改后的信息存放到数据库中。

（9）删除管理员。

和修改管理员一样，首先判断权限，然后按 ID 删除该管理员信息。

（10）管理员退出。

单击“退出”链接后，系统销毁与管理员的会话，然后跳转到管理员登录页面，以便管理员再次登录系统。

4.3　系统设计与实现

在明确系统需求后，下一步就是对注册系统进行设计。系统设计是信息系统开发过程中另一个重要的阶段。在这一阶段中，要根据前一阶段需求分析的结果，在已经获得分析报告的基础上，为系统实现总体架构，并划分相应的模块。模块是组成系统的基本单位，其特点是可以组合、分解和更换。系统中的任何一个处理功能都可以看作是一个模块。本系统的功能模块图如图 4-3 所示。

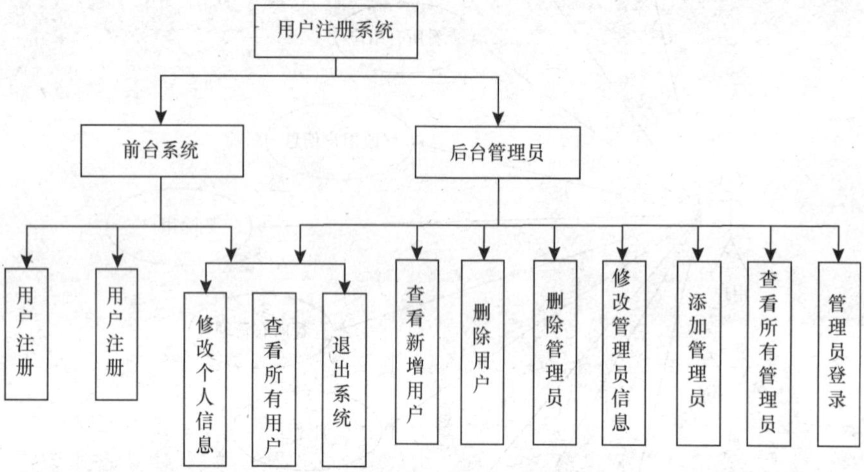

图 4-3　系统功能模板图

4.3.1　数据库设计

在完成系统需求分析和系统设计后，就要考虑数据应该如何在数据库中存储。对于注册登录来说，数据在网络中的永久性存储非常重要。下面分别对数据库、数据表和数据表字段进行介绍。

本系统所需的永久性数据都存储在 MySQL 数据库管理系统中。在 MySQL 数据库中创建数据库 datebase1，并创建用户表 users 和管理员表 admin。

1. 用户表 users

用户表用来保存用户注册时所输入的用户信息。用户登录系统时，需要校验该表的用户账号和用户密码。其字段信息如表 4-1 所示。

表 4-1　用户表

字 段 名 称	含　　义	类　　型	约　　束
id	用户 ID	int	主键
username	用户账号	varchar(20)	非空
password	用户密码	varchar(20)	非空
name	真实姓名	varchar(20)	非空
nic	用户昵称	varchar(20)	非空
sex	性别	char(2)	非空
age	年龄	int	无
Email	电子邮件	varchar(30)	无
phone	电话	varchar(20)	无
selfshow	个人说明	varchar(300)	无

2. 管理员表 admin

管理员表主要用来保存管理员的具体信息。当管理员登录系统时，需要校验该表中的管理员账号和管理员密码。其字段信息如表 4–2 所示。

表 4-2　管理员表

字段名称	含　义	类　型	约　束
id	管理员 ID	int	主键
username	管理员账号	varchar(20)	非空
password	管理员密码	varchar(20)	非空
name	真实姓名	varchar(20)	非空
qx	权限	int	非空

4.3.2　项目代码实现

1. 实现通用数据库连接

在程序的 DAO 类中，几乎每个方法都要用到数据库连接，所以在这里单独用一个类实现数据库连接，以便程序调用。

在 MyEclipse 开发环境中创建一个 Web 工程 ch4，在该工程下的 src 根目录下新建 com.database 包，在该包中新建 DatabaseDAO.java 类，实现数据库功能的封装，具体内容如下列代码所示。

```
package com.database;
import java.sql.Connection;
import java.sql.DriverManager;
import java.sql.PreparedStatement;
import java.sql.ResultSet;
import java.sql.SQLException;

public class DatabaseDAO {
    private static Connection con;
    private static final String DRIVER = "com.mysql.jdbc.Driver";
    private static final String URL ="jdbc:mysql://localhost:
3306/database1";
    private static final String NAME="root";
    private static final String PASSWORD="123456";
    // 类似单例模式，加载一次即可获取驱动
    static{
        try {
            Class.forName(DRIVER);
        } catch (ClassNotFoundException e) {e.printStackTrace();}
    }
    //获取数据库连接
```

```
    public static Connection getConnection(){
        try {
            con=DriverManager.getConnection(URL, NAME, PASSWORD);
        } catch (SQLException e) {e.printStackTrace();}
        return con;
    }
    //关闭 Connection
    public static void closeCon(Connection con){
        try {
            if(con!=null)
            con.close();
        } catch (SQLException e) {e.printStackTrace();}
    }
     //关闭 PreparedStatemen
    public static void closePt(PreparedStatement pt){
        try {
            if(pt!=null)
                pt.close();
        } catch (SQLException e) {e.printStackTrace();}
    }
     //关闭 ResultSet
    public static void closeRs(ResultSet rs){
        try {
            if(rs!=null)
                rs.close();
        } catch (SQLException e) {e.printStackTrace();}
    }
}
```

在该类中，首先声明了连接数据库所用到的驱动、URL、账号和密码。getConnection( )方法负责获取数据库连接。closeCon( )、closePt( )和 closeRs( )方法分别负责关闭 Connection 连接、PreparedStatement 对象和 Result 对象。

2. 用户注册

在用户注册模块中，系统显示 register.jsp 页面，提示用户在该页面中输入注册数据，使用 Register-validation.xml 文件来验证用户输入的数据是否合法。验证通过后，系统通过 RegisterAction.java 接收用户输入的消息，最后调用 UsersDAO.java 的 findUsers( )方法和 save( )方法。findUsers( )方法用于判断用户是否存在，如果不存在，则调用 save( )方法将数据添加到数据库中。

（1）在 WebRoot 文件夹下新建 register.jsp 文件，实现用户注册页面，用户注册内容和数据表 users 表相对应。该文件的内容如下列代码所示。

```
<%@ page language="java" pageEncoding="UTF-8"%>
<%@taglib prefix="s" uri="/struts-tags"%>
<!DOCTYPE HTML PUBLIC "-//W3C//DTD HTML 4.01 Transitional//EN">
<html>
    <head><title><s:text name="UserRegister"/></title>
<meta http-equiv="Content-Type" content="text/html; charset=gb2312">
    </head><BODY><center><br/><br/><br/>
    <h3><s:text name="UserRegister"/></h3>
    <div style="align:center;" >
    <s:form action="register" method="post">
        <s:textfield name="username" key="UserName" />
        <s:password name="password" key="PassWord" />
        <s:textfield name="name" key="Name" />
        <s:textfield name="nic" key="NickName" />
        <s:textfield name="sex" key="Sex" />
        <s:textfield name="age" key="Age" />
        <s:textfield name="email" key="Email" />
        <s:textfield name="phone" key="Phone" />
        <s:textarea name="selfshow" key="brief.introduction" />
        <s:submit   key='Register'/>
            </s:form></div>
            <%@ include file="bottom.jsp"%>
        </center></body></html>
```

在该 JSP 页面中，首先导入 Struts 2 标签库，使用 Struts 2 标签来输出国际化的内容。比如在<title>标签中，为页面标题实现国际化。

在 form 表单中，定义用户注册信息，当用户填写注册信息后，单击“注册”按钮，系统会通过 RegisterAction-validation.xml 文件校验数据是否合法。

（2）新建 Register-validation.xml 文件，该文件和 RegisterAction 类文件相对应，实现注册验证，如下列代码所示。

```
<?xml version="1.0" encoding="GBK"?>
<!DOCTYPE validators PUBLIC "-//OpenSymphony Group//XWork Validator 1.0.2//EN"
    "http://www.opensymphony.com/xwork/xwork-validator-1.0.2.dtd">
<validators>
    <field name="username">    <!-- 验证 username 属性 -->
<field-validator type="requiredstring"><!-- 指定 username 属性不能为空 -->
    <param name="trim">true</param>
    <message key="username.notnull"/>
    </field-validator><!-- 指定 username 属性必须匹配正则表达式 -->
    <field-validator type="regex">
    <param name="expression"><![CDATA[(\w{4,25})]]></param>
```

```
<message key="username.length"/>
</field-validator>
</field>
<field name="password"><!-- 验证 password 属性 -->
<field-validator type="requiredstring"><!-- 指定 password 属性不能为空 -->
<param name="trim">true</param>
<message key="password.notnull"/>
</field-validator>
<!-- 指定 password 属性必须匹配正则表达式 -->
<field-validator type="regex">
<param name="expression"><![CDATA[(\w{4,25})]]></param>
<message key="password.length"/>
</field-validator>
</field>
<field name="name"><!-- 验证 name 属性 -->
    <!-- 指定 name 属性不能为空 -->
    <field-validator type="requiredstring">
        <param name="trim">true</param>
        <message key="name.notnull"/>
    </field-validator>
</field>
<!-- 验证 nic 属性 -->
<field name="nic">
    <!-- 指定 nic 属性不能为空 -->
    <field-validator type="requiredstring">
        <param name="trim">true</param>
        <message key="nic.notnull"/>
    </field-validator>
    <!-- 指定 nic 属性必须匹配正则表达式 -->
    <field-validator type="regex">
        <param name="expression"><![CDATA[(\w{4,30})]]></param>
        <message key="nic.length"/>
    </field-validator>
</field>
<field name="age">
    <field-validator type="int">
        <param name="min">18</param>
        <param name="max">50</param>
        <message key="age.length"/>
    </field-validator>
```

```
        </field>
        <!—省略其他属性的验证-->
</validators>
```

在该 XML 文件中，对注册用户名、用户密码、用户昵称和年龄等输入信息进行验证，使用 requiredstring、expression 和 int 属性，分别验证输入内容是否为空、输入长度是否符合要求和是否为数字等。

用<message key="name.notnull"/>来输出国际化中的错误信息。如果验证通过，系统会找到 RegisterAction.java 继续执行。

（3）新建 RegisterAction.java 类，当用户提交注册信息后，将请求提交到 Action 中进行处理。该文件除了定义 users 表中的每个字段属性外，还定义了相应的方法，如下列代码所示。

```
package com.users.action;
import com. users.dao.UsersDAO;
import com. vo.Users;
import com.opensymphony.xwork2.ActionSupport;
public class RegisterAction extends ActionSupport {
    private String username;            //用户账号
    private String password;            //用户密码
    private String name;                //用户姓名
    private String nic;                 //用户昵称
    private String sex;                 //用户性别
    private int age;                    //用户年龄
    private String email;               //用户 email
    private String phone;               //用户电话
    private String selfshow;            //个人说明
    private String tip;                 //服务器提示的 tip 属性
    //省略属性的 getXXX()和 setXXX()方法
    public String register()throws Exception {
        UsersDAO dao=new UsersDAO();          //实例化用户 DAO 对象
        boolean flag=dao.findUsers(username); //查找用户是否存在
        //flag 为 true 表示用户账号存在
        if(flag){
            this.setTip(this.getText("username.exist"));
            return this.INPUT;
        }
        Users users=new Users();              //实例化用户对象
        users.setUsername(username);
        users.setPassword(password);
        users.setName(name);
        users.setNic(nic);
        users.setSex(sex);
```

```
            users.setAge(age);
            users.setEmail(email);
            users.setPhone(phone);
            users.setSelfshow(selfshow);
            int i=dao.save(users);  //将 users 对象传入 save 方法
            if(i>0) {               //i 大于 0 表示注册成功
                return this.SUCCESS;
            }
            else{
                this.setTip(this.getText("register.failed"));
                return this.INPUT;
            }
        }
}
```

在该类中，首先声明用户填写属性，并为每个属性设置 getXXX( )和 setXXX( )方法组，然后定义 register( )方法，在该方法中调用 UsersDAO 类中的 findUsers( )方法，实现从数据库中查询用户账号是否存在的功能。如果存在，则返回到注册页面，并提示当前用户存在。如果不存在，则实例化用户实体类 Users，然后设置用户的基本信息，调用 save( )方法将用户的基本信息添加到数据库中。

（4）新建 UsersDAO.java 类，在该文件中定义用户操作数据库的方法，如添加用户、查询全部用户和删除用户等方法。这里创建该类文件，并实现查询用户是否存在的功能，如下列代码所示。

```
public class UsersDAO {
    private Connection con;
    private PreparedStatement pt;
    private ResultSet rs;

    // 查找用户账号是否存在
    public boolean findUsers(String username) {
        boolean flag = false;
        // 获取数据库连接
        con = DatabaseDAO.getConnection();
        try {
            pt = con.prepareStatement("select * from users where username=?");
            pt.setString(1, username);
            // 执行 SQL 语句，获取结果集
            rs = pt.executeQuery();
            // 如果继续执行，表示用户账号存在
            if (rs.next()) {
                flag = true;
            }
        } catch (SQLException e) {
```

```
            e.printStackTrace();
        } finally {
            // 关闭数据库连接
            DatabaseDAO.closeRs(rs);
            DatabaseDAO.closePt(pt);
            DatabaseDAO.closeCon(con);
        }
        return flag;
    }
```

查询用户账号是否存在是实现注册功能必不可少的方法，当用户注册时，首先查询该用户账号是否存在，如果该用户账号存在，则不允许再使用该用户账号，这样可以保证系统中用户账号的唯一性。

在具体实现 findUsers( )方法时，将用户账号 username 作为 SQL 语句的判断条件，查询数据库中该用户账号是否存在。定义 Boolean 类型的变量 flag，首先将该值初始化，并且将 if 语句中的 flag 值取反。如果存在，rs.next( )方法向下执行，flag 属性值为 true，然后返回 flag 属性值，并在 Action 中进行判断。如果用户账号不存在，则执行用户注册方法。该方法如下列代码所示。

```
public int save(Users users) {
        int i = 0;
        con = DatabaseDAO.getConnection();// 获取数据库连接
        try {
            pt = con.prepareStatement("insert into users(username,password,"
                    + "name,nic,sex,age,email,phone,selfshow)"
                    + " values(?,?,?,?,?,?,?,?,?)");        // 设置参数
            pt.setString(1, users.getUsername());
            pt.setString(2, users.getPassword());
            pt.setString(3, users.getName());
            pt.setString(4, users.getNic());
            pt.setString(5, users.getSex());
            pt.setInt(6, users.getAge());
            pt.setString(7, users.getEmail());
            pt.setString(8, users.getPhone());
            pt.setString(9, users.getSelfshow());
            i = pt.executeUpdate();// 执行 SQL 语句
        } catch (SQLException e) {
            e.printStackTrace();
        } finally {      // 关闭数据库连接
            DatabaseDAO.closePt(pt);
            DatabaseDAO.closeCon(con);
```

```
        }
        return i;
    }
```

在 save()方法中，首先调用 DatabaseDAO 类中的 getConnection()方法，获取数据库连接对象 con，再预编译 SQL 语句，用 users 对象依次设置 SQL 语句中“？”号的参数，然后调用 executeUpdate()方法执行 SQL 语句，最后关闭数据库连接。

在 struts.xml 文件中，对应的配置内容为注册部分。上述操作完成后，即可运行程序。在浏览器地址栏中输入“http://localhost:8080/ch4/register.jsp”，打开注册页面，如图 4-4 所示。

在图 4-4 所示的页面中输入用户注册信息后，单击“注册”按钮，如果输入的数据不符合校验或用户账号已经存在，则会返回注册页面，并提供错误信息，如图 4-5 所示。如果输入的数据都符合要求，系统会跳转到注册成功页面，如图 4-6 所示。

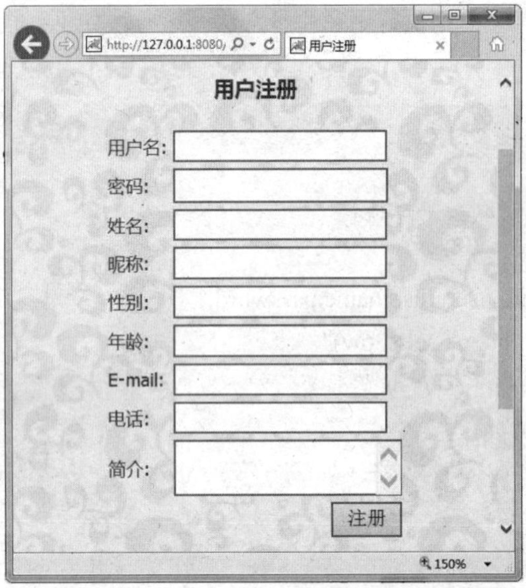

图 4-4　用户注册页面 1

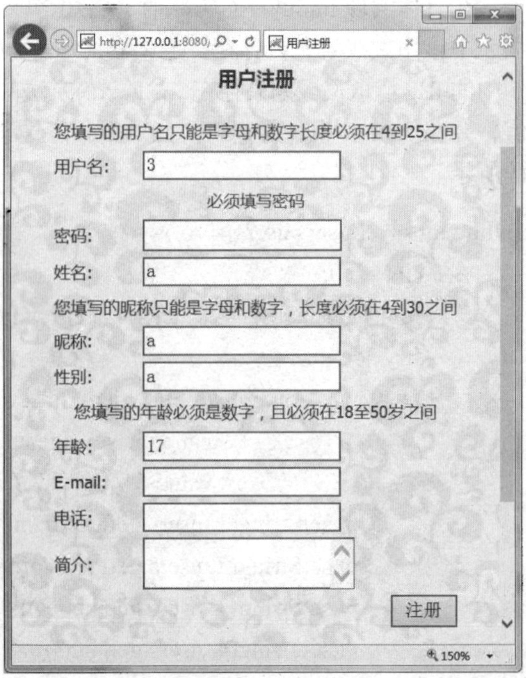

图 4-5　用户注册页面 2

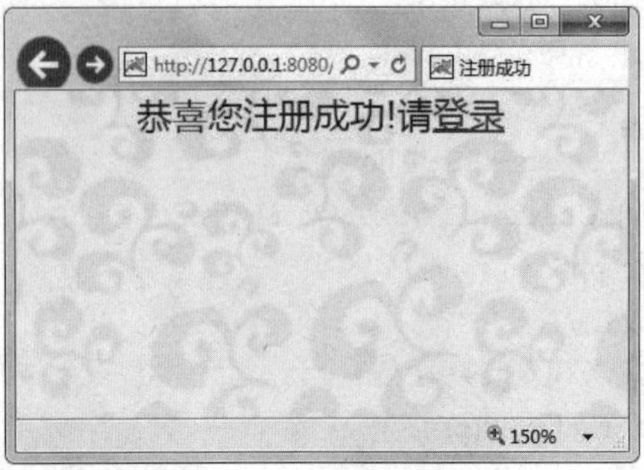

图 4-6　用户注册成功页面

3. 用户登录

用户登录页面作为系统默认页面，是进入系统的唯一窗口。在登录页面中输入用户名和密码，数据将提交到 LoginAction.java 中。LoginAction.java 调用 UsersDAO.java 类中的 login( ) 方法处理用户的登录要求。

（1）新建 index.jsp 页面，该页面用来设置用户登录的显示信息。该文件内容如下列代码所示。

```
<!—省略部分代码-->
<h3 ><s:text name="UserLogin"/></h3>
  <div style="align:center;">
  <s:property value="tip"/>
  <s:form action="login" method="post" >
     <s:textfield name="username" key="UserName" />
     <s:password name="password" key="PassWord"/>
     <s:submit   key='Login'/>
  </s:form>
<s:a href="register.jsp"><s:text name="Register"/></s:a>
```

在该页面文件中定义 form 表单，在表单中使用<s:textfileld>和<s:password>标签分别定义“用户名”和“密码”文本框，然后定义 submit 按钮。另外增加“注册”链接，以便非注册用户进入注册页面。用户输入用户名和密码后，将跳转到 LoginAction.java 中进行处理。

（2）在 UsersDao.java 类中实现 login( )方法，UsersDAO.java 类在之前已经创建，只需要在该文件中添加 login( )方法。该方法如下列代码所示。

```
public boolean login(Users users) {
      boolean flag = false;
      con = DatabaseDAO.getConnection();
      try {
      pt = con.prepareStatement("select * from users where username=? and password=?");
            pt.setString(1, users.getUsername());// 设置参数
            pt.setString(2, users.getPassword());
            rs = pt.executeQuery();          // 获取结果集
                  if (rs.next()) {           // 如果能往下继续执行,表示用户名和密码正确
                        flag = true;
                  }
            } catch (SQLException e) {
                  e.printStackTrace();
            } finally {
                  // 关闭数据库连接
                  DatabaseDAO.closeRs(rs);
                  DatabaseDAO.closePt(pt);
                  DatabaseDAO.closeCon(con);
```

```
        }
        return flag;
    }
```

在 login( )方法中，用传递的 users 对象获取账号和密码，并在 SQL 语句中作为判断条件，如果 rs.next( )为真，表示账号和密码正确，并设置 flag 值为 true，最后返回 flag 属性值。

（3）新建 LoginAction.java 类，用来处理 index.jsp 页面的登录请求。在用户登录时，只用到 users 表中的用户账号和用户密码字段。该类文件的代码如下所示。

```
package com.users.action;
import com.users.dao.UsersDAO;
import com.vo.Users;
import com.opensymphony.xwork2.ActionContext;
import com.opensymphony.xwork2.ActionSupport;
public class LoginAction extends ActionSupport {
    private String username;            //用户账号
    private String password;     //用户密码
    private String tip;              //服务器提示的 tip 属性
    //省略属性的 getXXX()和 setXXX()方法
    public String login()throws Exception{
        Users users=new Users();
        users.setUsername(username);
        users.setPassword(password);
        UsersDAO dao=new UsersDAO();
        boolean flag=dao.login(users);
        //如果为 true,登录通过
        if(flag){
            //将用户账号存入 session
            ActionContext.getContext().getSession().put("username", username);
            return SUCCESS;
        }
        else {
            this.setTip(this.getText("login.failed"));//登录失败,返回首页
            return INPUT;
        }
    }
}
```

在该类中，首先声明 username 和 password 属性，分别表示用户输入的用户账号和密码，然后将属性放入 users 对象中。接下来调用 UsersDAO 的 login( )方法传入 users 对象，通过返回的 Boolean 类型值来判断是否登录成功。如果登录成功，将 username 属性保存到 session 会话中；如果没有登录成功，返回“INPUT”字符串，系统将返回到登录页面。

（4）运行程序。图 4-6 所示的页面表示用户注册成功，在页面中单击“登录”链接，进入图 4-7 所示的用户登录页面。如果是已注册用户再次访问该系统，可以直接访问 index.jsp 文件。输入用户名和密码后，单击“登录”按钮，会显示如图 4-8 所示的页面。如果用户名或密码错误，则继续显示登录页面，并显示错误信息。

图 4-7　用户登录页面

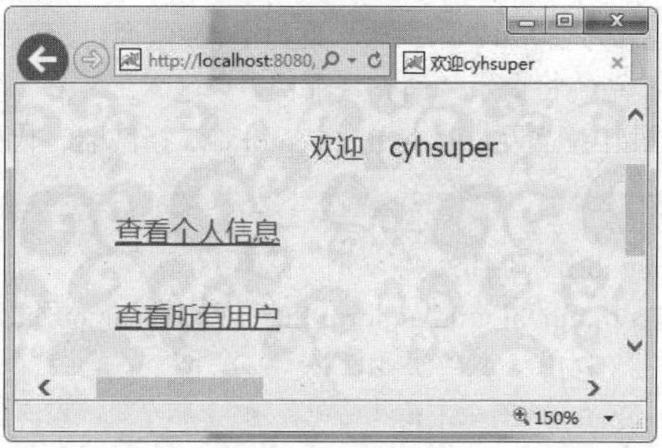

图 4-8　登录成功页面

4. 查看所有用户

成功登录系统后，系统中的每个请求和响应都将受到拦截，以判断用户是否已经登录。

如果通过拦截器，则系统转到 FindAllUsersAction.java，并且在 FindAllUsersAction.java 中调用 UsersDAO 类的 findAllUsers( )方法，从而获取数据库中的所有信息，然后转发到 allUsers.jsp 页面显示。

（1）新建 AuthorityInterceptor.java 拦截器类，该文件内容如下列代码所示。

```
package com.util;
import java.util.Map;
import com.opensymphony.xwork2.Action;
import com.opensymphony.xwork2.ActionContext;
import com.opensymphony.xwork2.ActionInvocation;
import com.opensymphony.xwork2.interceptor.AbstractInterceptor;
public class AuthorityInterceptor extends AbstractInterceptor {
    //拦截 Action 处理的拦截方法
public String intercept(ActionInvocation invocation) throws Exception {
```

```
        ActionContext ctx=invocation.getInvocationContext(); // 取得请求相关的 Action Context
实例
    Map session=ctx.getSession(); //取出名为 username 的 session 属性
    String username=(String)session.get("username");
        if(username!=null){ //如果 username 为空,表示没有登录，则返回重新登录
            System.out.println("拦截通过!");
            return invocation.invoke();
        }
        System.out.println("登录拦截!");
        ctx.put("tip", "请先登录!");
        return Action.LOGIN;
    }}
```

拦截器 AuthorityInterceptor 首先获取与请求相关的 ctx 对象，它表示 ActionContext 类的一个实例化对象，使用 ctx 对象的 getSession( )方法获取 session 后，获取保存在 session 里的用户账号，判断用户账号是否为空，如果用户账号不为空，拦截通过，然后继续执行相应的 Action 类；如果用户账号为空，系统将提示“请先登录!”。

（2）在 struts.xml 文件中配置 AuthorityInterceptor.java 拦截器，代码如下所示。

```
<interceptors>
    <!--定义一个名为 authority 的拦截器-->
    <interceptor class="com.huizhi.util.AuthorityInterceptor" name="authority"/>
        <!--定义一个包含权限检查的拦截器栈-->
        <interceptor-stack name="mydefault">
            <!--配置内建默认拦截器-->
            <interceptor-ref name="defaultStack"/>
            <!--配置自定义的拦截器-->
            <interceptor-ref name="authority"/>
        </interceptor-stack>
</interceptors>
<default-interceptor-ref name="mydefault" />
```

（3）新建 FindAllUsersAction.java 类，作为查找所有用户的 Action 类，该文件内容如下列代码所示。

```
package com.users.action;
import java.util.List;
import com.users.dao.UsersDAO;
import com.opensymphony.xwork2.ActionContext;
import com.opensymphony.xwork2.ActionSupport;
public class FindAllUsersAction extends ActionSupport {
    private String type; // 参数表示从哪个页面提交过来
```

```
    public String findAllUsers() throws Exception {
        UsersDAO dao = new UsersDAO();
        List list = dao.findAllUsers();
        // 将 list 对象存放在 ActionContext 里
        ActionContext.getContext().put("list", list);
        if ("admin".equals(type)) {
            return this.INPUT; // 管理员查询
        } else {
            return this.SUCCESS;
        } // 用户查询
    }
    public void setType(String type) {
        this.type = type;
    }
    public String getType() {
        return type;
    }
}
```

FindAllUsersAction 控制器处理获取所有用户信息的请求，该控制器和管理员查看所有用户信息使用的控制器是同一个。首先声明一个 type 变量获取从某一页面提交过来的值，然后实例化 UsersDAO.java 类，获取 dao 对象，调用 findAllUsers( )方法返回 List 集合对象 list，从而获取所有的用户，将 list 对象保存在 ActionContext 里，判断 type 属性的值是用户还是管理员，最后返回相应的页面。

（4）在 UserDAO.java 类中添加 findAllUsers( )方法，通过该方法执行查询数据表的操作。该类文件已创建，这里添加 findAllUsers( )方法，该方法的内容如下列代码所示。

```
public List findAllUsers() {        // 获取一个 list 对象，来添加所有用户
    List list = new ArrayList();
    con = DatabaseDAO.getConnection();
    try {
        pt = con.prepareStatement("select * from users");
        rs = pt.executeQuery();
        while (rs.next()) {
            Users users = new Users();
            users.setId(rs.getInt(1));
            users.setUsername(rs.getString(2));
            users.setPassword(rs.getString(3));
            users.setName(rs.getString(4));
            users.setNic(rs.getString(5));
            users.setSex(rs.getString(6));
            users.setAge(rs.getInt(7));
```

```
                users.setEmail(rs.getString(8));
                users.setPhone(rs.getString(9));
                users.setSelfshow(rs.getString(10));
                    list.add(users); // 把 users 对象添加到 list
                }
            } catch (SQLException e) {
                e.printStackTrace();
            } finally {
                DatabaseDAO.closeRs(rs);
                DatabaseDAO.closePt(pt);
                DatabaseDAO.closeCon(con);
            }
            return list;
        }
```

findAllUsersAction( )方法用来获取所有的用户信息，在代码中先声明一个 list 对象，然后执行 SQL 语句查询用户表中的所有用户。在 while 循环中，每循环一次，将实例化一个 users 对象，然后取出数据表中对应字段的数据放入 users 对象，并且将 users 对象添加到 list 对象中，最后关闭数据库及资源信息，返回 list 对象。

（5）新建 allUsers.jsp 页面，在该页面中能够浏览所有用户。该文件内容如下列代码所示。

```
<!—省略部分代码-->
<s:text name="find.allusers"/>
<ul style="width:100%;margin-left:10px;">
<li style="width:25%;border-top:1px solid gray;border-right:1px solid gray;border- bottom:1px solid gray;" class="category">
                    <s:text name="UserName"/></li>
<li style="width:25%;border-top:1px solid gray;border-right:1px solid gray;border- bottom:1px solid gray;" class="category">
                    <s:text name="NickName"/></li>
<li style="width:24%;border-top:1px solid gray;border-right:1px solid gray;border- bottom:1px solid gray;" class="category">
                    <s:text name="Name"/></li>
<li style="width:25%;border-top:1px solid gray;border-bottom:1px solid gray;" class= "category">
<s:text name="look.detailed"/></li>
</ul>
    <s:iterator value="list">
<ul style="width:100%;margin-left:10px;" onmouseover="this.className='highlight'" onmouseout= "this.class Name=''">
    <li style="width:25%;border-right:1px solid gray;border-bottom:1px solid gray;" >
    <s:property value="username"/></li>
```

```
    <li style="width:25%;border-right:1px solid gray;border-bottom:1px solid gray;" >
    <s:property value="nic"/></li>
    <li style="width:24%;border-right:1px solid gray;border-bottom:1px solid gray;" >
    <s:property value="name"/></li>
    <li style="width:25%;border-bottom:1px solid gray;" >
 <s:a href="selectinfo.action?username=${username}&type=allusers"><s:text name="look. detailed"/>
</s:a>
                    </li></ul>
    </s:iterator>
```

上述代码中只给出了页面的重点内容，使用 Struts 2 的<s:iterator>标签获取 FindAllUsers Action 中保存在 ActionContext 中的 list 对象，然后循环显示出 list 对象中的值。

（6）运行程序。在浏览器地址中输入相应地址进行访问，如果用户未登录，则重定向到登录页面进行登录，登录后，页面上将显示所有用户，如图 4-9 所示。

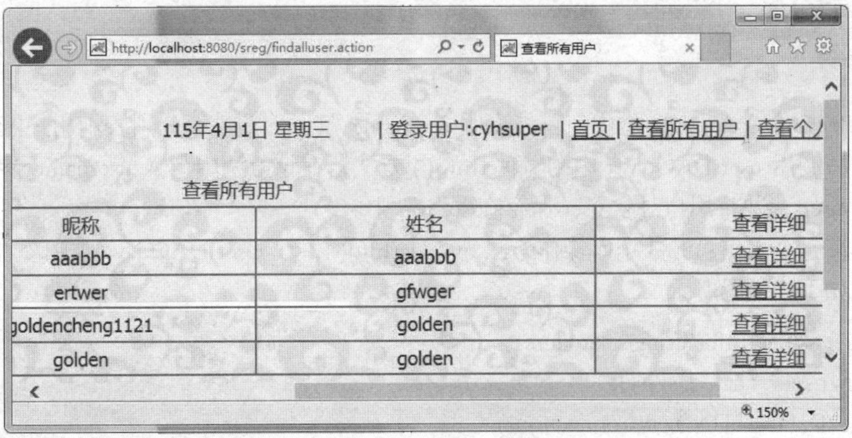

图 4-9 显示所有用户

5. 修改个人信息

用户登录系统后，单击“查看个人信息”链接，如果拦截器通过，系统首先执行 SelectInfo Action.java 类，在该类中调用 UsersDAO.java 类中的 selectInfo( )方法，获取用户的相关信息，然后转发到 selectinfo.jsp 页面输出。如果用户对个人信息进行修改，单击“修改”按钮，数据被提交到 UpdateAction.java 文件，在该类中调用 UsersDAO.java 类中的 update( )方法，修改数据库中的用户信息。

（1）新建 SelectInfoAction.java 类，当查看个人信息时，系统将请求提交到该类文件处理。该文件的内容如下列代码所示。

```
package com.users.action;
import com.users.dao.UsersDAO;
import com.vo.Users;
import com.opensymphony.xwork2.ActionContext;
import com.opensymphony.xwork2.ActionSupport;
public class SelectInfoAction extends ActionSupport {
```

```
    private String username;            //用户名
    private String type;                //参数表示从哪个页面提交过来
    //省略 getXXX()和 setXXX()方法
    public String selectInfo()throws Exception{
        UsersDAO dao=new UsersDAO();
        Users users=dao.selectInfo(username);
        //将 users 对象存放在 ActionContext
        ActionContext.getContext().getSession().put("users", users);
        if("allusers".equals(type))
            return this.INPUT;              //用户查看某个人员信息
        else if("users".equals(type))
            return this.SUCCESS;            //用户查看自己信息
        else
            return "find";                  //管理员查看用户信息
    }
}
```

在 SelectInfoAction.java 类中，首先声明 username 和 type 属性，分别表示用户账号和用户类型，然后调用 usersDAO.java 中的 selectInfo( ) 方法，在该方法中传入 username 参数，获取用户对象 users，并将用户对象 user 保存在 session 中。

（2）查看个人信息的数据库操作方法为 selectInfo( )，在 UsersDAO.java 类中添加该方法，具体实现如下列代码所示。

```
public Users selectInfo(String username) {
    Users users = new Users();
    con = DatabaseDAO.getConnection();
    try {
        pt = con.prepareStatement("select * from users where username=?");
        pt.setString(1, username); // 设置参数
        rs = pt.executeQuery();// 返回结果集
        if (rs.next()) {// 取出数据库的值
            users.setId(rs.getInt(1));
            users.setUsername(rs.getString(2));
            users.setPassword(rs.getString(3));
            users.setName(rs.getString(4));
            users.setNic(rs.getString(5));
            users.setSex(rs.getString(6));
            users.setAge(rs.getInt(7));
            users.setEmail(rs.getString(8));
            users.setPhone(rs.getString(9));
            users.setSelfshow(rs.getString(10));
        }
```

```
        } catch (SQLException e) {
            e.printStackTrace();
        } finally {// 关闭数据库
            DatabaseDAO.closeRs(rs);
            DatabaseDAO.closePt(pt);
            DatabaseDAO.closeCon(con);
        }
        return users;
}
```

在上述 selectInfo( )方法中，首先实例化一个 Users 类的对象 users，然后根据 username 参数查询当前用户的详细信息，如果 rs.next( )方法的返回值为 true，则取出数据库中用户的信息并保持到 users 对象中，最后关闭数据库，返回 users 对象。

（3）新建 selectInfo.jsp 页面，此页面用来显示用户的详细信息，如下列代码所示。

```
<!—省略部分代码-->
<s:text name="show.info"/>
    <s:form action="update" method="post">
     <s:textfield name="username" key="UserName" value="${users.username}"   readonly= "true"/>
        <s:textfield name="password" key="PassWord" value="${users.password}"/>
        <s:textfield name="name" key="Name" value="${users.name}"/>
        <s:textfield name="nic" key="NickName" value="${users.nic}"/>
        <s:textfield name="sex" key="Sex" value="${users.sex}"/>
        <s:textfield name="age" key="Age" value="${users.age}"/>
        <s:textfield name="email" key="Email" value="${users.email}"/>
        <s:textfield name="phone" key="Phone" value="${users.phone}"/>
        <s:textarea name="selfshow"   key="brief.introduction" value="${users.selfshow}"/>
        <s:hidden name="id" value="${users.id}"/>
        <s:submit   key='Update'/>
    </s:form>
```

在该页面文件中，使用 Struts 2 标签，例如通过<s:textfield>标签输出文本信息。使用表达式“${}”输出用户的详细信息。对于输出的用户信息，除用户名以外都允许用户进行修改，并提供 submit 按钮。在修改信息后，单击“修改”按钮，数据将被提交到 UpdateAction.java 类中进行处理。

（4）新建 UpdateAction.java 类，该类用来接收用户修改信息的请求，然后处理该请求，返回相应的字符串，如下列代码所示。

```
package com.users.action;
import com.users.dao.UsersDAO;
import com.vo.Users;
import com.opensymphony.xwork2.ActionSupport;
public class UpdateAction extends ActionSupport {
    private int id;                        //用户 id
    private String username;               //用户账号
```

```
        private String password;            //用户密码
        //省略 Users 类的其他属性
        private String tip;
        //省略 getXXX()和 setXXX()方法
        public String update()throws Exception     {
            Users users=new Users();
            users.setId(id); //设置用户参数
            users.setUsername(username);
            users.setPassword(password);
            users.setName(name);
            users.setNic(nic);
            users.setSex(sex);
            users.setAge(age);
            users.setEmail(email);
            users.setPhone(phone);
            users.setSelfshow(selfshow);
            UsersDAO dao=new UsersDAO();
            int i=dao.update(users); //如果 i 大于 0 表示修改成功
            if(i>0){
                return this.SUCCESS;
            }
            else {
                this.setTip(this.getText("update.failed"));
                return this.INPUT;
            }
        }
}
```

在上述 UpdateAction.java 代码中，首先声明用户的基本属性信息，分别表示获取的输入数据，这些数据与数据表 users 中的字段保持一致，然后实例化一个 users 对象，对每个属性调用 setXXX( )方法设置值，然后调用 UsersDAO 类中的 update( )方法，接收 users 对象，修改数据库中该对象的个人信息。

（5）在 UsersDAO.java 类中添加 update( )方法，通过该方法实现数据表的更新。该方法如下列代码所示。

```
public int update(Users users) {
        int i = 0;
        con = DatabaseDAO.getConnection();
        try {
                pt = con.prepareStatement("update users set password=?,name=?,"+ "nic=?,sex=?,
age=?,email=?,phone=?,selfshow=?"
                + " where username=? and id=?");
```

```
            pt.setString(1, users.getPassword());
            pt.setString(2, users.getName());
            pt.setString(3, users.getNic());
            pt.setString(4, users.getSex());
            pt.setInt(5, users.getAge());
            pt.setString(6, users.getEmail());
            pt.setString(7, users.getPhone());
            pt.setString(8, users.getSelfshow());
            pt.setString(9, users.getUsername());
            pt.setInt(10, users.getId());
            i = pt.executeUpdate();
        } catch (SQLException e) {
            e.printStackTrace();
        } finally {
            DatabaseDAO.closePt(pt);
            DatabaseDAO.closeCon(con);
        }
        return i;
    }
```

在上述 update()方法中，首先声明一个 int 变量，最后返回该变量，其他文件调用该方法时，将根据这个返回值进行相应操作，然后根据传入的 users 对象参数修改数据库中当前用户的信息，执行数据库更新操作，最后返回变量 i。

（6）运行程序。用户登录后，单击“查看个人信息”链接，进入查看个人信息页面，如图 4-10 所示。在修改某些信息后，单击“修改”按钮提交，如果修改后的内容验证通过，将显示“修改成功”，如图 4-11 所示。

图 4-10 查看个人信息页面

图 4-11 提示“修改成功”

6. 管理员模块实现

在 WebRoot 文件夹下创建 admin 文件夹，用来存放管理员操作的 JSP 文件。其中 index.jsp 是管理员的登录页面。在 index.jsp 页面中输入管理员的账号和密码后，将数据提交到 AdminLogin Action.java 中，然后在类中调用 AdminDAO.java 中的 login( )方法处理管理员的登录信息。

（1）新建 index.jsp 页面，此页面中的数据将被提交到 AdminLoginAction.java 中处理。该页面文件的具体内容如下列代码所示。

```
<!—省略部分代码-->
<s:text name="AdminLogin"/>
<s:property value="tip"/>
<s:form action="adminLogin.action"   method="post">
    <s:textfield name="username" key="UserName"/>
    <s:password name="password" key="PassWord"/>
    <s:submit   key='Login'/>
</s:form>
```

该文件和用户登录的 index.jsp 文件大致相同，只不过该页面实现的是管理员登录功能，查询操作的是 admin 数据表。

（2）新建 AdminLoginAction.java 类，管理员输入账号和密码后，系统将请求提交给该文件处理，如下列代码所示。

```
package com.admin.action;
import com.admin.dao.AdminDAO;
import com.vo.Admin;
import com.opensymphony.xwork2.ActionContext;
import com.opensymphony.xwork2.ActionSupport;
public class AdminLoginAction extends ActionSupport{
    private String username;    // 用户名
    private String password;    // 密码
    private String tip;         // 服务器提示的 tip 属性
        //省略 getXXX()和 setXXX()方法
        //管理员登录
        public String adminLogin()throws Exception{
            Admin admin=new Admin();
            admin.setUsername(username);
            admin.setPassword(password);
            AdminDAO dao=new AdminDAO();
            boolean flag=dao.login(admin);
            //如果为 true,登录通过
            if(flag){
                //把权限和管理员账号存储在 session 中
                ActionContext.getContext().getSession().put("qx",admin.getQx() );
                ActionContext.getContext().getSession().put("username",username);
                return this.SUCCESS;
```

```
            }else{
                //登录失败，返回首页
                this.setTip(this.getText("login.failed"));
                return this.INPUT;
            }
        }
    }
```

在该类中，首先声明管理员账号和密码属性，以获取输入的数据，然后将属性值作为参数放入 admin 对象中，调用 AdminDAO.java 中的 login( )方法，接收 admin 对象，返回 Boolean 值来判断是否登录成功。如果登录成功，将 username 和 qx 属性保存到 session 中，在拦截器和权限判断中要用到这两个属性值。如果登录不成功，系统将返回到管理员登录页面。

（3）新建 AdminDAO.java 类，在该文件中定义管理员的相关操作的方法，通过这些方法实现对 admin 数据表的操作。该类文件的内容如下列代码所示。

```
public class AdminDAO {
  private Connection con;
  private PreparedStatement pt;
  private ResultSet rs;
  public boolean login(Admin admin) {// 管理员登录
        boolean flag = false;
        con = DatabaseDAO.getConnection();// 获取数据库连接
        try {
            pt = con.prepareStatement("select * from admin where username=? and password=?");
            pt.setString(1, admin.getUsername());// 设置参数
            pt.setString(2, admin.getPassword());
            rs = pt.executeQuery();// 获取结果集
            // 如果能继续执行，表示管理员账号和密码正确
            if (rs.next()) {
                flag = true;
                admin.setQx(rs.getInt(5));
            }
        } catch (SQLException e) {
            e.printStackTrace();
        } finally {
            DatabaseDAO.closeRs(rs); // 关闭数据库连接
            DatabaseDAO.closePt(pt);
            DatabaseDAO.closeCon(con);
        }
        return flag;
    }
```

在上述 AdminDAO.java 类中，主要定义 login( )方法。通过该方法，判断管理员是否登录成功，首先用传入的 admin 对象获取账号和密码，在 SQL 语句中将其作为判断条件，如果 rs.next( )为真，表示账号和密码正确，设置 flag 为 true，然后从数据库中取出当前管理员的权限，最后关闭数据库连接，返回 flag 属性值。

（4）运行程序。在浏览器地址栏中输入“http://localhost:8080/ch4/admin/”，默认请求 index.jsp，进入管理登录页面，如图 4-12 所示。

输入管理员账号和密码，单击“登录”按钮，如果管理员账号或密码错误，则登录失败，返回登录页面，并显示错误信息。如果登录成功，系统显示图 4-13 所示的页面。

图 4-12　管理员登录页面

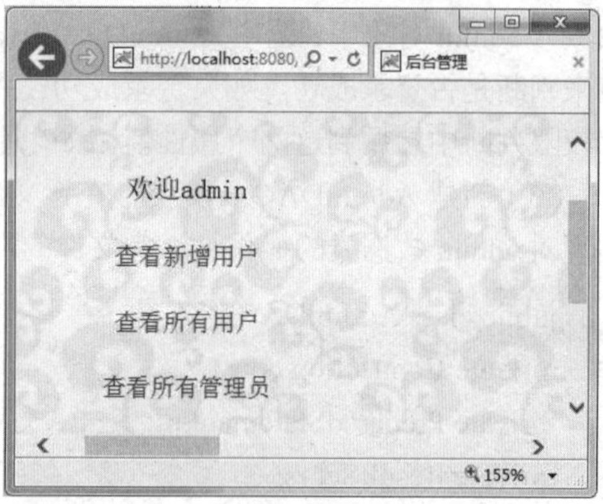

图 4-13　管理员登录成功页面

管理员登录系统后，即可执行相应的操作。其他操作与普通用户类似，这里不再一一列出，可参照本书配套源代码。

7. 配置文件

为了使读者从整体上了解系统结构及配置文件的全貌，这里将该系统的配置中的 struts.xml 文件列出，并加入相应的注释。struts.xml 配置文件的内容如下列代码所示。

```
<?xml version="1.0" encoding="GBK"?>
<!DOCTYPE struts PUBLIC
        "-//Apache Software Foundation//DTD Struts Configuration 2.0//EN"
        "http://struts.apache.org/dtds/struts-2.0.dtd">
<struts>
    <constant name="struts.i18n.encoding" value="GBK"/>
    <!--不受权限控制的 Action 请求配置-->
    <package name="users" extends="struts-default">
    <!-- 用户注册 action -->
        <action name="register" class="com.users.action.RegisterAction" method="register">
            <result name="success">/regsucc.jsp</result>
            <result name="input">/register.jsp</result>
        </action>
        <!-- 用户登录 action -->
        <action name="login" class="com.users.action.LoginAction" method="login">
        <result name="success">/main.jsp</result>
```

```
        <result name="input">/index.jsp</result>
        </action>
        <!-- 管理员登录 -->
    <action name="adminLogin" class="com.admin.action.AdminLoginAction" method= "adminLogin">
        <result name="success">/admin/main.jsp</result>
        <result name="input">/admin/index.jsp</result>
    </action>
    </package>
    <!--受权限控制的 Action 请求配置-->
    <package name="users-authority" extends="struts-default">
    <interceptors>
            <!--定义一个名为 authority 的拦截器-->
            <interceptor class="com.util.AuthorityInterceptor"
                name="authority"/>
            <!--定义一个包含权限检查的拦截器栈-->
            <interceptor-stack name="mydefault">
                <!--配置内建默认拦截器-->
                <interceptor-ref name="defaultStack"/>
                <!--配置自定义的拦截器-->
                <interceptor-ref name="authority"/>
            </interceptor-stack>
        </interceptors>
<default-interceptor-ref name="mydefault" />
        <!--定义全局 Result-->
        <global-results>
            <result name="error">/error.jsp</result>
        </global-results>
        <!-- 查看用户个人信息 -->
  <action name="selectinfo" class="com. users.action.SelectInfoAction" method="selectInfo">
        <result name="success">/selectinfo.jsp</result>
        <result name="input">/showinfo.jsp</result>
        <result name="find">/admin/selectinfo.jsp</result>
    </action>
    <!-- 修改用户个人信息 -->
    <action name="update" class="com.users.action.UpdateAction" method="update">
        <result name="success">/updatesucc.jsp</result>
        <result name="input">/selectinfo.jsp</result>
    </action>
    <!-- 查看所有用户 -->
    <action name="findalluser" class="com.users.action.FindAllUsersAction" method= "findAllUsers">
```

```
        <result name="success">/allusers.jsp</result>
        <result name="input">/admin/allusers.jsp</result>
    </action>
    <!-- 删除用户 -->
    <action name="delete" class="com.admin.action.DeleteUsersAction" method= "delete">
        <result name="success">/admin/succ.jsp</result>
        <result name="error">/error.jsp</result>
    </action>
    <!-- 查看新增用户 -->
    <action name="newusers" class="com.admin.action.FindNewUsersAction" method= "findNewUsers">
        <result name="success">/admin/newusers.jsp</result>
    </action>
    <!-- 查看所有管理员 -->
    <action name="findalladmin" class="com.admin.action.FindAllAdminAction" method= "findAllAdmin">
        <result name="success">/admin/alladmin.jsp</result>
    </action>
    <!-- 得到某个管理员的信息 -->
    <action name="findadmin" class="com.admin.action.FindAdminAction" method= "findAdmin">
        <result name="success">/admin/selectadmin.jsp</result>
    </action>
        <!-- 修改管理员信息 -->
    <action name="updateAdmin" class="com. admin.action.UpdateAdminAction" method=
"updateAdmin">
        <result name="success">/updatesucc.jsp</result>
        <result name="input">/admin/selectadmin.jsp</result>
    </action>
    <!-- 删除管理员 -->
    <action name="deleteAdmin" class="com.admin.action.DeleteAdminAction" method=
"deleteAdmin">
        <result name="success">/admin/succ.jsp</result>
        <result name="error">/error.jsp</result>
    </action>
    <!-- 添加管理员 -->
    <action name="addAdmin" class="com.admin.action.AddAdminAction" method="addAdmin">
        <result name="success">/admin/succ.jsp</result>
        <result name="input">/admin/addadmin.jsp</result>
    </action>
    <!-- 退出系统 -->
    <action name="exit" class="com.users.action.ExitAction">
        <result name="success">/index.jsp</result>
```

```
    </action>
    </package>
</struts>
```


4.4 本章小结

本章讲述了如何使用 JSP、Struts 2 和 JavaBean 技术实现用户注册系统，按照系统流程，即系统需求分析、系统设计、数据库设计和模块实现的过程一一介绍，使读者在充分学习 Struts 2 技术的基础之上，理解这些流程在开发中的重要性，从而把握现今的设计理念和良好的系统设计思想。本章未列出的页面和 Action 代码请查阅本书配套源代码。

4.5 实训题

【实训】BBS 论坛开发。

功能设计：在本 BBS 论坛中，操作者分为普通用户及管理员。普通用户操作主要有：注册、登录、修改个人信息以及修改密码、发表帖子和管理帖子；管理员操作主要有：登录和管理帖子。

1. 普通用户操作

用户可以在论坛注册一个用户名，注册时，需要填写用户名、密码、昵称、生日、邮箱。非登录用户可以在论坛查看帖子信息，但不可以发表帖子。用户注册后，可以使用注册申请的用户登录论坛。登录用户可以修改个人信息以及自已的密码，可以在论坛中发表新的帖子。登录用户可以查看自己发表的所有帖子，并可以对帖子进行管理。

2. 管理员操作

管理员需要在管理员登录页面进行登录，管理员登录后，系统将提供操作按钮，供管理员对论坛进行管理，可以对论坛中的所有帖子进行管理，这里的管理操作只设置了删除。

根据需求，自行设计数据库，并使用 Struts 2 框架技术完成。

PART 5 第 5 章 Hibernate 的基础知识

教学要求

- 掌握：在 Myeclipse 中进行 Hibernate 开发的方法，使用 Session 对数据进行基本的增、删、改、查操作
- 理解：Hibernate 的执行流程，Hibernate 用到的映射类、映射文件和数据库配置文件
- 了解：Hibernate 的基本知识、体系结构

5.1 持久化概述

也许，读者有时可以看到在 JSP 页面代码中有很多连接数据库、操作数据库的语句，这使得代码的编写和维护都很困难，且程序结构不清晰，这个问题对于大型应用尤为突出。对系统结构进行分层是解决这种问题的保障。在软件的分层体系结构中，持久化层就是与数据库打交道的逻辑层。实体对象在内存中创建后，不能永久存在，将实体域对象永久保存起来就是持久化的过程，如图 5-1 所示。

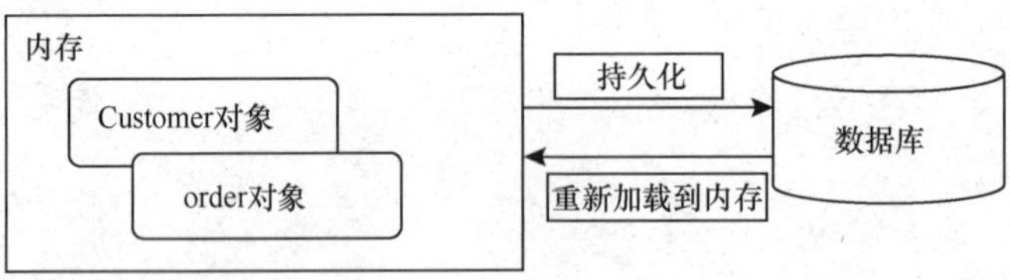

图 5-1 对象持久化

持久化（Persistence），即把数据（如内存中的对象）保存到可永久保存的存储设备（如磁盘）中。持久化主要是将内存中的数据存储到数据库中，当然也可以存储在磁盘文件中、XML 数据文件中。实际上，使用 JDBC 对数据库中的数据进行增加、删除、修改的操作就是持久化的过程，然而，直接使用 JDBC 作为持久层又非常不方便。

5.2 ORM 基本概念

对象–关系映射（Object Relational Mapping，ORM）是一种为了解决面向对象与关系数

据库存在的互不匹配的现象的技术，它把对表的直接操作变成对持久化类的属性和方法的操作。ORM 是通过使用描述对象和数据库之间映射的元数据，将程序中的对象自动持久化到关系数据库中。ORM 层作为分层体系中的持久层，对象-关系映射如表 5-1 所示。

表 5-1 对象-关系映射

面向对象概念	面向关系概念
类	表
对象	表的行（记录）
属性	表的列（字段）

在面向对象的开发中，数据访问层最基本的数据库操作包括插入对象、删除对象、更新对象和查询对象。几乎所有的项目开发都需要先实现这些原子操作，而这些操作在几乎所有的项目开发中都很类似，都是把插入对象、删除对象、更新对象和查询对象的对象级别的操作转化为底层关系数据支持的 insert、delete、update 和 select 等 SQL 操作。然而，如果在程序中直接调用 JDBC 来实现这种转化的操作，程序员不得不面对大量繁杂的 SQL 代码而不能专注于业务逻辑的编程，而且容易出错，不利于对系统进行维护，若将 ORM 作为数据访问层，问题就会迎刃而解。

ORM 采用元数据来描述对象-关系映射细节。元数据通常采用 XML 格式，并且存放在专门的对象-关系映射文件中，结构如图 5-2 所示。

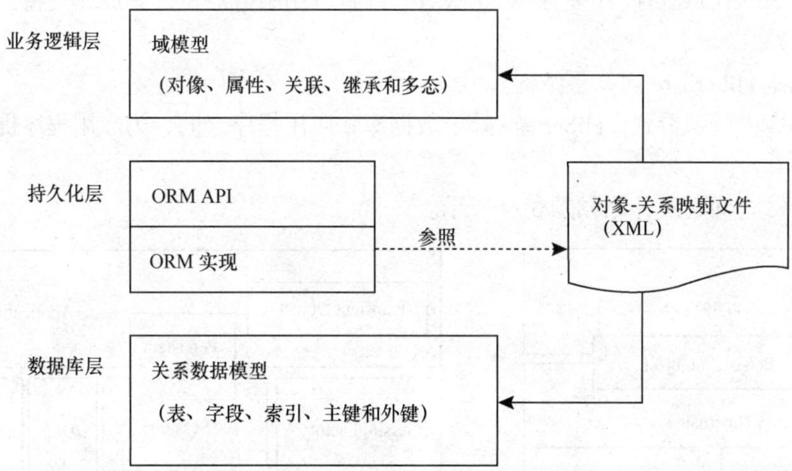

图 5-2 元数据描述的对象-关系映射

ORM 最大的优势是隐藏了数据访问细节，使得对数据库的操作变得简单易行，并且完全不用考虑 SQL 语句。在以前，需要将对象模型转化为一条一条的 SQL 语句来构造数据库体系。而现在，基本上所有的 ORM 框架都提供了通过对象模型构造关系数据库结构的功能。

ORM 的不足之处是，因自动化映射和关联而牺牲了性能，同时，对于复杂查询，ORM 仍然力不从心，虽然可以实现，但是不值的。

目前众多厂商和开源社区都提供了持久层框架的实现，比较流行的 ORM 产品如表 5-2 所示。

表 5-2 流行的 ORM 产品

产品名	网站支持
Apache OJB	http://db.apache.org/ojb/
Cayenne	http://objectstyle.org/cayenne/
Jaxor	http://jaxor.sourceforge.net/
Hibernate	http://www.hibernate.org/
iBatis	http://www.ibatis.com/
jRelationalFramework	http://ijf.sourceforge.net/
Mirage	http://itor.cq2.org/en/oss/mirage/toon/
SMYLE	http://www.drjava.de/smyle/
TopLink	http://otn.oracle.com/products/ias/toplink

5.3 Hibernate 的体系结构

Hibernate 是一个开放源代码的 ORM 框架，它对 JDBC 进行了非常轻量级的对象封装，使 Java 程序员可以方便地使用对象编程思想来操纵数据库。Hibernate 可以应用在任何使用 JDBC 的场合，既可以在 Java 的客户端程序使用，也可以在 Serverlet/JSP 的 Web 应用程序中使用。现在 Hibernate 可以和多种 Web 服务器或者应用服务器良好集成，支持几乎所有流行的数据库服务器。

图 5-3 是 Hibernate 的体系结构。

从图 5-3 中可以看到，Hibernate 处于数据库和应用程序之间，为应用程序提供了可操作的持久化对象。

Hibernate 全面解决体系如图 5-4 所示。

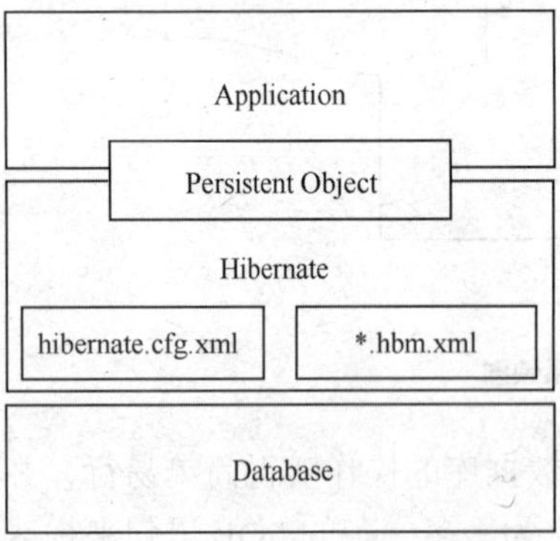

图 5-3 Hibernate 的体系结构

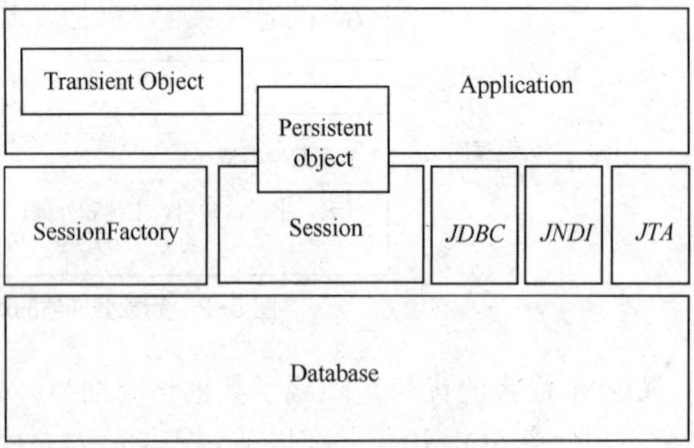

图 5-4 Hibernate 全面解决体系

下面是图 5-4 中对象的定义。

(1) SessionFactory（会话工厂）

SessionFactory 是 Session 的工厂，可以在进程级别保存重用的数据。

(2) Session（会话）

Session 是单线程的对象，代表应用程序和持久化层之间的一次对话，保存有持久化对象的缓存，用于遍历对象图，或者通过标识符查找对象。

（3）Persistent Object（持久化对象及其集合）

Persistent Object是单线程的对象，包含了持久化状态。它们从属于一个Session，可以是普通的Java Bean或POJO。

（4）Transient Object（临时对象及其集合）

Transient Object可能是刚刚被程序实例化，还未被持久化的对象。

（5）Transaction（事务）

事务是单线程对象，应用程序用它来表示一批不可分割的操作。它是底层的JDBC、JTA或者CORBA事务的抽象。

（6）ConnectionProvider

ConnectionProvider是JDBC连接的工厂和池，从底层的Datasource或者DriverManager抽象而来，对应用程序不可见。

（7）TransactionFactory

TransactionFactory是事务实例的工厂，它对应用程序不可见。

5.4 Hibernate的执行流程

上节中介绍了Hibernate的体系结构，Hibernate的运行过程如图5-5所示。

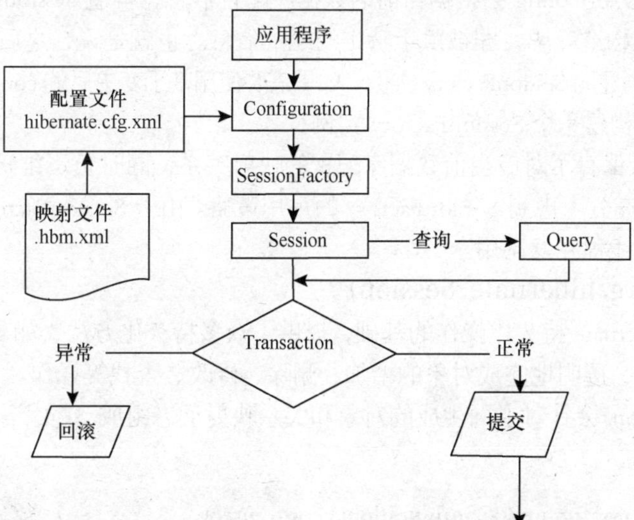

图5-5 Hibernate的运行过程

（1）应用程序先调用Configuration类，该类读取Hibernate配置文件及映射文件中的信息。

（2）用这些信息生成一个SessionFactory对象。

（3）从SessionFactory对象生成一个Session对象。

（4）用Session对象生成Transaction对象。

A. 可通过Session对象的get()、load()、save()、update()、delete()和saveOrUpdate()等方法对持久化对象进行加载、保存、更新和删除等操作。

B. 在查询的情况下，可通过Session对象生成一个Query对象，然后利用Query对象执行查询操作；如果没有异常，Transaction 对象将提交这些操作到数据库中。

在上面的执行过程中会用到下列 Hibernate 的核心接口。

1. Configuration 接口

Configuration 负责管理 Hibernate 的配置信息，Hibernate 运行时需要一些底层实现的基本信息，包括数据库 URL、数据库用户名、数据库用户密码、数据库 JDBC 驱动类等。使用 Hibernate 必须首先提供这些基础信息以完成初始化工作，为后续操作做好准备。这些属性在 Hibernate 配置文件 hibernate.cfg.xml 中加以设定，当调用：

```
Configuration config=new Configuration().configure();
```

时，Hibernate 会自动在目录下搜索 hibernate.cfg.xml 文件，并将其读取到内存中作为后续操作的基础配置。

2. SessionFactory (org. hibernate. SessionFactory)

SessionFactory 充当数据存储源的代理，创建 Session 对象。一个 SessionFactory 实例对应着一个数据存储源。一个数据库只创建一个 SessionFactory 实例，它需要一个很大的缓存，用来存放预定义的 SQL 语句及映射的元数据等。可以通过 Configuration 实例构建 SessionFactory。

```
Configuration config=new Configuration().configure();
SessionFactory sessionFactory=config.buildSessionFactory();
```

Configuration 实例 config 会根据当前的数据库配置信息，构造 SessionFacory 实例并返回。SessionFactory 一旦构造完毕，即被赋予特定的配置信息。也就是说，之后 config 的任何变更将不会影响到已经创建的 SessionFactory 实例。如果需要使用基于变更后的 config 的 SessionFactory，需要从 config 重新构建一个 SessionFactory 实例。

SessionFactory 保存了对应当前数据库配置的映射关系，同时负责维护当前的二级数据缓存，在系统设计中充分考虑到 SessionFactory 的重用策略。由于 SessionFactory 采用了线程安全的设计，可由多个线程并发调用。

3. Session (org. hibernate. Session)

Session 是 Hibernate 持久化操作的基础，提供了众多持久化方法，如 save、update、delete 等。通过这些方法，透明地完成对象的增加、删除、修改、查找等操作。当 Session 执行 SQL 语句的时候，Session 会针对上面生成的对象和关系映射动态组成 SQL 语句。Session 实例由 SessionFactory 构建。

```
Configuration config=new Configuration().configure();
SessionFactorysessionFactory=config.buldSessionFactory();
Session session=sessionFactory.openSession();
```

注意

HibernateSession 的设计是非线程安全的，即一个 Session 实例同时只可由一个线程使用。同一个 Session 实例的多线程并发调用将导致难以预知的错误。

4. Transaction (org. hibernate. Transaction)

Transaction 是 Hibernate 中进行事务操作的接口，Transaction 接口是对实际事务实现的一个抽象，这些实现包括 JDBC 的事务、JTA 中的 UserTransaction，甚至可以是 CORBA 事务。

之所以这样设计，是因为可以让开发者能够使用一个统一的操作界面，使得自己的项目可以在不同的环境和容器之间方便地移值。事务对象通过 Session 创建。

```
Transaction ts=session.beginTransaction();
```

5. Query

Query 执行数据库查询。Query 实例封装了一个 HQL 语句。HQL 语句是面向对象的，它引用类名和类的属性。

```
Query query=session.createQuery("fromtable where id=1");
```

5.5 使用 MyEclipse 工具进行 Hibernate 开发

使用 Hibernate 开发项目，需要完成下面几步：

（1）准备开发环境，创建 Hibernate 项目。

（2）在数据库中创建数据表。

（3）创建持久化类。

（4）设计映射文件，使用 Hibernate 映射文件将 POJO 对象映射到数据库。

（5）创建 Hibernate 的配置文件 Hibernate.cfg.xml。

Hibernate 所用到的 jar 包可以到 Hibernate 的官方网站（http://www.hibernate.org/）上下载，如果是使用 MyEclipse 进行配置环境，MyEclipse 会自动导入相应的 jar 包。

通过 MyEclipse 可以大大简化 Hibernate 项目的开发，在 MyEclipse 中配置 Hibernate 的过程如下。

1. 配置数据库

打开 MyEclipse，选择视图，如图 5-6 所示。

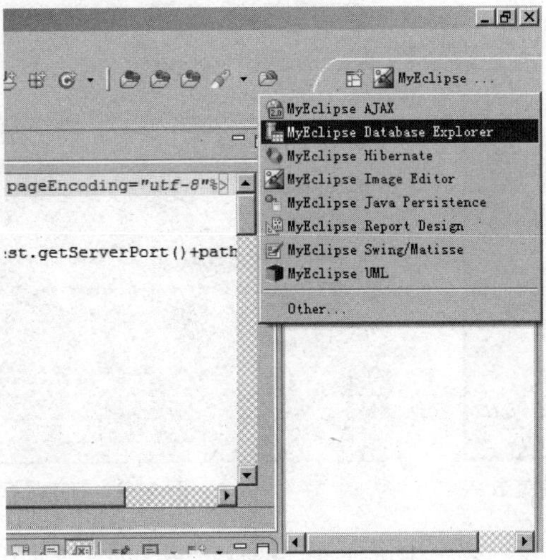

图 5-6　选择视图

选择 MyEclipse Database Explorer，进入数据库视图，如图 5-7 所示。

在左边的 DB Browser 窗口中右击，出现图 5-8 所示的快捷菜单，选择“New”命令。

进入新建数据库连接的界面，如图 5-9 所示。

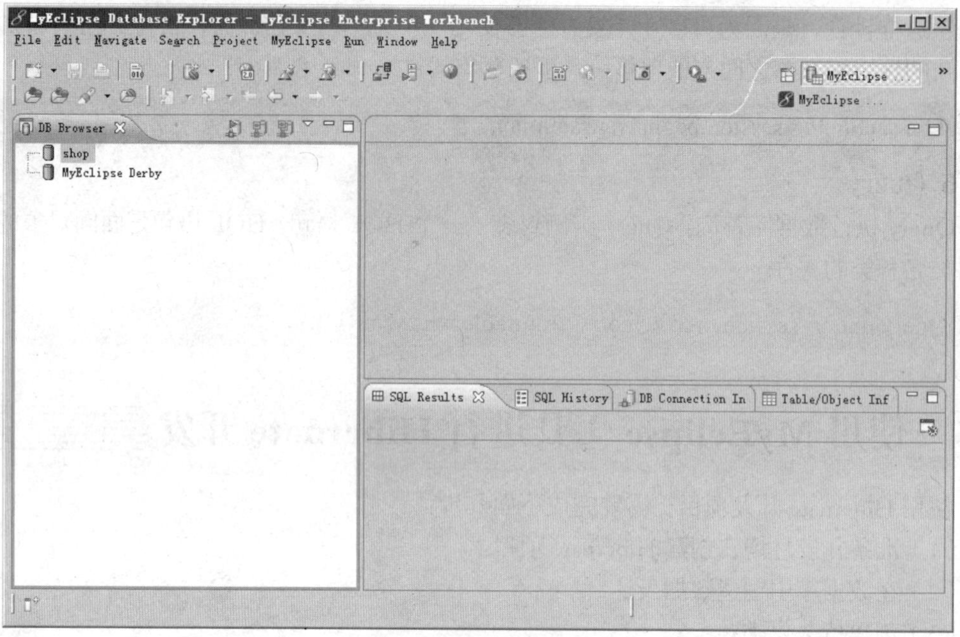

图 5-7　数据库视图

图 5-8　数据库操作快捷菜单

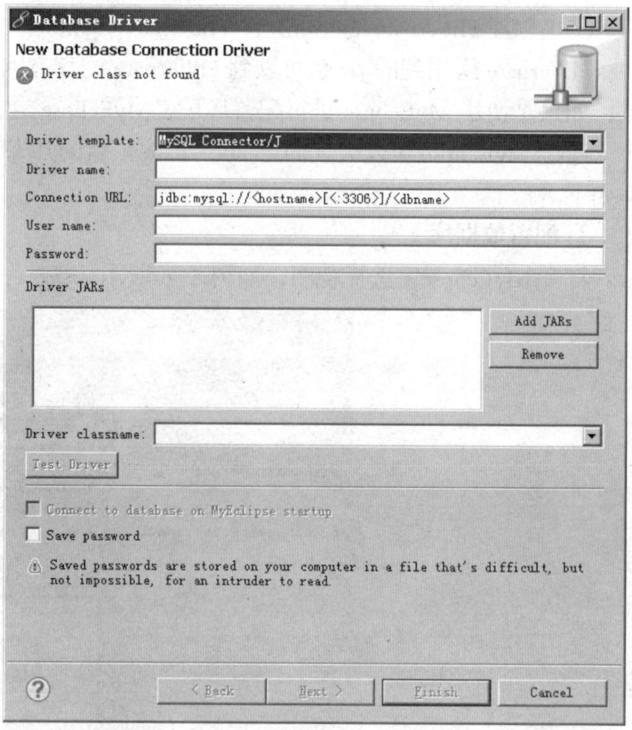

图 5-9　新建数据库连接

在 Driver template 下拉列表框中选择使用的数据库类型，在 Driver name 文本框中设置数据库的名称，在 Connection URL 文本框中设置连接 URL：如 MySQL 中连接 shop 这个数据库的 URL 为 jdbc:mysql://localhost:3306/test，其中 localhost 是主机地址，3306 为 MySQL 端口号，主机地址和端口号视实际情况而定；在 User name 文本框和 Password 文本框中输入数据库的登录名与密码；而在 Driver JARs 列表框中加入数据库驱动包。然后单击 Next 按钮，出现 Schema Details 界面，如图 5-10 所示。

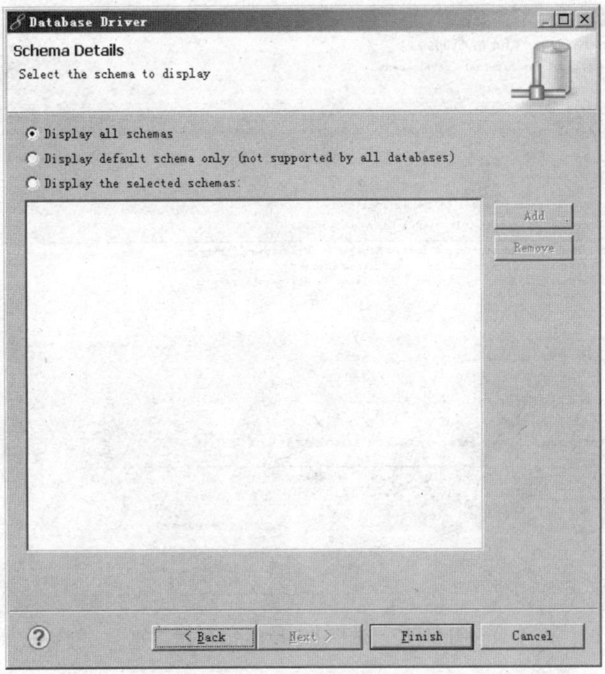

图 5-10　Schema Details 界面

单击 Finish 按钮，完成数据库的配置。

2. 为项目添加 Hibernate 支持

返回上一界面，新建一个 Web Project，然后在项目上右击，会弹出图 5-11 所示的快捷菜单，在菜单中选择 MyEclipse→Add Hibernate Capabilities 命令。

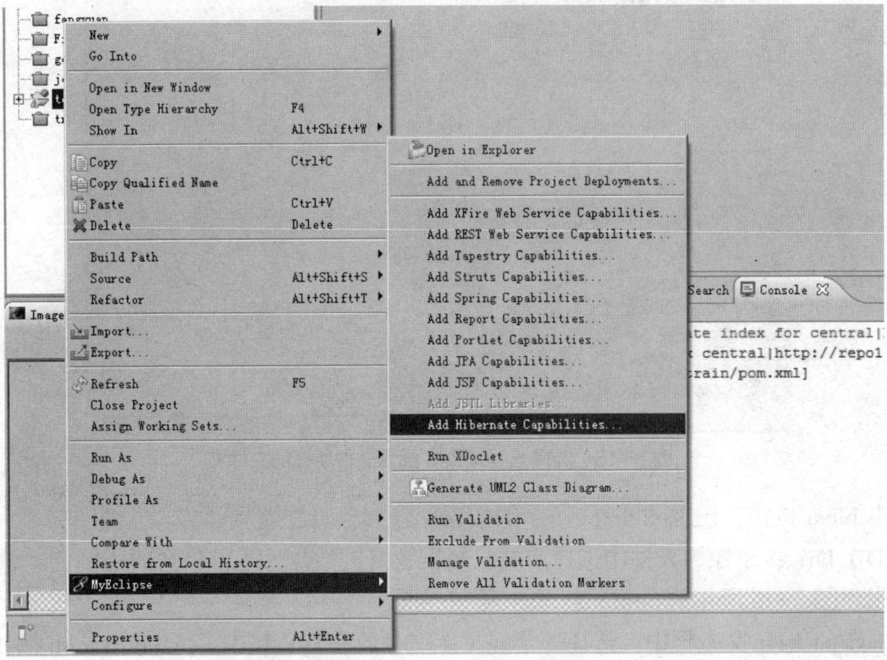

图 5-11　选择 Add Hibernate Capabilities 命令

出现图 5-12 所示界面，在这个界面中可以选择 Hibernate 的版本等信息。

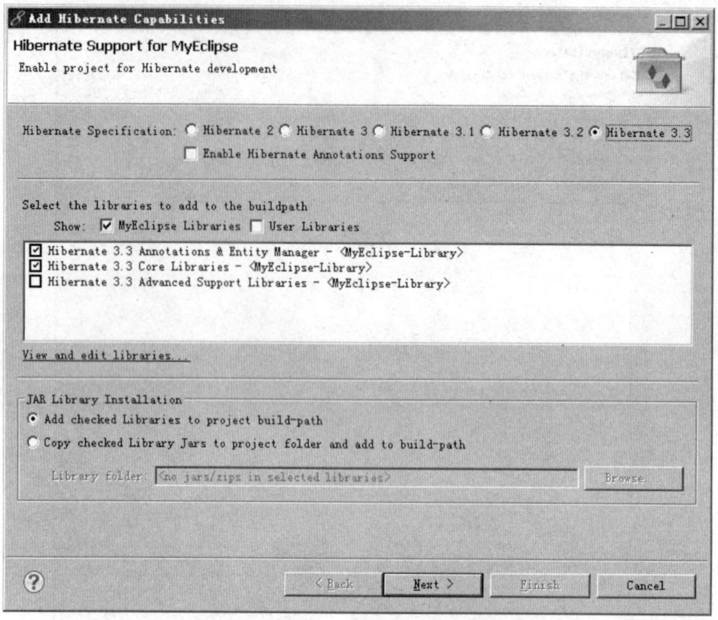

图 5-12　选择 Hibernate 的版本等

单击 Next 按钮，会出现图 5-13 所示的界面，选择配置文件所在的文件夹。

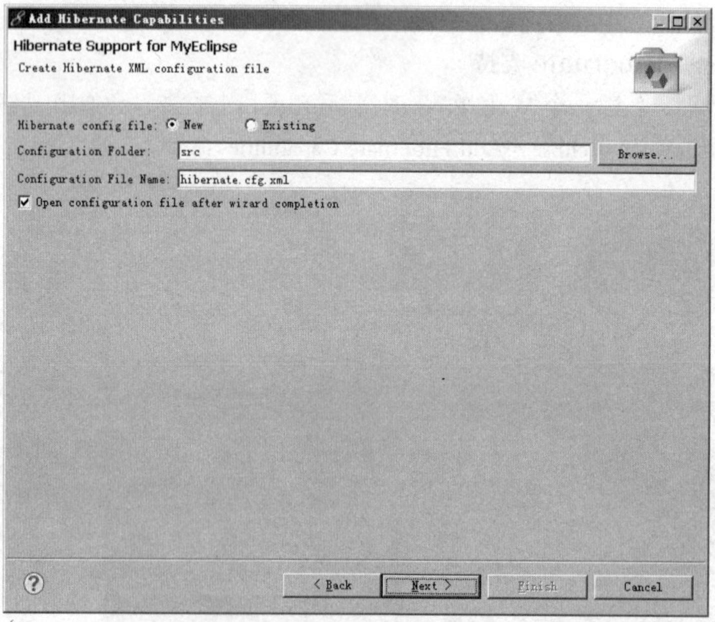

图 5-13　选择 Hibernate 配置文件所在的文件夹

单击 Next 按钮，出现图 5-14 所示的数据库连接信息配置界面。

在 DB Driver 下拉列表框中选择前面已经配置好的数据库连接信息的连接名。单击 Next 按钮，出现图 5-15 所示的 SessionFactory 配置界面。

在 Java package 文本框中，选择一个包（无法存放在默认包中）。单击 Finish 按钮，将会生成一个配置文件，以及一个工厂方法。

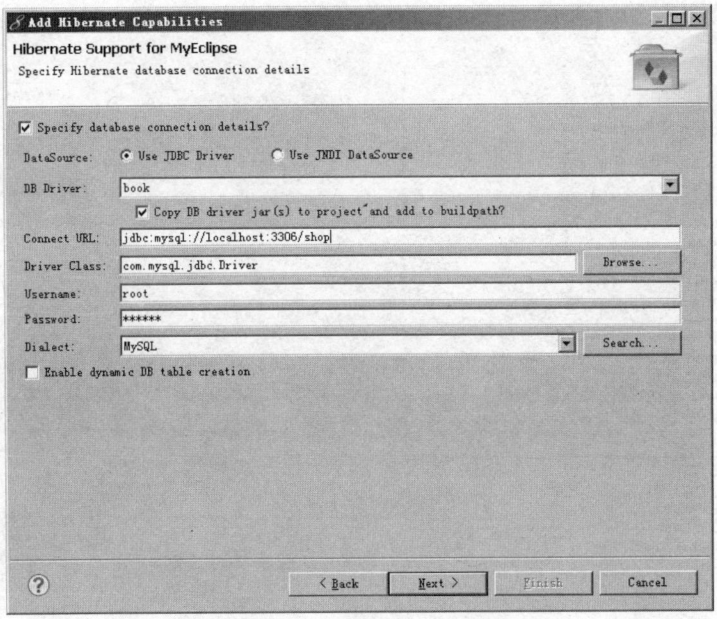

图 5-14　配置数据库连接信息

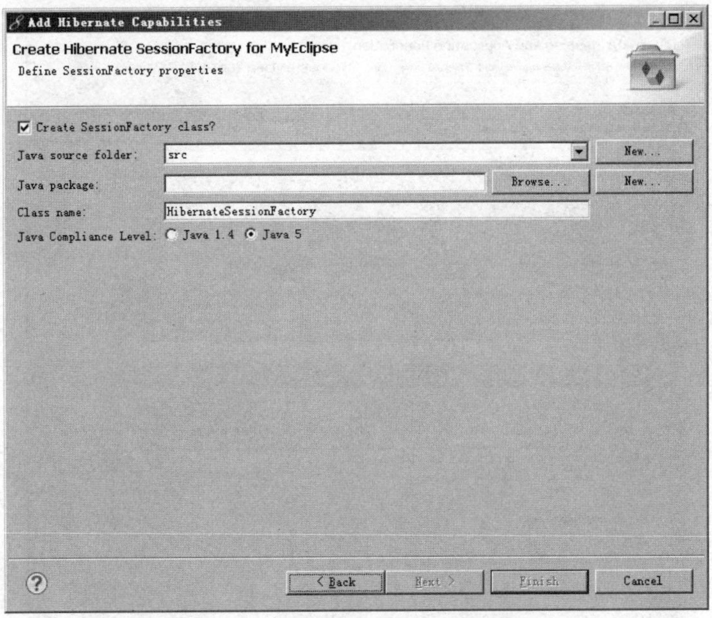

图 5-15　SessionFactory 配置界面

3. 生成 Hibernate 映射文件

切换到 MyEclipse Database Explorer 窗口，在刚配置的数据库连接上单击右键，选择 Open connection 命令，然后选择需要访问的数据库，并右击需要访问的数据表，如图 5-16 所示。

选择 Hibernate Reverse Engineering 命令，出现图 5-17 所示的对话框。

单击 Java src folder 选项后侧的 Browse 按钮，选择要映射到的文件夹，并且选中 Create a Hibernate mapping file (*.hbm.xml) for each database table 单选按钮与 Java Data Object（POJO<>DB Table）复选框（前者用于生成映射文件，后者用于生成类实体），然后一直单击 Next 按钮，最后生成映射文件。

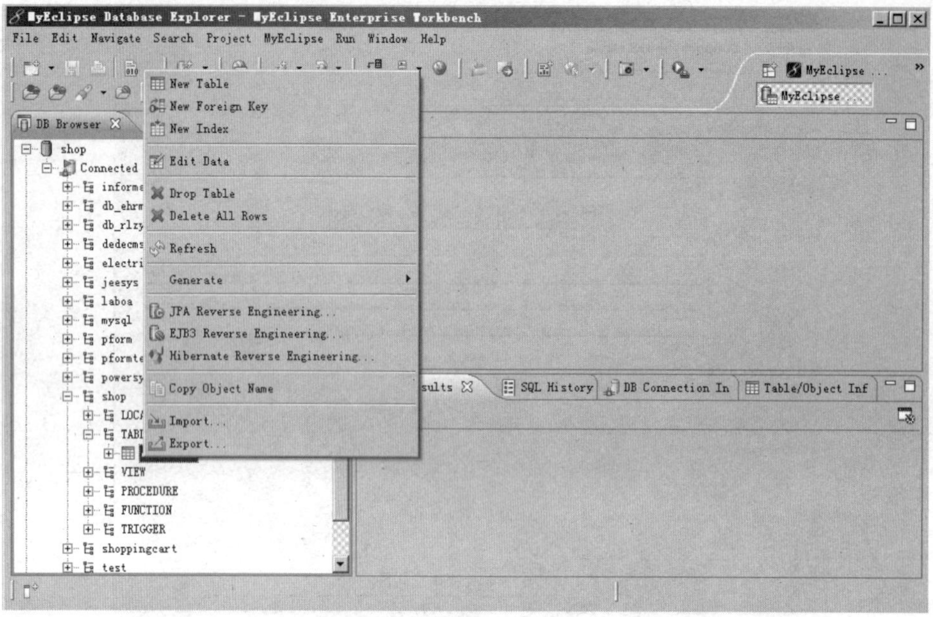

图 5-16　右击数据表

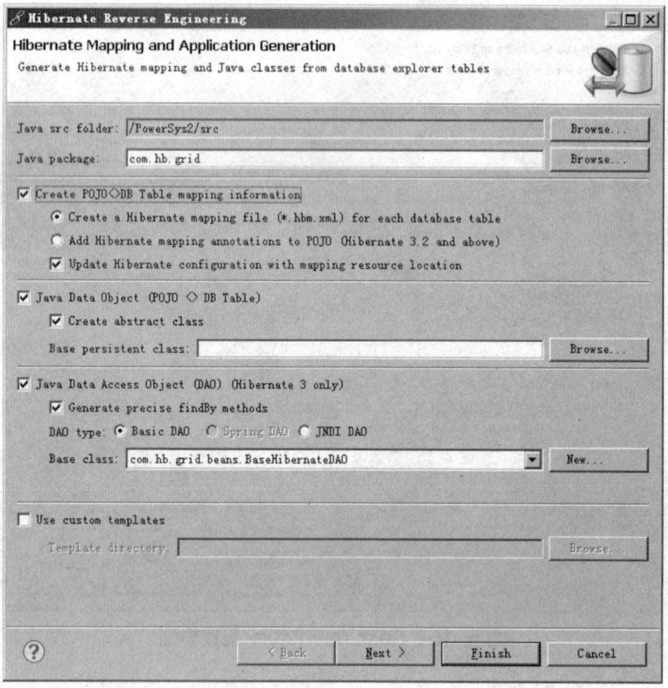

图 5-17　Hibernate Reverse Engineering 对话框

5.6　Hibernate 的数据库操作

5.6.1　Hibernate 相关文件

Hibernate 在实现 ORM 功能的时候用到的文件主要有：持久化类（*.java）、映射文件（*.hbm.xml）和数据库配置文件（*.properties/*.cfg.xml）。这些文件在前面都已经自动生成了，下面着重介绍这些文件。

1. 数据库配置文件（*. properties/*. cfg. xml）

这个文件在项目的src包的根目录下，它用于指定与数据库连接时需要的连接信息，比如连接哪种数据库、登录数据库的用户名、登录密码以及连接字符串等，文件内容如下。

```
 <Hibernate-configuration>
<session-factory>
<!—-表示要连接的数据库的驱动类-->
    <property name="connection.driver_class">
          com.mysql.jdbc.Driver
    </property>
    <!--表示要连接的数据库地址-->
    <property name="connection.url">
          jdbc:mysql://localhost:3306/test
    </property>
    <!—-要连接的数据库的用户名-->
    <property name="connection.username">root</property>
    <!—-要连接的数据库的密码-->
    <property name="connection.password">root</property>
    <!—-是否显示 Hibernate 执行的 SQL 语句-->
    <property name="show_sql">true</property>
    <!--
        针对建表的操作
        update  如果有表，检查表的结构，如果没有则创建
        create-drop 启动 Hibernate 创建表，结束 Hibernate 删除表
        create  每次启动都重新创建表
        validate 每次启动都检查表的结构
    -->
    <property name="hbm2ddl.auto">update</property>
    <!--表示要使用的数据库的类型
          org.Hibernate.dialect.MySQL5Dialect       MySQL 数据库
          org.Hibernate.dialect.Oracle9Dialect           Oracle 数据库
          org.Hibernate.dialect.SQLServerDialect      SQL Server 数据库
    -->
    <property name="dialect">
          org.Hibernate.dialect.MySQLDialect
    </property>
  <!--事务管理类-->
  <property name="Hibernate.transaction.factory_class">
          net.sf.Hibernate.transaction.JDBCTransactionFactory
  </property>
```

```
    <!--用到的映射文件的位置和名称-->
    <mapping resource="entity/Customer.hbm.xml" />
</session-factory>
</Hibernate-configuration>
```

2. 持久化类（*.java）

它用于描述数据库表的结构，表中的字段在类中被描述成属性，就可以实现把表中的记录映射成为该类的对象。

```
public class Customer implements java.io.Serializable {
    private Integer id;
    private String name;
    private Integer age;
    public Customer() {
    }
    public Customer(String name, Integer age) {
        this.name = name;
        this.age = age;
    }
    public Integer getId() {
        return this.id;
    }
    public void setId(Integer id) {
        this.id = id;
    }
    public String getName() {
        return this.name;
    }
    public void setName(String name) {
        this.name = name;
    }
    public Integer getAge() {
        return this.age;
    }
    public void setAge(Integer age) {
        this.age = age;
    }
}
```

3. 映射文件（*.hbm.xml）

在 Hibernate 中，数据库中的每张表和持久化类之间都有映射文件，映射文件和持久化类在同一目录下，名称为“持久化类.hbm.xml”。它指定数据库表和映射类之间的关系，包括持久化类和数据库表的对应关系、表字段和类属性类型的对应关系以及表字段和类属性名称的对应关系等。配置文件的基本结构如下。

```
<?xml version="1.0" encoding='UTF-8'?>
<!DOCTYPE Hibernate-mapping PUBLIC
                                        "-//Hibernate/Hibernate Mapping DTD 3.0//EN" "http://Hibernate.
sourceforge.net/Hibernate-mapping-3.0.dtd" >
<Hibernate-mapping package="包名">
<class name="类名" table="表名">
        <!--配置数据库主键-->
        <id name="主键在 java 类中的字段名" column="对应表中字段" type="类型 ">
        <!--设置主键的自动增长
                class="native/uuid/identity/sequence"
                native----Hibernate 完成的数字自增 1,2,3...
                uuid----生成一个 32 位的字符串
                identity----sqlserver 的自增
                sequence----oracle 的自增(1,2,...)
                assigned----手动分配主键
        -->
                <generator class="主键生成策略"/>
        </id>
        <property name="Java 类中的字段名" column="对应表中字段" type="类型" />
…</class>
</Hibernate-mapping>
```

Hibernate 的映射类型是 Java 类型与 SQL 类型之间的桥梁，通过 id 和 property 中的 type 属性来设置，常见的映射类型如表 5-3 所示。

表 5-3　Hibernate 的映射类型

Hibernate 映射类型	Java 类型	标准 SQL 类型	大小和取值范围
integer 或 int	int 或 Integer	INTEGER	4 字节
long	long 或 Long	BIGINT	8 字节
short	short 或 Short	SMALLINT	2 字节
byte	byte 或 Byte	TINYINT	1 字节
float	float 或 Float	FLOAT	4 字节
double	double 或 Double	DOUBLE	8 字节
big_decimal	BigDecimal	NUMBERIC	NUMBERIC(8,2)
character	char 或 String	CHAR(1)	定长字符
string	String	VARCHAR	变长字符串
boolean	boolean 或 Boolean	BIT	布尔类型

续表

Hibernate 映射类型	Java 类型	标准 SQL 类型	大小和取值范围
yes_no	boolean 或 Boolean	CHAR(1)（yes 或 no）	布尔类型
true_false	boolean 或 Boolean	CHAR(1)（T 或 F）	布尔类型
date	Date）	DATE	YYYY-MM-DD
time	Date(util)或 Time(sql)	TIME	HH:MM:SS
timestamp	Date(util)或 Timestamp(sql)	TIMESTAMP	YYYYMMDDHHMMSS
calendar	java.util.Calendar	TIMESTAMP	同上
calendar_date	java.util.Calendar	DATE	YYYY-MM-DD

一个映射文件的示例如下。

```
<Hibernate-mapping>
    <class name="entity.Customer" table="customer">
        <id name="id" type="java.lang.Integer" column="ID">
            <generator class="increment" />
        </id>
        <property name="name" column="name" type="string" />
        <property name="age" column="age" type="integer" />
    </class>
</Hibernate-mapping>
```

5.6.2 Hibernate 的数据库操作

1. HibernateSessionFactory 类

在使用 MyEclipse 配置环境时会生成 HibernateSessionFactory 类。这个类是用来初始化 Hibernate 的，一个程序如果只连接一个数据库，那么有一个 HibernateSessionFactory 类就足够了。5.6.1 节中由 MyEclipse 自动生成的 HibernateSessionFactory 类的部分代码如下。

```
import org.hibernate.HibernateException;
import org.hibernate.Session;
import org.hibernate.cfg.Configuration;
public class HibernateSessionFactory {
//hibernate.cfg.xml 文件的位置
    private static String CONFIG_FILE_LOCATION = "/hibernate.cfg.xml";
    private static final ThreadLocal<Session> threadLocal = new ThreadLocal<Session>();
    //1.创建 Configuration 实例
    private    static Configuration configuration = new Configuration();
    private static org.hibernate.SessionFactory sessionFactory;
    private static String configFile = CONFIG_FILE_LOCATION;
    static {
```

```
    try {
            //2.加载 Hibernate.cfg.xml
            configuration.configure(configFile);
            //3.创建 sessionFactory，相当于数据源
            sessionFactory = configuration.buildSessionFactory();
        } catch (Exception e) {
        }
    }
    public static Session getSession() throws HibernateException {
        Session session = (Session) threadLocal.get();

        if (session == null || !session.isOpen()) {
            if (sessionFactory == null) {
                rebuildSessionFactory();
            }
            session = (sessionFactory != null) ? sessionFactory.openSession()
                    : null;
            threadLocal.set(session);
        }
        return session;
    }
    …
}
```

其中，创建 Configuration 的对象有两种方式。

（1）属性文件（Hibernate.properties）

```
Configuration cfg = new Configuration();
```

（2）XML 文件（Hibernate.cfg.xml）

```
Configuration cfg = new Configuration().configure();
```

第二种创建方式较为常见。Hibernate.cfg.xml 文件默认的目录为系统的根目录。也可以利用 config.config 方法来指定配置文件所在的目录。

Configuration 对象根据当前的配置信息生成 SessionFactory 对象。SessionFactory 对象一旦构造完毕，即被赋予特定的配置信息（SessionFactory 对象中保存了当前的数据库配置信息和所有映射关系以及预定义的 SQL 语句。同时，SessionFactory 还负责维护 Hibernate 的二级缓存）。SessionFactory 是生成 Session 的工厂，由于构造 SessionFactory 非常消耗资源，因此一般情况下，一个应用中只初始化一个 SessionFactory 对象。

2. Session

Session 是 Java 应用程序与 Hibernate 之间的主要运行时接口。它是抽象了持久化服务概念的核心抽象 API 类。Session 的主要功能是提供对映射的实体类实例的创建、读取和删除操作。

Session 的 save()和 persist()将会引发 SQL 的 INSERT 操作，delete()会引发 SQL 的 DELETE 操

作，而 update( )或 merge( )会引发 SQL 的 UPDATE 操作。对持久化实例的修改在刷新提交的时候会被检测到，它也会引起 SQL 的 UPDATE 操作。saveOrUpdate( )或者 replicate( )会引发 SQL 的 INSERT 或者 UPDATE 操作。每个线程/事务应该从一个 SessionFactory 获取自己的 Session 实例。

Session 的操作一般以事务的形式进行。一个典型的事务应该使用下面的形式。

```
Session session = factory.openSession();
Transaction tx;
try {
    tx = session.beginTransaction(); //开始事务
    //do some work
    ...
    tx.commit();                     //提交事务
}
catch (Exception e) {
    if (tx!=null) tx.rollback();     //回滚事务
    throw e;
}
finally {
    sess.close();
}
```

如果 Session 抛出了异常，则事务必须回滚而 Session 会被废弃。与数据操作相关的 Session 的方法如表 5-4 所示。

表 5-4　与数据操作相关的 Session 的方法

返回值	方法名
Transaction	beginTransaction( ) 开始一个工作单元并且返回相关联的事务（Transaction）对象
void	delete(Object object) 从数据库中移除持久化（persistent）对象的实例
void	delete(String entityName, Object object) 从数据库中移除持久化（persistent）对象的实例
Object	get(Class clazz, Serializable id) 根据给定标识和实体类返回持久化对象的实例，如果没有符合条件的持久化对象实例，则返回 null
Object	get(Class clazz, Serializable id, LockMode lockMode) 根据给定标识和实体类返回持久化对象的实例，如果没有符合条件的持久化对象实例，则返回 null
Object	get(String entityName, Serializable id) 返回与给定的实体命名和标识匹配的持久化实例，如果没有对应的持久化实例，则返回 null

续表

返回值	方法名
Object	get(String entityName, Serializable id, LockMode lockMode) 返回与给定的实体类和标识所匹配的持久化实例，如果没有对应的持久化实例，则返回 null
Object	load(Class theClass, Serializable id) 在符合条件的实例存在的情况下，根据给定的实体类和标识返回持久化状态的实例
Object	load(Class theClass, Serializable id, LockMode lockMode) 在符合条件的实例存在的情况下，根据给定的实体类、标识及指定的锁定等级返回持久化状态的实例
void	load(Object object, Serializable id) 将与给定的标示对应的持久化状态（值）复制到给定的自由状态（transient）实例上
Object	load(String entityName, Serializable id) 在符合条件的实例存在的情况下，根据给定的实体类和标识返回持久化状态的实例
Object	load(String entityName, Serializable id, LockMode lockMode) 在符合条件的实例存在的情况下，根据给定的实体类、标识及指定的锁定等级返回持久化状态的实例
Serializable	save(Object object) 首先为给定的自由状态（transient）的对象（根据配置）生成一个标识并赋值，然后将其持久化
Serializable	save(String entityName, Object object) 首先为给定的自由状态（transient）的对象（根据配置）生成一个标识并赋值，然后将其持久化
void	saveOrUpdate(Object object) 根据给定的实例的标识属性的值（注：可以指定 unsaved-value，一般默认为 null）来决定执行 save()或 update()操作
void	saveOrUpdate(String entityName, Object object) 根据给定的实例的标识属性的值来决定执行 save()或 update()操作
void	update(Object object) 根据给定的游离状态（detached）对象实例的标识更新对应的持久化实例
void	update(String entityName, Object object) 根据给定的游离状态（detached）对象实例的标识更新对应的持久化实例

3. 使用 Session 操作数据

通过 Session 提供的方法可以对数据库进行操作，下面以对前面建立的 customer 数据表的增、删、改、查操作为例进行说明。因为前面已经对操作中要用到的映射类（*.java）、映射文件

（*.hbm.xml）和数据库配置文件（*.properties/*.cfg.xml）进行了讲述，这里就直接使用了。

（1）增加数据

```
public void insertCustomer(){
    Session session=sessionFactory.openSession();//得到 session 对象
    Transaction transaction=session.beginTransaction();//开始事物
    Customer customer =new Customer();
    customer.setName("李四");
    //保存对象
    session.save(customer);
    transaction.commit();  //事务提交
    session.close();            //关闭 session
}
```

（2）删除数据

```
public void deleteCustomer(){
    Session session=sessionFactory.openSession();//得到 session 对象
    Transaction transaction=session.beginTransaction();//开始事物
    Customer customer =new Customer();
    //通过设置关键字 id 的值来删除数据
    customer.setId(1);
    //删除对象
    session.delete(customer);
    transaction.commit();  //事务提交
    session.close();            //关闭 session
}
```

（3）更新

```
public void updateCustomer(){
    Session session=sessionFactory.openSession();//得到 session 对象
    Transaction transaction=session.beginTransaction();//开始事物
    Customer customer =new Customer();
    //通过设置关键字 id 的值来更新数据
    customer.setId(2);
    //设置新的用户名
    customer.setName("张三");
    //更新对象
    session.update(customer);
    transaction.commit();   //事务提交
    session.close();         //关闭 session
}
```

（4）查询

```
    public void findCustomerById(){
        Session session=sessionFactory.openSession();//得到 session 对象
        Transaction transaction=session.beginTransaction();//开始事物
        //通过设置关键字 id 的值来获取该条记录
Customer customer = (Customer) session.get(Customer.class,1);
        System.out.println(customer.getName());
        transaction.commit();   //事务提交
        session.close();        //关闭 session
    }
```

5.7 本章小结

本章主要介绍了 Hibernate 基本知识、体系结构、执行流程、数据库操作，以及在 Myeclipse 中进行 Hibernate 开发的方法。

在讲述 Hibernate 的数据库操作时，重点介绍了如何对数据进行基本的增、删、改、查操作，使读者对 Hibernate 的操作流程有了基本的认识，也为后面深入学习 Hibernate 奠定了基础。

5.8 课内实训

【课内实训 1】在 MyEclipse 中新建一个项目，在理解 Hibernate 执行流程后编写出相应的 Hibernate.cfg.xml、持久化类(xxx.java)以及对应的 hbm 文件(xxx.hbm.xml)。

【课内实训 2】建立一个数据库 stuManager，新建数据表 student，然后在 MyEclipse 中建立一个“Web Project”，用 MyEclipse 为项目添加 Hibernate 环境。

【课内实训 3】使用 Hibernat，为课内实训 2 中的 student 表添加增删改查的方法，新建一个测试类对增删改查的方法进行测试。

【课内实训 4】在课内实训 3 的基础上，增加 Web 页面，自定义页面布局，通过页面的形式完成对 student 表的增、删、改、查。

5.9 实训题

【实训 1】建立一个“Web Project”，使用 Hibernate，通过 Web 页面将图书信息（书名，ISBN，作者，出版社，图书类别和单价）写入数据库中。

【实训 2】在实训 1 的基础上，使用 Hibernate 将数据库中的图书信息显示在 Web 页面上，如果图书数量过多，要进行分页显示。

【实训 3】在实训 2 的基础上，通过 Web 页面，使用 Hibernate 按 ISBN、书名等条件查询图书信息。

【实训 4】在实训 3 的基础上，通过 Web 页面，使用 Hibernate 对查询到的图书进行更新和删除操作。

PART 6 第6章 Hibernate的关联映射

教学要求

- 掌握：多对一、一对多、一对一、多对多关联映射的持久化类和映射文件的设计
- 掌握：多对一、一对多、一对一、多对多关联映射的数据操作方法
- 理解：多对一、一对多、一对一、多对多关联映射文件中相关属性的含义
- 了解：双向关联映射的持久化类和映射文件的设计

Hibernate 的主要目的就是让 Java 程序员可以随心所欲地使用对象编程思维来操纵数据库。一些数据库表的关系应该可以通过 Hibernate 实现，比如，在数据库中常用到的主外键关系；还有一些跟主外键有关的设置，比如主键的信息被删除，外键关联的信息也要删除等。如果把表抽象为实体类，这些关系可以抽象为实体类之间的一对一、多对一、一对多、多对多等关系。在正确地配置这些关系以后，Hibernate 能够处理这些复杂的关系，从而提高了开发的效率。

6.1　多对一映射

6.1.1　多对一映射配置

如果规定一个客户（Customer）可以建立多个订单（Order），一个订单只属于一个顾客，这就是多对一关联。建立从 Order 到 Customer 的多对一单向关联，就是仅仅在 Order 类中定义 Customer 属性，就可以从“多”的一端访问“一”的一端。

从 Order 到 Customer 的多对一单向关联需要在 Order 类中定义一个 Customer 属性，而在 Customer 类中无需定义存放 Order 对象的集合属性，如图 6-1 所示。

图 6-1　Order 到 Customer 的多对一单向关联

通过在映射文件中的<many-to-one>元素，可以定义持久化类间的多对一的关联，这种关系模型实际上是一个对象引用。

```
<many-to-one
        name="propertyName"                                   ①
        column="column_name"                                  ②
        class="ClassName"                                     ③
        cascade="all|none|save-update|delete"                 ④
        outer-join="true|false|auto"                          ⑤
        update="true|false"                                   ⑥
        insert="true|false"                                   ⑥
        property-ref="propertyNameFromAssociatedClass"        ⑦
        access="field|property|ClassName"                     ⑧
/>
```

对上述代码说明如下。

① name：属性名。

② column（可选）：字段名。

③ class（可选）：关联的类的名字。

④ cascade（级联）（可选）：指明哪些操作会从父对象级联到关联的对象。

cascade 属性的取值有下列几种可能。

- none：在保存、更新或删除当前对象时，忽略其他关联的对象，它是 cascade 属性的默认值。
- save-update：当通过 Session 的 save( )、update( )以及 saveOrUpdate( )方法来保存或更新当前对象时，级联保存所有关联的对象，并且级联更新所有关联的游离对象。
- delete：当通过 Session 的 delete( )方法删除当前对象时，级联删除所有关联的对象。
- all：包含 save-update 及 delete 的行为。此外，对当前对象执行 evict( )或 lock( )操作时，也会对所关联的持久化对象执行 evict( )和 lock( )操作。
- delete-orphan：删除所有和当前对象解除关联关系的对象。
- all-delete-orphan：包含 all 和 delete-orphan 的行为。

⑤ outer-join（外连接）（可选，默认为 auto）：当设置 hibernate.use_outer_join 时，对这个关联允许外连接抓取。outer-join 参数的取值有下列 3 个可能。

- auto（默认）：如果被关联的对象没有代理（Proxy），使用外连接抓取关联（对象）。
- true：一直使用外连接来抓取关联。
- false：永远不使用外连接来抓取关联。

⑥ update、insert（可选，默认为 true）：对应的字段是否包含在 SQL 语句的 UPDATE 或 INSERT 命令中。

⑦ property-ref（可选）：指定关联类的一个属性，这个属性将会和本类的外键相对应。如果没有指定，则会使用对方关联类的主键。

⑧ access（可选，默认是 property）：Hibernate 用来访问属性的策略。

下面以 Order 和 Customer 之间的多对一关联为例，说明如何在 Hibernate 中设置多对一关联，以及如何对建立的多对一关联进行数据操作。

（1）Customer.java

```
public class Customer {
    private Integer id;
    private String name;
        public Integer getId() {
        return id;
    }
    public void setId(Integer id) {
        this.id = id;
    }
    public String getName() {
        return name;
    }
    public void setName(String name) {
        this.name = name;
    }
}
```

（2）Order.java

```
public class Order {
    private Integer id;
    private String orderNumber;
    private Double price;
    private Customer customer;   //增加了“一”方的对象为自己的属性
    public Integer getId() {
        return id;
    }
    public void setId(Integer id) {
        this.id = id;
    }
    public String getOrderNumber() {
        return orderNumber;
    }
    public void setOrderNumber(String orderNumber) {
        this.orderNumber = orderNumber;
    }
    public Double getPrice() {
        return price;
    }
```

```
    public void setPrice(Double price) {
        this.price = price;
    }
    public Customer getCustomer() {
        return customer;
    }
    public void setCustomer(Customer customer) {
        this.customer = customer;
    }
}
```

Hibernate 在 Order 的映射文件中，使用<many-to-one>元素来映射多对一关联关系。Cutomer的映射文件和第5章中的一样，没有改变。

（3）Order.hbm.xml

```
<hibernate-mapping>
    <class name="entity.Order" table="Order ">
        <id name="id" type="java.lang.Integer" column="ID">
            <generator class="increment" />
        </id>
        <property name="orderName" type="java.lang.String">
            <column name="order_name" length="20"></column>
        </property>
        <!--many-to-one 关联-->
        <many-to-one name="customer"
            column="customer_id"    class="entity.Customer"        not-null="true"
        >
        </many-to-one>
    </class>
</hibernate-mapping>
```

6.1.2 测试多对一映射

1.先保存订单，再保存客户

```
public void insert(){
    Session session=sessionFactory.openSession();
    Transaction transaction=session.beginTransaction();
    Customer customer=new Customer();
    customer.setName("张三");
    Order Order=new Order();
    Order.setOrderNumber("0001");
    //关联订单和客户
    Order.setCustomer(customer);
```

```
//保存订单
session.save(Order);
//保存客户
session.save(customer);
transaction.commit();
session.close();
}
```

运行后，在控制台下会输出以下语句：

```
Hibernate: insert into shop.Order (customer_id, orderNumber, price) values (?, ?, ?)
Hibernate: insert into shop.customer (name) values (?)
Hibernate: update shop.Order set customer_id=?, orderNumber=?, price=? where id=?
```

从这里可以看出执行了两条 insert 语句和一条 update 语句。

2. 先保存客户，再保存订单

```
public void insert(){
    Session session=sessionFactory.openSession();
    Transaction transaction=session.beginTransaction();
    Customer customer=new Customer();
    customer.setName("张三");
    Order Order=new Order();
    Order.setOrderNumber("001");
    //关联订单和客户
    Order.setCustomer(customer);
    //保存客户
    session.save(customer);
    //保存订单
    session.save(Order);
    transaction.commit();
    session.close();
}
```

运行后，在控制台下会输出以下语句：

```
Hibernate: insert into shop.customer (name) values (?)
Hibernate: insert into shop.Order (customer_id, orderNumber, price) values (?, ?, ?)
```

可以看出执行了两条 insert 语句，而没有执行 update 语句。

3. 保存订单，不保存客户

在代码中注释掉 session.save(customer)，只保存订单，不保存客户。

```
public void insert(){
    Session session=sessionFactory.openSession();
```

```
        Transaction transaction=session.beginTransaction();
        Customer customer=new Customer();
        customer.setName("张三");
        Order Order=new Order();
        Order.setOrderNumber("o_001");
        //关联订单和客户
        Order.setCustomer(customer);
         //保存客户
        //session.save(customer);
        //保存订单
        session.save(Order);
        transaction.commit();
        session.close();
    }
```

运行后，在控制台下会输出以下语句，从中看到 Hibernate 对这次数据操作的执行流程。

```
Hibernate: insert into shop.Order (customer_id, orderNumber, price) values (?, ?, ?)
Exception in thread "main" org.hibernate.TransientObjectException: object references an unsaved transient instance - save the transient instance before flushing: entity.Customer at org. hibernate. engine.ForeignKeys.getEntityIdentifierIfNotUnsaved(ForeignKeys.java:242)
```

可以看到，当 Hibernate 持久化一个临时对象时，在默认情况下，它不会自动持久化所关联的其他临时对象，会抛出 TransientObjectException。如果设置 many-to-one 元素的 cascade 属性为 save-update 的话，可实现自动持久化所关联的对象，对刚才 Order 的映射文件里的 many-to-one 进行修改，代码如下。

```
        <many-to-one name="customer" column="CUSTOMER_ID" class="entity. Customer" not-null="true"   cascade="save-update">
        </many-to-one>
```

再次运行前面的代码，在控制台下会输出以下语句：

```
Hibernate: insert into shop.customer (name) values (?)
Hibernate: insert into shop.Order (customer_id, orderNumber, price) values (?, ?, ?)
```

可以看到，这次会自动执行保存 customer 的操作。

6.2 一对多映射

6.2.1 一对多映射配置

多对一的关系是在“多”的一端维护“一”的一端。在关系和对象模型中存在多对一的关系，就会有一对多的关系，Hibernate 提供了一对多关系的标签<one-to-many>。一对多关系是在“一”的一端维护“多”的一端。

一对多关系的对象模型在日常生活中也经常可以看到，如一个客户（Customer）可以有多张订单（Order），所以客户和订单的关系也是一对多的关系，映射到对象模型中，如图 6-2 所示。

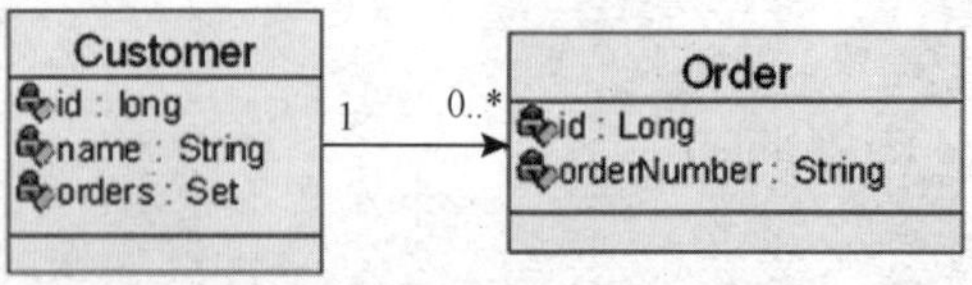

图 6-2　Customer 到 Order 的一对多单向关联

这种一对多的关系是由“一”的一端来维护的，那么映射成关系模型就是一个 Customer 字段下面会有多个 Order，这样就形成了一对多的关系，通过 Customer 能够查询获得 Order 的信息。

有了对象模型，接下来就让它们映射为对应的关系代码。在进行关系映射时，需要在“一”的一端添加对应的 set 属性，并在它的配置文件中添加 set 标签，在 set 标签中配置相应的 <one-to-many>标签。

下面以 Order 和 Customer 之间的一对多关联为例，说明如何在 Hibernate 中设置一对多关联，以及如何对建立后的一对多关联进行数据操作。

1. Customer. java

Customer 对象中使用了 set 属性，但是只说明了延迟加载的属性，并没有为属性配置对应的对象，属性的对象是要在映射文件中来配置的，需要添加 set 标签，并在 set 标签中添加 <one-to-many>标签，具体代码如下。

```
public class Customer {
    private Integer id;
    private String name;
    private Set Order;
        public Set getOrder() {
        return Order;
    }
    public void setOrder(Set Order) {
        this.Order = Order;
    }
    public Integer getId() {
        return id;
    }
    public void setId(Integer id) {
        this.id = id;
    }
    public String getName() {
        return name;
```

```
    }
    public void setName(String name) {
        this.name = name;
    }
}
```

2．Customer. hbm. xml

```
<hibernate-mapping>
    <class name="entity.Customer" table="customer" catalog="demotest">
        <id name="id" type="java.lang.Integer" column="ID">
            <generator class="increment" />
        </id>
        <property name="name" type="java.lang.String">
         <column name="name" length="20"></column>
        </property>
         <set name="Orderes" inverse="true">
            <key>
                <column name="customer_id" />
            </key>
            <one-to-many class="entity.Order" />
        </set>
    </class>
</hibernate-mapping>
```

对应的 Order 对象中的代码和映射文件不需要什么特殊的配置，只需要按照通常的写法编写即可，具体的配置方法不再详述。

6.2.2 测试一对多映射

对数据库的操作无非是读和写两种，修改也属于写的一种，接下来看看如何向数据库中写入和读取数据。

1. 写入数据

写入数据时需要注意的是一对多的关系，所以在添加的时候需要添加多个 Order 类。另外，由于在 Customer 表中添加了对应的 set 属性，所以在添加 Order 对象时应该使用 HashSet 来添加，这样即可实现一对多的关系，具体代码如下。

```
public void save(){
    Session session=sessionFactory.openSession();
    Transaction transaction=session.beginTransaction();

    Order order1=new Order();
    order1.setOrderNumber("001");
    session.save(order1);
```

```
        Order order2=new Order();
        order2.setOrderNumber("002");
        session.save(order2);

        Customer customer=new Customer();
        customer.setName("张三");

        Set Order=new HashSet();
        Order.add(order1);
        Order.add(order2);

        customer.setOrderes(Order);
        session.save(customer);

        transaction.commit();
        session.close();
}
```

运行上面的测试用例，生成的 SQL 语句如下所示。

```
Hibernate: insert into shop.Order (customer_id, orderNumber, price) values (?, ?, ?)
Hibernate: insert into shop.Order (customer_id, orderNumber, price) values (?, ?, ?)
Hibernate: insert into shop.customer (name) values (?)
```

2. 读取数据

写入操作相对简单，只需要把加载的所有对象都添加到 Transient 状态下，运行相应的方法就可以插入内容。但是，对应的读取操作就会稍微复杂点，因为需要迭代获取所有的订单对象，所以这种一对多的关系效率并不很高。具体代码如下。

```
public void load(){
        Session session=sessionFactory.openSession();
        Transaction transaction=session.beginTransaction();
         //获取主键为 1 的客户信息
        Customer customer = (Customer) session.load(Customer.class,1);
         //打印客户信息
        System.out.println("customer.name="+customer.getName());
        //设置订单集合，通过客户加载订单集合
        Set Order=customer.getOrder();
        //迭代集合，打印集合中订单的信息
        for(Iterator iter=Order.iterator();iter.hasNext();){
                Order order=(Order)iter.next();
                System.out.println("order.price="+order.getPrice ()); }
```

```
            transaction.commit();
            session.close();
        }
    }
```

生成的相应的语句及信息如下。

```
Hibernate: select customer0_.id as id0_0_, customer0_.name as name0_0_ from shop.
customer customer0_ where customer0_.id=?
customer.name=张三
Hibernate: select Orderes0_.customer_id as customer2_1_, Orderes0_.id as id1_, Orderes0_.
id as id1_0_, Orderes0_.customer_id as customer2_1_0_, Orderes0_.orderNumber as orderNum3_
1_0_, Orderes0_.price as price1_0_ from shop.Order Orderes0_ where Orderes0_.customer_id=?
order.orderNumber=0001
```

一对多的关系也是经常用到的，但是这种关系在加载时效率不高，因为需要维护的数据较多，所以不建议使用一对多的关系。可以考虑多对一的关系，由于它在加载时其实是一种一对一的关系，因此加载的效率较高，关系和对象模型得到了优化。

6.3 一对一映射

6.3.1 一对一映射配置

如果规定一个客户（Customer）只能建立一个订单（Order），一个 Order 只属于一个 Customer，这就是一对一关联。建立从 Order 到 Customer 的一对一单向关联，就是仅仅在 Order 类中定义 Customer 属性，就可以从“Order”的一端访问“Customer”的一端。

从 Order 到 Customer 的一对一单向关联需要在 Order 类中定义一个 Customer 属性，而在 Customer 类中无须定义存放 Order 对象的集合属性，如图 6-3 所示。

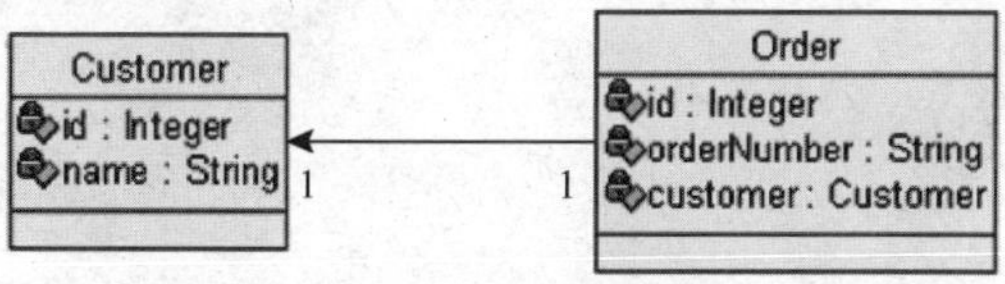

图 6-3 Order 到 Customer 的一对一单向关联

通过映射文件中的<one-to-one>元素，可以定义持久化类之间的一对一关联，这种关系模型实际上是一个对象引用。

```
<one-to-one
        name="propertyName"                                        ①
        class="ClassName"                                          ②
        cascade="all|none|save-update|delete"                      ③
        constrained="true|false"                                   ④
        outer-join="true|false|auto"                               ⑤
        property-ref="propertyNameFromAssociatedClass"             ⑥
```

```
        access="field|property|ClassName"                    ⑦
/>
```

对上述代码说明如下。

① name：属性的名字。

② class（可选，默认是通过反射得到的属性类型）：被关联的类的名字。

③ cascade（级联）（可选）：表明操作是否从父对象级联到被关联的对象。

④ constrained（约束）（可选）：表明该类对应的表对应的数据库表，和被关联的对象所对应的数据库表之间，通过一个外键引用对主键进行约束。这个选项影响 save()和 delete()在级联执行时的先后顺序。

⑤ outer-join（外连接）（可选，默认为 auto）：当设置 hibernate.use_outer_join 时，对这个关联允许外连接抓取。

⑥ property-ref（可选）：指定关联类的一个属性，这个属性将会和本外键相对应。如果没有指定，则会使用对方关联类的主键。

⑦ access（可选，默认是 property）：Hibernate 用来访问属性的策略。

下面以 Customer 和 Order 之间的一对一关联为例，说明如何在 Hibernate 中设置一对一关联，以及如何对建立的一对一关联进行数据操作。

1. Customer.java

```
public class Customer {
    private Integer id;
    private String name;
        public Integer getId() {
        return id;
    }
    public void setId(Integer id) {
        this.id = id;
    }
    public String getName() {
        return name;
    }
    public void setName(String name) {
        this.name = name;
    }
}
```

2. Order.java

```
public class Order {
    private Integer id;
    private String orderNumber;
    private Double price;
    private Customer customer; //增加了另外一方的对象为自己的属性
```

```
    public Integer getId() {
        return id;
    }
    public void setId(Integer id) {
        this.id = id;
    }
    public String getOrderNumber() {
        return orderNumber;
    }
    public void setOrderNumber(String orderNumber) {
        this.orderNumber = orderNumber;
    }
    public Double getPrice() {
        return price;
    }
    public void setPrice(Double price) {
        this.price = price;
    }
    public Customer getCustomer() {
        return customer;
    }
    public void setCustomer(Customer customer) {
        this.customer = customer;
    }
}
```

Hibernate 在 Order 的映射文件中，使用<one-to-one>元素来映射一对一关联关系，Cutomer 的映射文件和第 5 章中的一样，没有改变。

3. Order. hbm. xml

```
<hibernate-mapping>
    <class name="entity.Order" table="Order" catalog="shop">
        <id name="id" type="java.lang.Integer">
            <column name="id" />
            <generator class="native"></generator>
        </id>
        <property name="orderNumber" type="java.lang.String">
            <column name="orderNumber" length="10" />
        </property>
        <property name="price" type="java.lang.Double">
            <column name="price" precision="22" scale="0" />
        </property>
```

```
            <!—order 到 customer 的一对一映射-->
        <one-to-one name="customer" class="entity.Customer"     constrained="true">
        </one-to-one>
    </class>
</hibernate-mapping>
```

6.3.2 测试一对一映射

先保存订单，再保存客户。

```
public void insert(){
    Session session=sessionFactory.openSession();
    Transaction transaction=session.beginTransaction();
    Customer customer=new Customer();
    customer.setName("张三");
    Order Order=new Order();
    Order.setOrderNumber("0001");
    //关联订单和客户
    Order.setCustomer(customer);
    //保存订单
    session.save(Order);
    //保存客户
    session.save(customer);
    transaction.commit();
    session.close();
}
```

运行后，在控制台下会输出以下语句，可以看到 Hibernate 对这次数据操作的执行流程。

```
Hibernate: insert into shop.Order (orderNumber, price) values (?, ?)
Hibernate: insert into shop.customer (name) values (?)
```

关于一对一的更多数据测试和前面的多对一和一对多类似，这里就不再举例说明了。

6.4 多对多映射

6.4.1 多对多映射配置

学生（Student）和老师（Teacher）就是多对多的关系。一名学生有多名老师，一名老师教多个学生。多对多映射引入两边的主键作为外键。持久化对象之间多对多的关联关系是通过<many-to-many>元素定义的。

```
<many-to-many              column="column_name"            ①
class="ClassName"                                          ②
outer-join="true|false|auto"                               ③
/>
```

对上述代码说明如下。

① column（必需）：这个元素的外键关键字段名。

② class（必需）：关联类的名称。

③ outer-join（可选，默认为 auto）：在 Hibernate 系统参数 hibernate.use_outer_join 被打开的情况下，该参数用来允许使用外连接来载入此集合的数据。

建立从 Teacher 到 Student 的多对多单向关联，就是仅仅在 Teacher 类中定义 Student 属性，就可以从 Teacher 的一端访问 Student 的一端。关系数据模型 Student 表中的 teacherid 参照 teacher 表的主键 id。

下面就以 Student 和 Teacher 之间的多对多关联为例，说明如何在 Hibernate 中设置多对多关联，以及如何对建立的多对多关联进行数据操作。

1. Student 实体类

```
public class Student {
    private Integer id;
    private String name;
    private Integer teacherid;
    public Integer getId() {
        return id;
    }
    public void setId(Integer id) {
        this.id = id;
    }
    public String getName() {
        return name;
    }
    public void setName(String name) {
        this.name = name;
    }
    public Integer getTeacherid() {
        return teachers;
    }
    public void setTeacherid(Integer teacherid) {
        this. teacherid = teacherid;
    }
}
```

2. Student 映射文件

```
<hibernate-mapping>
    <class name="entity.Student" table="student">
        <id name="id" type="int">
            <column name="id"></column>
```

```
                <generator class="native"></generator>
            </id>
            <property name="name" type="java.lang.Integer" column="name"></property>
           <property name=" teacherid" type="java.lang.String" column=" teacherid "> </property>
            </class>
</hibernate-mapping>
```

3. Teacher 实体类

```
public class Teacher {
    private Integer id;
    private String name;
    private Set<Student> students=new HashSet<Student>(); //增加学生属性
    public Integer getId() {
        return id;
    }
    public void setId(Integer id) {
        this.id = id;
    }
    public String getName() {
        return name;
    }
    public void setName(String name) {
        this.name = name;
    }
    public Set<Student> getStudents() {
        return students;
    }
    public void setStudents(Set<Student> students) {
        this.students = students;
    }
}
```

4. Teacher 映射文件

```
<hibernate-mapping>
    <class name="entity.Teacher" table="teacher">
        <id name="id" type="int">
            <column name="id"></column>
            <generator class="native"></generator>
        </id>
        <property name="name" type="java.lang.String" column="name"></property>
        <set name="students" table="student_teacher" cascade="all">
```

```
            <key column="teacher_id"></key>
        <!—配置 many-to-many-->
            <many-to-many class="entity.Student" column="student_id"></many-to-many>
        </set>
    </class>
</hibernate-mapping>
```

6.4.2 测试多对多映射

1. 保存教师信息

```
public void save(){
    Session session=sessionFactory.openSession();
    Transaction transaction=session.beginTransaction();

    Teacher teacher1=new Teacher();
    teacher1.setName("王老师");
    Teacher teacher2=new Teacher();
    teacher2.setName("李老师");

    Student student1=new Student();
    student1.setName("张三");
    Student student2=new Student();
    student2.setName("李四");
    Student student3=new Student();
    student3.setName("王五");

    teacher1.getStudents().add(student1);
    teacher1.getStudents().add(student3);
    teacher2.getStudents().add(student1);
    teacher2.getStudents().add(student2);

    session.save(teacher1);
    session.save(teacher2);

    transaction.commit();
    session.close();
}
```

运行上面的测试用例，生成的 SQL 语句如下所示。

```
Hibernate: insert into teacher (name) values (?)
Hibernate: insert into student (name) values (?)
```

```
Hibernate: insert into student (name) values (?)
Hibernate: insert into teacher (name) values (?)
Hibernate: insert into student (name) values (?)
Hibernate: insert into student_teacher (teacher_id, student_id) values (?, ?)
Hibernate: insert into student_teacher (teacher_id, student_id) values (?, ?)
Hibernate: insert into student_teacher (teacher_id, student_id) values (?, ?)
Hibernate: insert into student_teacher (teacher_id, student_id) values (?, ?)
```

2. 为老师添加一个学生

```
public void build() {
    Session session=sessionFactory.openSession();
    Transaction transaction=session.beginTransaction();

    Teacher teacher=(Teacher) session.get(Teacher.class, 2) ;
    Student student=new Student();
    student.setName("赵六");
    teacher.getStudents().add(student);

    session.update(teacher);

    transaction.commit();
    session.close();
}
```

运行上面的测试用例，生成的 SQL 语句如下所示。

```
Hibernate: select teacher0_.id as id4_0_, teacher0_.name as name4_0_ from teacher
teacher0_ where teacher0_.id=?
Hibernate: select students0_.teacher_id as teacher2_4_1_, students0_.student_id as
student1_1_, student1_.id as id2_0_, student1_.name as name2_0_ from student_teacher
students0_ inner join student student1_ on students0_.student_id=student1_.id where
students0_.teacher_id=?
Hibernate: insert into student (name) values (?)
Hibernate: insert into student_teacher (teacher_id, student_id) values (?, ?)
```

3. 解除学生跟老师的关系

```
public void    remove() {
    Session session=sessionFactory.openSession();
    Transaction transaction=session.beginTransaction();

    Student student=(Student) session.get(Student.class, 2);
    Teacher teacher=(Teacher) session.get(Teacher.class, 1) ;
    teacher.getStudents().remove(student);
```

```
        session.update(teacher);

        transaction.commit();
        session.close();
    }
```

因为学生不是关系维护者，所以需要先手动解除老师与学生的关联，然后再删除学生、删除老师，因为老师是关系维护者，所以可以直接解除老师与学生的关系，不用手动解除。多对多关联性能不佳，因此数据量大时应尽可能避免使用。

6.5 双向映射

6.5.1 一对多双向映射

一对多双向与多对一双向是完全相同的两种情形。一对多双向需要在“一”的一端可以访问“多”的一端，反之亦然。

从 Order 到 Customer 的多对一双向关联需要在 Order 类中定义一个 Customer 属性，还要在 Customer 类中定义存放 Order 对象的集合属性，如图 6-4 所示。

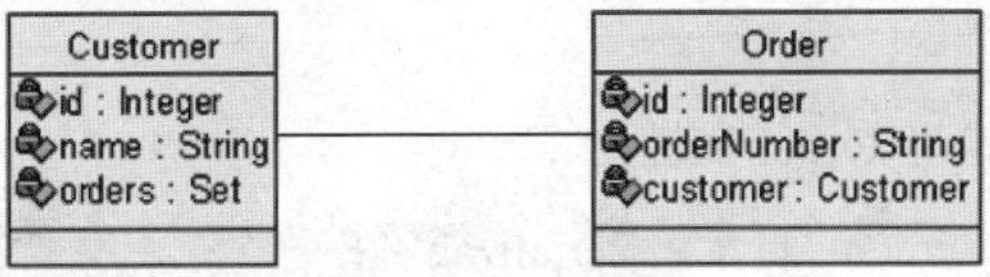

图 6-4 一对多双向映射

Order 表中的 customer_id 参照 Customer 表的主键 id。

下面以 Order 和 Customer 之间的多对一双向关联为例，说明如何在 Hibernate 设置多对一双向关联。

1. Order. java

在 Order 中需要定义 Customer 属性。

```
public class Order implements java.io.Serializable {
    private Integer id;
    private Customer customer;        //定义 Customer 属性
    private String orderNumber;
    private Double price;
    public Integer getId() {
        return this.id;
    }
    public void setId(Integer id) {
        this.id = id;
    }
    public Customer getCustomer() {
        return this.customer;
```

```
    }
    public void setCustomer(Customer customer) {
        this.customer = customer;
    }
    public String getOrderNumber() {
        return this.orderNumber;
    }
    public void setOrderNumber(String orderNumber) {
        this.orderNumber = orderNumber;
    }
    public Double getPrice() {
        return this.price;
    }
    public void setPrice(Double price) {
        this.price = price;
    }
}
```

2. Customer. java

在 Customer 中需要定义 Order 属性。

```
public class Customer implements java.io.Serializable {
    private Integer id;
    private String name;
    private Set Orderes = new HashSet(0);    //定义 Order 属性
    public Integer getId() {
        return this.id;
    }
    public void setId(Integer id) {
        this.id = id;
    }
    public String getName() {
        return this.name;
    }
    public void setName(String name) {
        this.name = name;
    }
    public Set getOrderes() {
        return this.Orderes;
    }
    public void setOrderes(Set Orderes) {
        this.Orderes = Orderes;
```

```
    }
}
```

3. Customer. hbm. xml

在 Customer 的映射文件中，使用<one-to-many>元素来映射一对多关联关系。

```
<hibernate-mapping>
    <class name="entity.Customer" table="customer" catalog="shop">
        <id name="id" type="java.lang.Integer">
            <column name="id" />
            <generator class="native"></generator>
        </id>
        <property name="name" type="java.lang.String">
            <column name="name" length="10" />
        </property>
        <set name="Orderes" inverse="true">
            <key>
                <column name="customer_id" />
            </key>
            <!--映射一对多关联关系-->
            <one-to-many class="entity.Order" />
        </set>
    </class>
</hibernate-mapping>
```

4. Order. hbm. xml

在 Order 的映射文件中，使用<many-to-one>元素来映射多对一关联关系。

```
<hibernate-mapping>
    <class name="entity.Order" table="Order" catalog="shop">
        <id name="id" type="java.lang.Integer">
            <column name="id" />
            <generator class="native"></generator>
        </id>
        <many-to-one name="customer" class="entity.Customer" fetch="select">
            <column name="customer_id" />
        </many-to-one>
        <property name="orderNumber" type="java.lang.String">
            <column name="orderNumber" length="10" />
        </property>
        <property name="price" type="java.lang.Double">
            <column name="price" precision="22" scale="0" />
        </property>
```

```
    </class>
</hibernate-mapping>
```

关于一对多双向映射的应用和一对多单向、多对一单向映射类似，只不过在建立了双向映射后，通过任何一方都可以操作另一方的数据了。

6.5.2 其他双向映射

关于多对多及一对多的双向映射的建立和使用和一对多双向映射类似，也是在关联的两个映射类中互相加入对方的属性，同时在各自的映射文件中都加入多对多或一对一的关联，这样通过任何一方都可以操作另一方的数据了。

6.6 本章小结

在进行正确的配置后，一些数据库表的关系在 Hibernate 中可以实现，Hibernate 能够处理这些复杂的关系，提高开发的效率。本章介绍了 Hibernate 框架的关系映射，包括多对一、一对多、一对一、多对多关联映射的持久化类和映射文件的设计，以及数据的操作方法。

本章也对双向映射关系中的一对多双向映射的映射文件的设计和数据的操作方法作了说明。

6.7 课内实训

【课内实训 1】区县和下辖的街道之间是一对多的关联，一个区县可以有多个街道，一个街道只能属于一个区县。创建一个数据库，建立区县和街道数据表。建立一个“Java Web”项目，使用 Hibernate 建立区县和街道之间的关联。

【课内实训 2】在课内实训 1 的基础上，使用 Hibernate 的关联映射，通过 Web 页面，实现增加区县、增加区县下属的街道信息。

【课内实训 3】在课内实训 2 的基础上，使用 Hibernate 的关联映射，通过 Web 页面，实现关联显示区县和街道信息。

【课内实训 4】在课内实训 3 的基础上，使用 Hibernate 的关联映射，通过 Web 页面，实现删除和修改区县、删除和修改区县下属的街道信息。

6.8 实训题

【实训 1】菜单中菜的类型和该类型的菜谱是有一定的对应关系的，本实训的任务是找出它们的关系，并在建立相应的数据库，在“Java web”项目中配置 Hibernate 的关联映射，实现一个按菜的类型查看菜谱的功能。项目运行流程如下：

（1）首先需要加载出菜的类型信息，如图 6-5 所示。

（2）然后当单击每一种类型的时候会加载出该类型菜谱如图 6-6、图 6-7 所示。

【实训 2】在实训 1 的基础上，使用 Hibernate 的关联映射，通过 Web 页面，实现添加菜类型和该类型下面的菜谱的功能。

【实训 3】在实训 1 的基础上，使用 Hibernate 的关联映射，通过 Web 页面，实现修改和删除菜类型和该类型下面的菜谱的功能。

【实训 4】图书和借阅者之间是多对多的关联，一个借阅者可以借阅多本图书，一本图书可以被多个借阅者借阅，使用 Hibernate 配置借阅者到图书的单向多对多关联，并通过“Java Web”程序实现借阅者借阅图书的功能。

图 6-5　加载出菜的类型信息

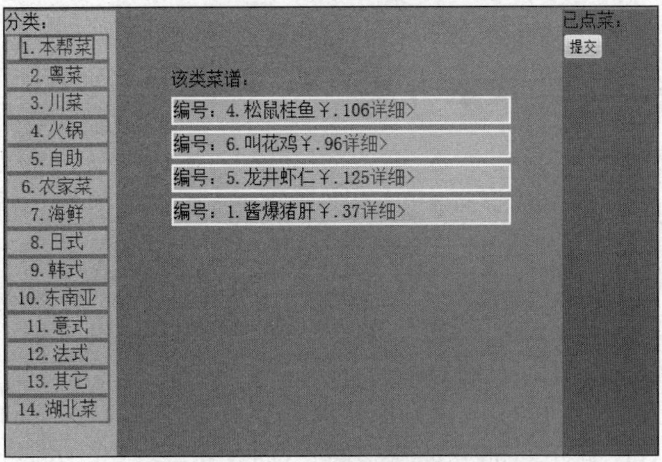

图 6-6　加载出该类型菜谱 1

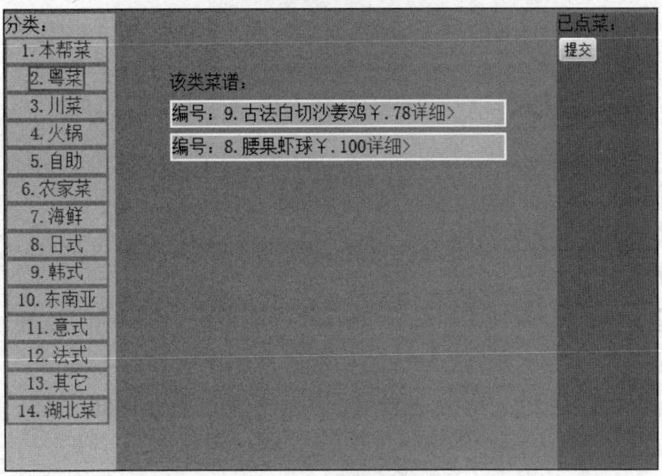

图 6-7　加载出该类型菜谱 2

PART 7 第 7 章 Hibernate 查询

教学要求

- 掌握：HQL 检索方式、QBC 检索方式和本地 SQL 检索方式的使用
- 理解：HQL 检索方式、QBC 检索方式和本地 SQL 检索方式的含义
- 了解：各种检索方式的优、缺点

7.1 Hibernate 的检索方式

1. 检索方式的介绍

在 Hibernate 开发过程中，查询是用得最多的。Hibernate 中的主要查询方式如下。

（1）OID 检索方式（Object Identity）

OID 检索方式是指按照对象的 OID 来检索对象。Session 的 get()和 load()方法提供了这种功能。如果在应用程序中事先知道了 OID，就可以使用这种检索对象的方式。

（2）HQL 检索方式（Hibernate Query Language）

HQL 检索方式是指使用面向对象的 HQL 查询语言来检索对象。Session 的 find()方法用于执行 HQL 查询语句。此外，Hibernate 还提供了 Query 接口，它是 Hibernate 提供的专门的 HQL 查询接口，能够执行各种复杂的 HQL 查询语句。

（3）QBC 检索方式（Query By Criteria）

QBC 检索方式是指使用 QBC API 来检索对象。这种 API 封装了基于字符串形式的查询语句，提供了更加面向对象的接口，对特定的持久层对象进行查询，利于扩展。

（4）本地 SQL 检索方式

本地 SQL 检索方式是指使用本地数据库的 SQL 查询语句。Hibernate 会负责把检索到的 JDBC ResultSet 结果集映射为持久化对象图。

2. 各检索方式的比较

在实际使用中，一种检索方式并无根本的优劣，而是要看不同的情况，结合各种查询的优点和缺点，考虑采用哪种检索会更加简单和合适一点。

HQL 检索方式功能最强大，适合各种情况，但是动态条件查询构造起来很不方便。

QBC 检索方式最适合动态条件查询，不太适合统计查询。

本地 SQL 检索方式可以实现特定数据库的 SQL 查询，但是会牺牲可移植性。

对 Web 应用来说，大部分常规查询都是动态条件查询，所以首选 QBC 检索方式，并且 Hibernate 3 提供了 DetachedCriteria，可以在 Web 层构造好 DetachedCriteria 再进入 Session 执行查询，非常方便实用。但是，对于涉及统计查询和非常复杂的关联查询，QBC 检索方式就无能为力了，这种情况下建议使用 HQL 检索方式。

最后，如果必须使用某些数据库的特性，则选择使用本地 SQL 检索方式。

7.2 HQL 检索方式

7.2.1 HQL 简介

Hibernate 配备了一种非常强大的查询语言，这种语言看上去很像 SQL。但是不要被语法结构上的相似所迷惑，HQL 是非常有意识地被设计为完全面向对象的查询，它有助于理解继承、多态和关联之类的概念。HQL 是面向对象的查询语言，在 Hibernate 提供的各种检索方式中，HQL 是使用最广的一种检索方式。

HQL 的主要功能如下。

- 在查询语句中设定各种查询条件。
- 支持投影查询，即仅检索出对象的部分属性。
- 支持分页查询。
- 支持连接查询。
- 支持分组查询，允许使用 HAVING 和 GROUP BY 关键字。
- 提供内置聚集函数，如 sum()，min()和 max()。
- 能够调用用户定义的 SQL 函数或标准的 SQL 函数。
- 支持子查询。
- 支持动态绑定参数。

HQL 除了 Java 类与属性的名称外，查询语句对大小写并不敏感。所以 SeLeCT 与 sELEct 以及 SELECT 是相同的，但是 enetity.PEOPLE 并不等价于 entity.People，People.typeSet 也不等价于 people. People.TYPSET。

HQL 关键字使用小写字母。虽然使用完全大写的关键字会使查询语句的可读性更强，但是当把查询语句嵌入到 Java 语句中时大写关键字比较难看。

HQL 查询的步骤如下。

（1）获取 Hibernate Session 对象。

（2）编写 HQL 语句。

（3）以 HQL 为参数，调用 Session 的 createQuery 创建查询对象（如果 HQL 语句有参数，调用 Query 的 set 方法赋值）。

（4）调用 Query 对象的 list 等方法返回实例。

7.2.2 使用 HQL 查询数据

1. from 子句

Hibernate 中最简单的查询语句的形式如下。

```
from entity.Customer
```

该子句简单地返回 entity.Customer 类的所有实例。通常不需要使用类的全限定名，因为

autoimport（自动引入）是默认的情况。所以，只须使用如下的简单写法：

```
from Customer
```

为了在这个查询的其他部分引用 Customer，需要分配一个别名。例如：

```
from Customer as customer
```

这个语句把别名 customer 指定给类 Customer 的实例，这样就可以在随后的查询中使用此别名了。关键字 as 是可选的，也可以这样写：

```
from Customer customer
```

查询语句中别名的开头部分小写被认为是实践中的好习惯，这样做与 Java 变量的命名标准保持一致。

下面是以第 6 章中的 Customer 数据表为例，使用 HQL 查询所有的数据。

```
Session session = sessionFactory.openSession();
Transaction transaction = session.beginTransaction();
Query query = session.createQuery("from Customer");
List<Customer> list = query.list();
for (Customer c:list) {
    System.out.println(c.getId());
}
transaction.commit();
session.close();
```

2. select 子句

select 子句选择将哪些对象与属性返回到查询结果集中。考虑如下情况：

```
select customer.name from Customer as customer
```

查询语句可以返回值为任何类型的属性。

查询语句可以返回多个对象和（或）属性，存放在 Object[] 队列中或存放在一个 List 对象中：

```
select new list(id, price) from Orders as orders
```

3. 聚集函数

HQL 支持在选出的属性上使用聚集函数。HQL 支持的聚集函数和 SQL 完全相同，有如下几种。

- avg：计算属性平均值。
- count：统计选择对象的数量。
- max：统计属性值的最大值。
- min：统计属性值的最小值。
- sum：计算属性值的总和。

下面的查询语句使用了聚集函数。

```
select max(price) , min(id) , count(*) from Orders as orders
```

可以使用关键字 as 给“被选择了的表达式”指派别名：

```
select max(price) as maxprice, min(id) as minid, count(*) as n from Orders as orders
```

这种做法在与子句 select new map 一起使用时最有用：

```
select new map(max(price) as maxprice, min(id) as minid, count(*) as n) from Orders as orders
```

该查询返回了一个 Map 对象，内容是别名与被选择的值组成的“名-值”映射。

下面以第 6 章中的 Customer 数据表为例，介绍用到了聚集函数的 HQL 查询。

```
Session session = sessionFactory.openSession();
Transaction transaction = session.beginTransaction();
Query query = session.createQuery("select new map(max(price) as maxprice, min (id) as minid, count(*) as n) from Orders as orders");
List list = query.list();
for (int i = 0; i < list.size(); i++) {
    Map map = (Map) list.get(i);
    System.out.println(map.get("maxprice"));
    System.out.println(map.get("minid"));
    System.out.println(map.get("n"));
}
transaction.commit();
session.close();
```

4. where 子句

where 子句用于筛选选中的结果，以缩小选择的范围。where 子句中可以使用以下运算符。

- 比较运算符：=、>、>=、<、<=、!=或<>等。
- 算术运算符：+、-、*、/。
- 逻辑运算符：与“AND”或“OR”、非“NOT”。
- IN、NOT IN、ANY、ALL：判断是否是集合的成员。
- BETWEEN...AND：判断列值是否满足指定的区间。
- LIKE：匹配模式。
- IS [NOT] NULL：测试空值等。

如果没有指定别名，可以使用属性名来直接引用属性：

```
from Customer where name='zhangsan'
```

如果指派了别名，需要使用完整的属性名：

```
from Customer as customer where customer.name='zhangsan'
```

返回属性 name 为“zhangsan”的 Customer 类的实例。

5. order by 子句

查询返回的列表（list）可以按照一个返回的类或组件（component）中的任何属性（property）进行排序，例如：

```
from Customer customer order by customer.id asc
```

可选的 asc 或 desc 关键字指明了按照升序或降序进行排序。

6. group by 子句

一个返回聚集值（aggregate value）的查询可以按照一个返回的类或组件（component）中的任何属性（property）进行分组：

```
select orders.color, from Orders orders group by orders.price
```

下面以第 6 章中的 Orders 数据表为例，介绍用到了 group by 子句的 HQL 查询。

```
Session session = sessionFactory.openSession();
Transaction transaction = session.beginTransaction();
Query query = session.createQuery("select new map(orders.price as price, count (orders.price) as num) from Orders orders group by orders.price");
List list = query.list();
for (int i = 0; i < list.size(); i++) {
    Map map = (Map) list.get(i);
    System.out.println(map.get("price"));
    System.out.println(map.get("num"));
}
transaction.commit();
session.close();
```

注意

group by 子句与 order by 子句中都不能包含算术表达式（Arithmetic Expression）。也要注意 Hibernate 目前不会扩展 group 的实体，因此不能写“group by People”，除非 People 的所有属性都不是聚集的（non-aggregated），必须明确地列出所有的非聚集属性。

7.3 QBC 检索方式

7.3.1 QBC 检索方式简介

QBC 检索方式（Criteria Queries）是更具面向对象特色的数据查询方式，可通过如下 3 个类完成。

- Criteria (org.hibernate.Criteria)：代表一次查询。
- Criterion (org.hibernate.criterion.Criterion)：代表一个查询条件。
- Restrictions (org.hibernate.criterion.Restrictions)：产生查询条件的工具类。

执行 QBC 查询方式的步骤如下。

（1）获得 Hibernate 的 Session 对象。

（2）以 Session 对象创建 Criteria 对象。

（3）增加 Criterion 查询条件。

（4）执行 Criteria 的 list 等方法返回结果集。

7.3.2 使用 QBC 查询数据

1. 创建一个 Criteria 实例

```
Criteria criteria    = session.createCriteria(Customer.class);
List customers = criteria.list();
```

2. 限制结果集内容

下面的例子在查询中增加了两个条件，一个是姓名（name）以“zhang”开头，另一个是价格（price）在 10 到 20 之间。

```
List customers = session.createCriteria(Customer.class)
.add(Restrictions.like("name", "zhang%") )
.add(Restrictions.between("price", 10, 20) )
.list();
```

QBC 查询支持的各种运算如表 7-1 所示。

表 7-1　QBC 查询支持的各种运算

运算类型	运算方法
比较运算	Express.eq( )
	Express.not(Express.eq( ))
	Express.ge( )
	Express.lt( )
	Express.le( )
	Express.isNull( )
	Express.isNotNull( )
范围运算符	Express.in( )
	Express.not(Express.in( ))
	Express.between( )
	Express.not(Express.between( ))
字符串模式匹配	Expression.like( )
逻辑	Expression.and( )
	Expression.or( )
	Expression.not( )

7.4 本地 SQL 检索方式

Hibernate 支持 SQL 查询。SQL 查询是通过 SQL Query 接口来表示的，下面是使用 SQL 查询的例子。

```
Session session = sessionFactory.openSession();
Transaction transaction = session.beginTransaction();
Query query = session.createQuery("select new map(orders.price as price,count (orders.price)
as num) from Orders orders group by orders.price");
List list = query.list();
for (int i = 0; i < list.size(); i++) {
    Map map = (Map) list.get(i);
    System.out.println(map.get("price"));
    System.out.println(map.get("num"));
}
transaction.commit();
session.close();
```

7.5 本章小结

在 Hibernate 开发过程中，查询是用得最多的，本章介绍了 Hibernate 中所常用的 HQL 检索方式、QBC 检索方式和本地 SQL 检索方式。主要介绍了这些查询方式的含义、语法和使用方法，并通过实例进行了讲解。在实际使用中，要根据不同的情况，结合每种查询的优、缺点，选择适合的检索方式。

7.6 课内实训

【课内实训 1】有员工表和部门表的表结构定义：

```
员工表(emp){
    员工编号 empno
    员工姓名 ename
    职位 job
    主管 mgr
    参加工作时间 hiredate
    薪水 sal
    所在部门编号 deptno
}
部门表(dept){
    部门编号 deptno
```

部门名称 dname
备注 loc
}

部门表和员工表之间是一对多的关联，其中部门表的主键“部门编号（deptno）”是员工表的外键“所在部门编号（deptno）”。

每一道题要求写出 HQL 语句，并编码实现。

（1）查询部门编号为 30 的所有员工。

（2）查询职位为办事员的所有员工的姓名、编号和部门名称。

（3）查询工资高于公司平均工资的所有员工信息。

（4）查询工资高于部门平均工资的所有员工信息。

（5）查询 emp 表的前 3 行数据。

（6）查询员工编号为 0001 的员工信息。

（7）查询市场部的所有员工信息。

（8）查询姓名以“李”开头的所有员工信息。

【课内实训 2】根据课内实训 1 的查询要求，写出 QBC 语句，并编码实现。

【课内实训 3】根据课内实训 1 的查询要求，写出 SQL 语句，并编码实现。

7.7 实训题

【实训 1】新建一个“Java Web”项目，使用 Hibernate 框架，完成一个简单的员工管理系统，实现员工和部门信息的录入。在项目中使用的数据表结构参照课内实训 1。

【实训 2】在实训 1 的基础上，增加信息查询的功能，在查询时使用课内实训 1 中已经实现的 HQL 语句。

PART 8 第8章 Struts 2与Hibernate 3的集成开发案例

教学要求

- 掌握：Struts 2+Hibernate 结合的软件开发技术
- 理解：规范化的软件设计思想

8.1 项目需求说明

成绩管理是学校教学管理中十分重要又相当复杂的管理工作之一，单纯地采用传统的手工处理已经不符合教育和管理的要求，而计算机具有运算速度快、处理能力强等特点，很自然地进入到这一应用领域中。因此，为了保证学校教学管理的信息流畅、工作高效，有必要设计一个学生成绩管理系统。这不但能使教务人员从复杂的成绩管理中解脱出来，而且对于推动教学的发展也起到非常重要的作用。

本系统有用户登录，查看个人信息及修改密码，查看个人本次考试成绩、历史成绩、个人成绩的走势图，导出成绩和打印成绩等成绩模块功能，还有成绩管理、系统管理、历史管理、留言板等功能。本系统基于Java编程语言，采用了Struts 2+Hibernate 3框架作为主要开发技术，数据库则选用了开源的MySQL数据库。在系统的设计与开发过程中严格遵守软件工程的规范，运用软件设计模式，从而减少系统模块间的耦合，力求做到系统的稳定性、可重用性和可扩充性。

本系统的主要功能模块如下。

（1）人员信息管理模块

人员包括：学生、老师和管理员，模块主要功能为添加/删除人员、分配学号密码、登录/退出、修改密码、批量导入/导出学生。

（2）系统信息管理模块

系统信息管理模块的主要功能是增、删、改、查班级信息、年级信息和科目信息。整个学生管理系统的信息都是建立在该模块基础之上的，所以一般不允许随意地修改和删除，如果后期有设计权限的话，这类信息管理应为最高权限，即只有少数管理员有权限进行操作。

（3）成绩管理模块

成绩管理模块的主要功能是让老师对成绩进行管理，后期拓展时可以考虑添加成绩的汇总功能、分析功能。

（4）查看成绩模块

查看成绩模块主要是让学生对自己最近一次的考试成绩进行查看。这个页面是带有柱状图的，还可以查看所有历史成绩，观察成绩走势，导出成绩，还可以打印成绩。

（5）留言板模块

任何用户都可以随意在留言板留言，可以在留言板为学校提一些建议。

（6）权限信息模块

权限信息模块管理着不同身份的权限及其相应的功能限制。

根据系统功能分析，可以画出系统的功能模块图，如图 8-1 所示。

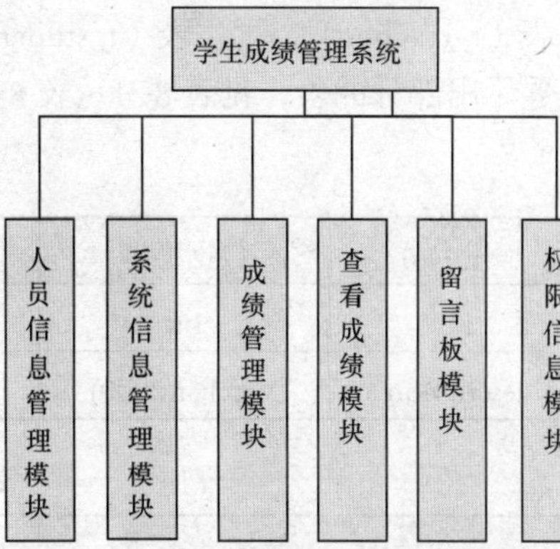

图 8-1　系统功能模块图

8.2　数据库的设计

8.2.1　概念设计

在进行了需求分析之后，需要把用户需求抽象为数据库的概念结构，即概念模式。因为在设计关系型数据库中，描述概念结构的有力工具是 E-R 图。而且，它可以作为开发人员和数据库人员沟通的桥梁。需求做好后，就开始画 E-R 图，这样会降低后面数据库设计的复杂度，同时还保证了准确性。本系统的 E-R 图如图 8-2 所示。

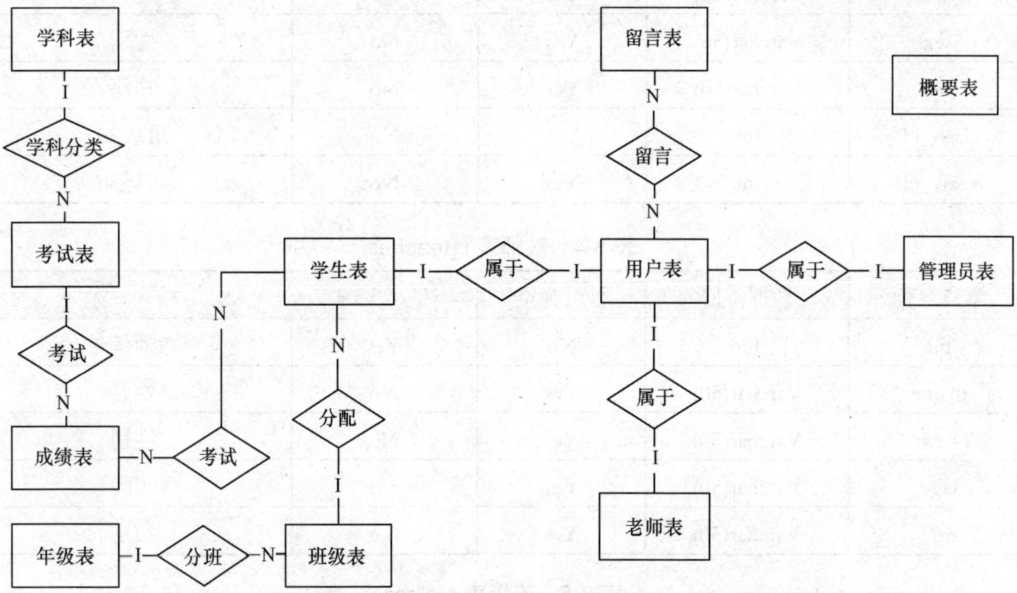

图 8-2　系统 E-R 图

8.2.2　数据库表设计

需要把学生成绩管理系统数据库的概念设计转换成特定的 DBMS 所支持的数据模型，也称为逻辑设计。有了逻辑设计之后，基本上就可以开始在数据库工具上面建表了。

分析得到的系统中主要的表分别有：概要表（t_xsgk）、学科表（t_subject）、考试表（t_ exam）、成绩表（t_score）、年级表（t_year）、班级表（t_class）、用户表（t_user）、教师表（t_teacher）、学生表（t_student）、留言表（t_comment）和管理员表（t_admin）。下面展示出部分的表，见表 8-1 ~ 表 8-6。

表 8-1　概要表 t_xsgk

字段名称	数据类型	是否为空	是否主键	描　述
id	Int	No	Yes	唯一标识
description	Varchar(2000)	Yes	No	概要信息

表 8-2　用户表 t_user

字段名称	数据类型	是否为空	是否主键	描　述
id	Int	No	Yes	唯一标识
uuid	Varchar(30)	No	No	学号、教师号或者工号
password	Vahrchar(30)	No	No	密码
Photoname	Varchar(255)	Yes	No	头像路径地址

表 8-3　学生表 t_student

字段名称	数据类型	是否为空	是否主键	描　述
sid	Int	No	Yes	用户标号
sname	Varchar(50)	Yes	No	姓名
ssex	Varchar(50)	Yes	No	性别
scity	Varchar(50)	Yes	No	户籍
classs_id	Int	Yes	No	班级 id
yearr_id	Int	Yes	No	年级 id

表 8-4　教师表 t_teacher

字段名称	数据类型	是否为空	是否主键	描　述
tid	Int	No	Yes	教师编号
tname	Varchar(50)	Yes	No	姓名
tsex	Varchar(50)	Yes	No	性别
tage	Varchar(50)	Yes	No	年龄
title	Varchar(50)	Yes	No	级别

表 8-5　班级表 t_class

字段名称	数据类型	是否为空	是否主键	描　述
id	Int	No	Yes	唯一标识
classsname	Varchar(30)	Yes	No	班级名称

续表

字段名称	数据类型	是否为空	是否主键	描　述
Slogan	Varchar(255)	Yes	No	口号
Yearr_id	Varchar(30)	No	No	年级
flag	Varchar(30)	Yes	No	班级分类

表 8-6　成绩表 t_score

字段名称	数据类型	是否为空	是否主键	描述
Student_id	Int	No	No	所属学生编号
Exam_id	Int	No	No	所属考试编号
Score	Int	No	No	分数

8.3　系统详细设计

8.3.1　系统用例设计

1. 系统用户列表

系统主要面向三种用户：学生、老师和管理员。管理员具有最大权限，老师拥有录入成绩、添加、导入学生的权限，而学生只有查看信息等权限。系统中的用户的用例图如图 8-3 所示。

2. 学生的用例图

学生用户的主要功能有：查看个人信息、修改密码、查看最近一次考试成绩、历史成绩、成绩走势、导出成绩、打印成绩等。学生的用例图如图 8-4 所示。

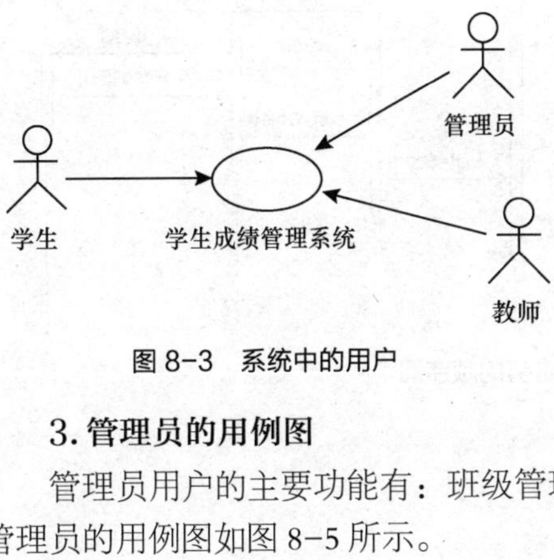

图 8-3　系统中的用户

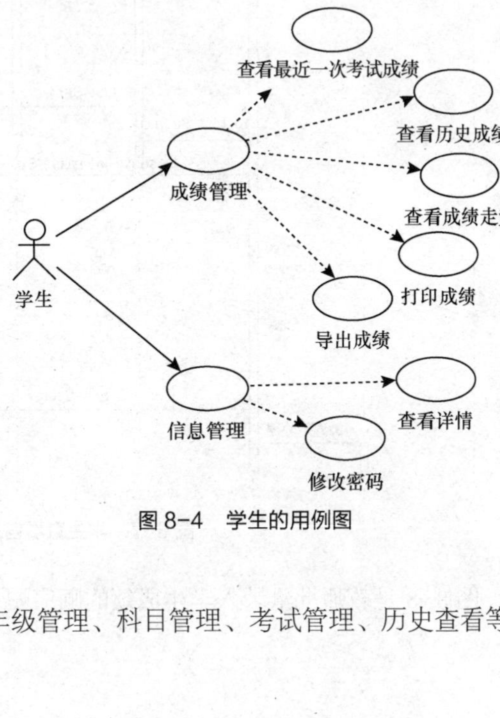

图 8-4　学生的用例图

3. 管理员的用例图

管理员用户的主要功能有：班级管理、年级管理、科目管理、考试管理、历史查看等。管理员的用例图如图 8-5 所示。

4. 教师的用例图

教师用户的主要功能有：录入成绩、汇总成绩、成绩分析等。教师的用例图如图 8-6 所示。

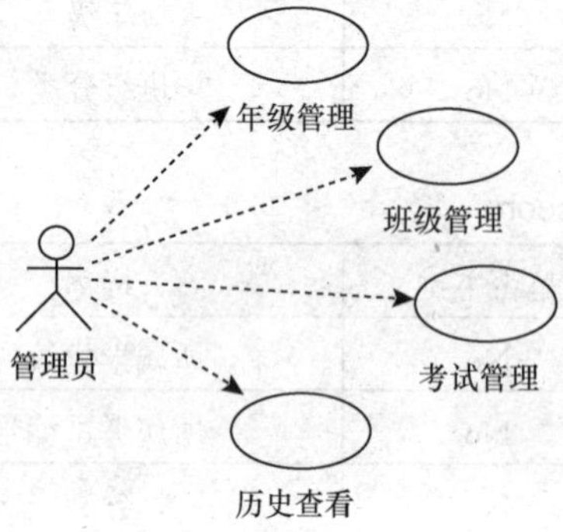

图 8-5 管理员的用例图

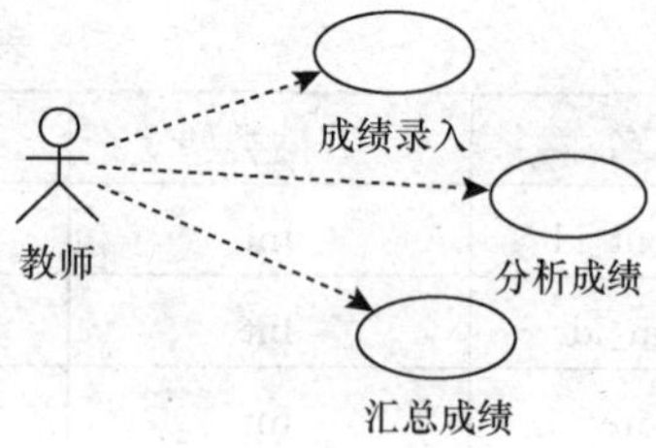

图 8-6 教师的用例图

8.3.2 部分顺序图

首先展示的顺序图是学生登录后，查看自己最近的成绩走势的顺序图，如图 8-7 所示。

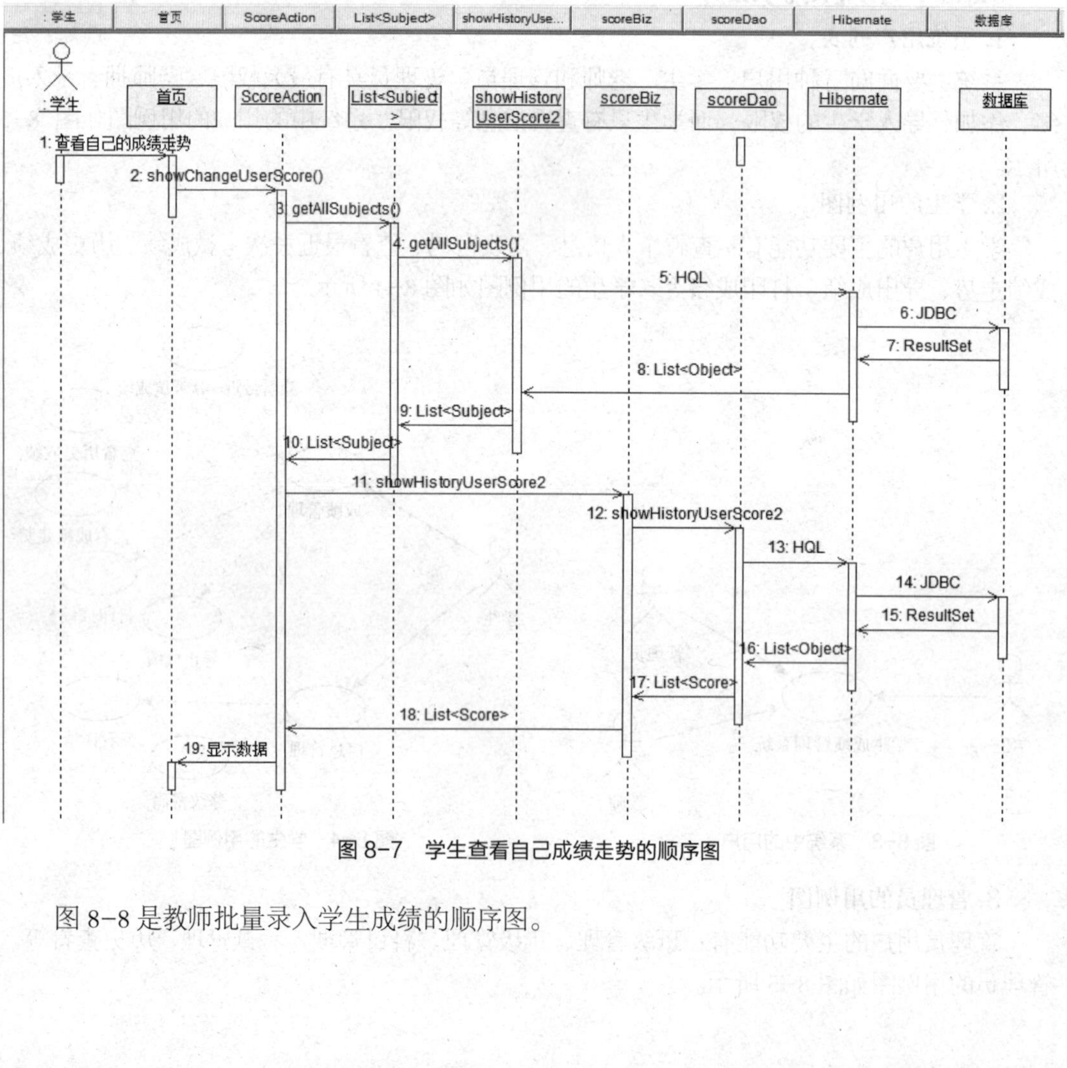

图 8-7 学生查看自己成绩走势的顺序图

图 8-8 是教师批量录入学生成绩的顺序图。

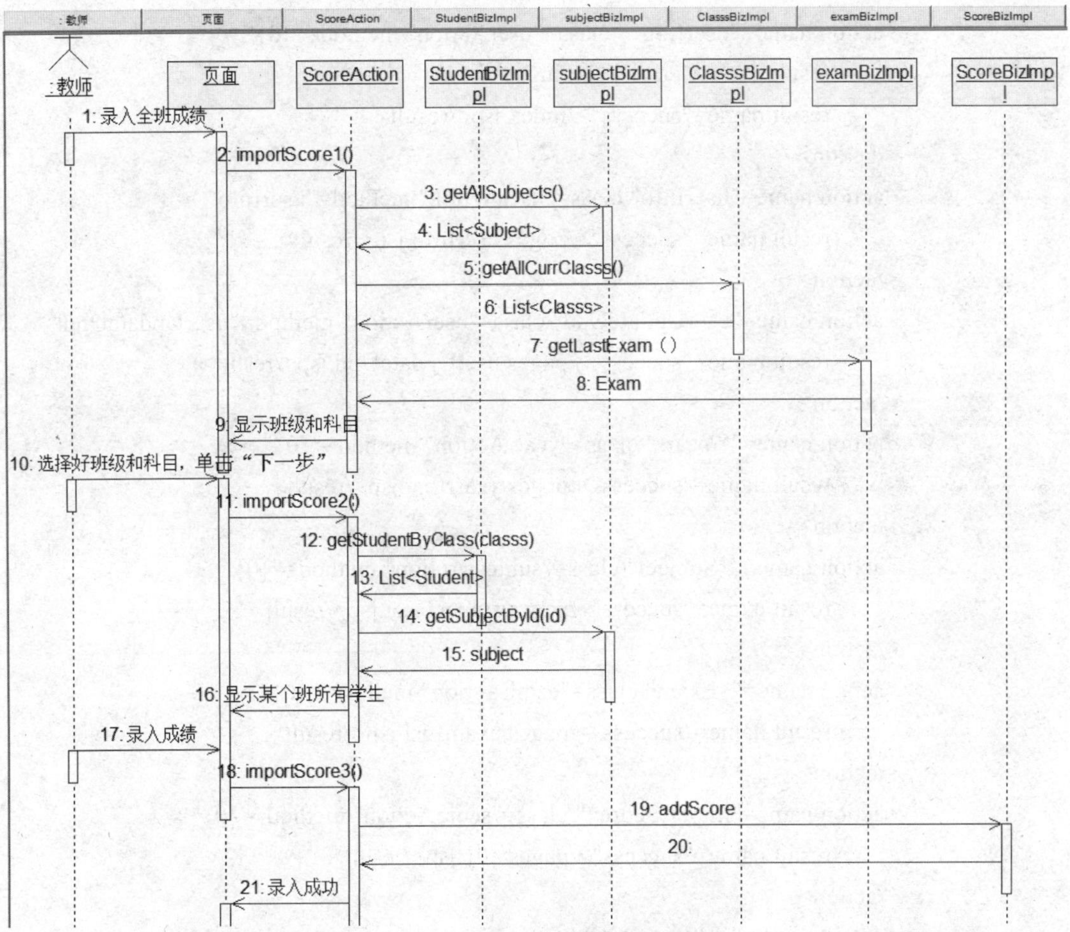

图 8-8　教师批量录入学生成绩的顺序图

8.4　系统的实现

8.4.1　系统代码介绍

本系统的设计采用 Struts 2 作为系统的整体基础架构，负责 MVC 的分离，在 Struts 2 框架的模型部分，利用 Hibernate 框架对持久层提供支持。

由于篇幅原因，这里只展示配置文件的部分代码，其他代码可以参看本书配套源代码。

（1）struts.xml

```
<?xml version="1.0" encoding="UTF-8" ?>
<!DOCTYPE struts PUBLIC
    "-//Apache Software Foundation//DTD Struts Configuration 2.0//EN"
    "http://struts.apache.org/dtds/struts-2.0.dtd">
<struts>
    <constant name="struts.devMode" value="true" />
    <constant name="struts.i18n.encoding" value="UTF8" />
    <package name="default" namespace="/" extends="struts-default">
```

```
            <action name="userLog*" class="userAction" method="{0}" >
                <result name="error">/login.jsp</result>
                <result name="success">/index.jsp</result>
            </action>
            <action name="userInfo" class="userAction" method="userInfo" >
                <result name="success">/pages/userInfo.jsp</result>
            </action>
            <action name="userUpdateUpd" class="userAction" method="userUpdateUpd" >
                <result name="success">/pages/userUpdateUpd.jsp</result>
            </action>
            <action name="*Yearr" class="yearrAction" method="{0}" >
                <result name="success">/pages/yearrList.jsp</result>
            </action>
            <action name="*Subject" class="subjectAction" method="{0}" >
                <result name="success">/pages/subjectList.jsp</result>
            </action>
            <action name="*Exam" class="examAction" method="{0}" >
                <result name="success">/pages/examList.jsp</result>
            </action>
            <action name="importScore*" class="scoreAction" method="{0}" >
                <result name="success">/pages/{0}.jsp</result>
            </action>
            <action name="getScoreByClasssAndExam" class="scoreAction" method="getScore
ByClasssAndExam" >
                <result name="success">/pages/importScore3.jsp</result>
            </action>
            <action name="*UserScore" class="scoreAction" method="{0}" >
                <result name="success">/pages/{0}.jsp</result>
            </action>
            <action name="*Comment" class="commentAction" method="{0}" >
                <result name="success">/pages/commentList.jsp</result>
            </action>
            <action name="*Classs" class="classsAction" method="{0}" >
                <result name="success">/pages/classsList.jsp</result>
            </action>
            <action name="*SList" class="studentAction" method="{0}" >
                <result name="success">/pages/studentSList.jsp</result>
            </action>
            <action name="student*" class="studentAction" method="{0}" >
                <result name="success" type="redirectAction">getAllClasssForSList?yearr. yearr
Num=1</result>
```

```
            </action>
            <action name="*HList" class="studentAction" method="{0}" >
                <result name="success">/pages/studentHList.jsp</result>
            </action>
            <action name="*TList" class="teacherAction" method="{0}" >
                <result name="success">/pages/teacherList.jsp</result>
            </action>
            <action name="teacher*" class="teacherAction" method="{0}" >
                <result name="success" type="redirectAction">getAllClasssForTList?page. currPage=
1</result>
            </action>
            <action name="addClasssInfo" class="classsAction" method="addClasssInfo" >
                <result name="success">/pages/addClasss.jsp</result>
            </action>
            <action name="getStudentInfoImport" class="classsAction" method="getStudent InfoImport" >
                <result name="success">/pages/studentExport.jsp</result>
            </action>
            <action name="studentExport" class="studentAction" >
                <result name="success" type="stream" >
                    <!-- 指定下载文件的内容类型，text/plain 是默认类型 -->
                    <param name="contentType">application/vnd.ms-excel</param>
                     <!-- inputName 默认值是 inputStream，如果 action 中用于读取下载文
件内容的属性名是 inputStream，那么可以省略这个参数 -->
                    <param name="inputName">studentExport</param>
                    <param name="contentDisposition">filename="student.xls"</param>
                    <param name="bufferSize">2048</param>
                </result>
            </action>
        </package>
    </struts>
```

（2）hibernate.cfg.xml

```
    <?xml version='1.0' encoding='UTF-8'?>
    <!DOCTYPE hibernate-configuration PUBLIC
              "-//Hibernate/Hibernate Configuration DTD 3.0//EN" "http://hibernate. sourceforge.
net/hibernate-configuration-3.0.dtd">
    <!-- Generated by MyEclipse Hibernate Tools.                         -->
    <hibernate-configuration>
        <session-factory>
            <property name="dialect">
                org.hibernate.dialect.MySQLDialect
```

```
            </property>
            <property name="connection.url">
                jdbc:mysql://localhost:3306/xscj
            </property>
            <property name="connection.username">root</property>
            <property name="connection.password">123456</property>
            <property name="connection.driver_class">
                com.mysql.jdbc.Driver
            </property>
            <property name="myeclipse.connection.profile"> xscj </property>
            <property name="show_sql">true</property>
            <mapping resource="com/wjl/school/bean/Yearr.hbm.xml" />
            <mapping resource="com/wjl/school/bean/Classs.hbm.xml" />
            <mapping resource="com/wjl/sys/bean/Subject.hbm.xml" />
            <mapping resource="com/wjl/sys/bean/Exam.hbm.xml" />
            <mapping resource="com/wjl/sys/bean/Comment.hbm.xml" />
            <mapping resource="com/wjl/sys/bean/ User.hbm.xml" />
            <mapping resource="com/wjl/sys/bean/ Score.hbm.xml" />
        </session-factory>
    </hibernate-configuration>
```

8.4.2 页面效果展示

学生查看自己最近一次考试成绩的界面，如图 8-9 所示。

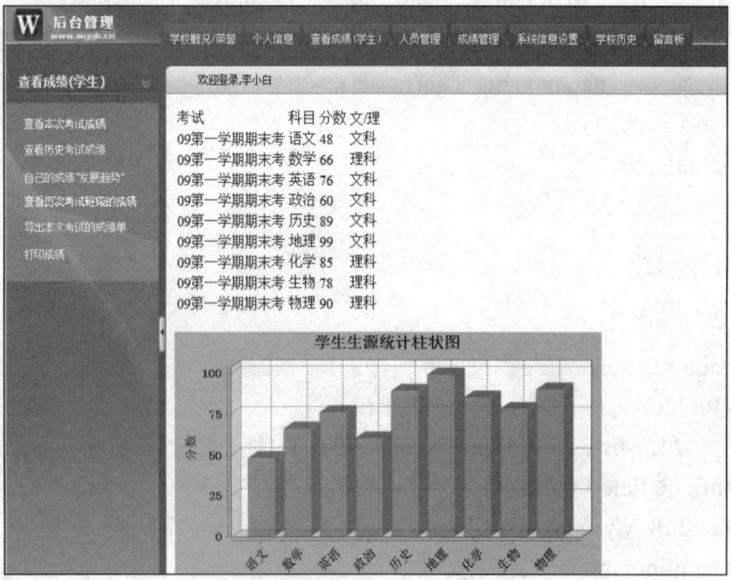

图 8-9 查看这次考试的成绩

学生查看最近成绩走势的界面，如图 8-10 所示。

导出某个班所有学生的信息，如图 8-11 所示。

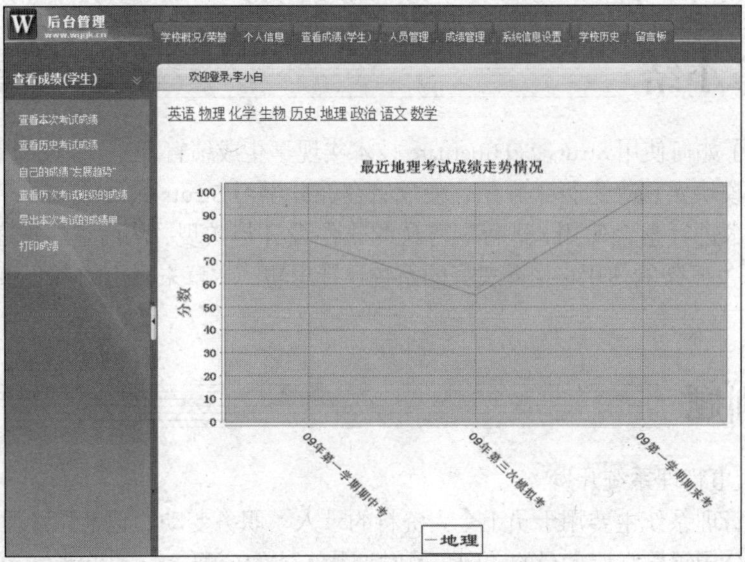

图 8-10　查看最近成绩的走势

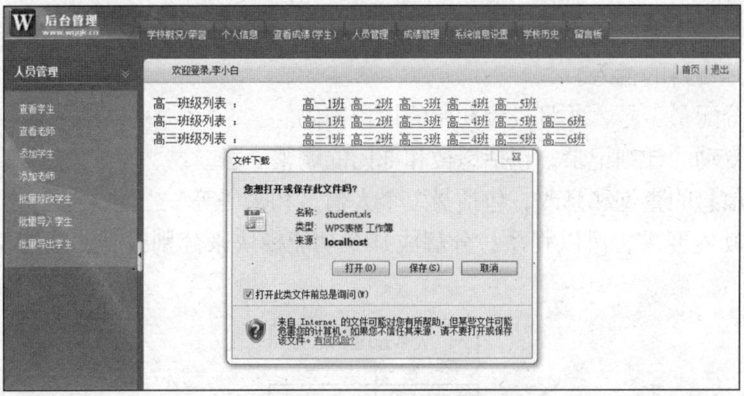

图 8-11　导出某个班所有学生的信息

学生可以打印自己最近一次考试的成绩，如图 8-12 所示。

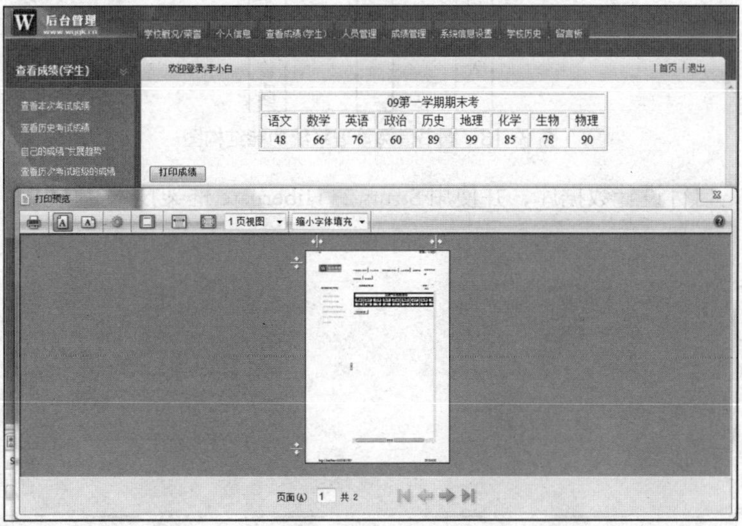

图 8-12　打印成绩

8.5 本章小结

本章讲述了如何使用 Struts 2+Hibernate 技术实现学生成绩管理系统。按照系统需求分析、数据库设计和模块实现等进行了介绍，使读者在充分学习 Struts 2、Hibernate 技术的基础之上，对这些技术进行整合使用，进行规范化的软件设计与实现，从而掌握现在主流的 Struts 2+Hibernate 开发框架的使用，培养良好的系统设计思想。本章未列出的页面和代码请查阅本书配套源代码。

8.6 实训题

【实训】人事管理系统开发

企业人事管理系统主要用于员工个人资料的录入、职务变动的记录和管理。使用人事管理系统，便于公司领导掌握人员的动向，及时调整人才的分配。

系统功能分析

人事管理系统主要有以下几项功能要求：

（1）新员工资料的输入。

（2）自动分配员工号，并且设置初始的用户密码。

（3）人事变动的详细记录，包括岗位和部门的调整。

（4）员工信息的查询和修改，包括员工个人信息和密码等。

根据系统功能要求，可以将系统分解成几个功能模块来分别设计，功能模块如图 8-13 所示。

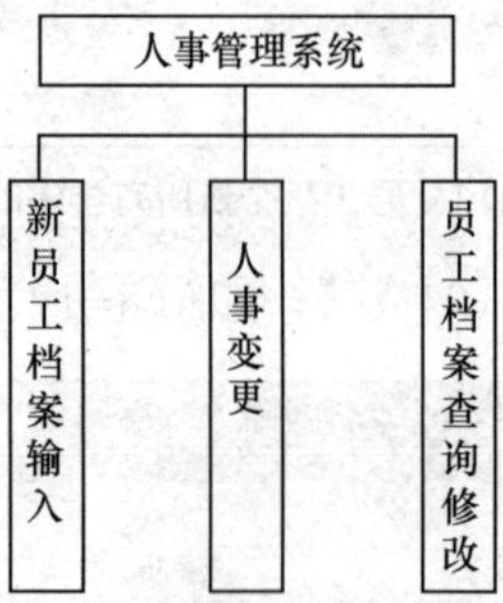

图 8-13　图书借阅管理系统功能结构图

根据需求，自行设计数据库，并使用 Struts 2+Hibernate 框架技术完成。

PART 9

第 9 章 Spring 的基础知识

教学要求

- 掌握：Spring 框架的系统架构、开发环境的搭建
- 理解：Spring 框架的主要技术
- 了解：Spring 的相关概念、发展历史、特点

9.1 Spring 简介

Hibernate 框架是替代笨重的 EJB 来充当数据库的持久层；Struts 框架是一个 Java Web 框架，提供了对 MVC 设计模式的支持。本章主要介绍 Spring，是 J2EE 轻量级框架中的一个重要框架。通过 Spring 框架，逻辑代码可以像插件一样随便加减，也使得系统的可配置性和扩展性增强，同时可以直接对业务层进行测试。另外，它对主流的应用框架提供了集成支持，如，集成 Hibernate、JPA、Struts 等，这样更便于应用的开发。

Spring 是时下最流行、最完善的 Web 应用开源框架，是 Rod Johnson 为了解决企业应用开发的复杂性而创建的。Spring 使用 JavaBean 完成以前只可能由 EJB 完成的事情，不仅可以完成服务器端的开发，从简单性、可测试性和松耦合的角度而言，任何 Java 应用都可以从 Spring 中受益。

1. Spring 的基本概念

Spring 是一个轻量级的控制反转（IoC）和面向切面 AOP 的容器框架，在 Spring 框架下能够实现多个子框架的组合。这些子框架之间彼此独立，也可以使用其他框架替代，为 J2EE 应用程序开发提供集成框架。Spring 是一种无侵入式的高扩展框架，代码中不需要涉及 Spring 的特定类，即可将其纳入 Spring 容器进行管理，其核心是提供一种新的机制来管理业务对象及其依赖关系。

2. Spring 的特点

Spring 作为实现 J2EE 的一个全方位应用程序框架，为开发企业级应用提供了一个健壮、高效的解决方案。它具有以下特点。

（1）轻量级

从大小与开销两方面而言，Spring 都是轻量的，完整的 Spring 框架可以在一个大小只有 1MB 多的 JAR 文件里发布，并且 Spring 所需的处理开销也是微不足道的。

（2）控制反转

Spring 通过 IoC 促进了松耦合，容器在对象初始化时主动将依赖传递给它，由容器控制程序之间的关系，而非传统实现中，由程序代码直接操纵，即控制权由应用代码转到了外部容器。

（3）面向切面编程

将业务逻辑从系统服务中分离，实现内聚开发，系统对象只完成该做的业务逻辑，而不负责其他系统问题，如日志、安全、事务等服务。

（4）依赖注入

在运行期，由外部容器动态地将依赖对象注入到组件中，对象与对象之间依赖关系的实现，包括接口注入、构造注入、set 方法注入，在 Spring 中只支持后两种。

（5）容器

Spring 提供容器功能，管理系统对象的生命周期和配置，通过配置设定 Bean 来管理 Bean 之间的关联关系。

（6）框架

Spring 可以通过 XML 文件将简单组件配置合成一个复杂的系统，同时也提供了很多基础功能，如事务管理、持久化框架集成等，可用于应用逻辑的开发。

3. Spring 的发展历史

Spring 框架最开始的部分是由 Rod Johnson 于 2000 年为伦敦的金融界提供独立咨询业务时写出来的。在《Java 企业应用设计与开发的专家一对一》一书中，Rod 进一步拓展了他的代码，以阐述"如何让应用程序能以超出当时大众所惯于接受的易用性和稳定性与 J2EE 平台上的不同组件合作"的观点。2003 年 2 月，Spring 框架正式成为一个开源项目，并发布于 SourceForge 中。

2004 年 3 月，Spring 发布了第一个版本（1.0）之后，Spring 框架在 Java 社区里变得异常流行，同时，也备受批评，许多程序员和领先的设计人员把它看作是远离传统的编程模式。

2005 年，Spring 因具有里程碑意义的新版本的推出，添加了更多的功能，2004 年年底创建的 Spring 论坛也对框架的推广起到了推波助澜的效果，论坛对广大用户而言已经成为最重要的信息和帮助的源泉。2005 年，Spring 框架的开发人员成立了自己的公司，以提供对 Spring 的商业支持，其中最显著的就是与 BEA 的合作。2005 年 12 月，第一个 Spring 会议在迈阿密举行，3 天的课程吸引了 300 名开发人员。2006 年 6 月在安特卫普召开的会议有 400 多名开发人员参加。

4. Spring 的主要功能

- 基于 JavaBean 的配置管理，采用 IoC 的原理，特别是对依赖注入技术的使用，这些都用来减少各组件间对实施细则的相互依赖性。
- 一个核心的，全局适用的 Bean 工厂。
- 一个一般抽象化的层面来管理数据库间的数据处理。
- 建立在框架内的，对 Java 数据处理 API 和单独的 JDBC 数据源的一般性策略，在数据处理中对 Java 企业版本环境的依赖性得以消除。
- 一些可持续性的框架，如 Hibernate、JDO、iBATIS 的整合。
- Web 应用中的 MVC 框架，基于核心的 Spring 功能，支持多种产生视图的技术，包括

JSP、FreeMarker、Velocity、Tiles、iText 和 POI。

- 大量的 AOP 框架以提供诸如数据处理管理的服务，同 IoC 的功能一样，目的是提高系统的模块化水平。

5. Spring 的组成

（1）Spring 的 JAR 包

到网站 http://www.springsource.org/download 下载 Spring，然后进行解压缩，在解压目录中找到对应的 JAR 文件，复制到类路径 lib 下。

（2）Spring 配置文件

默认情况下是 applicationContext.xml 文件，可以建立很多 XML 文件，工程中一般都是这样配置的。

（3）Spring API

Spring 提供构建应用的所有层的工具，可以使用 API 通过工具访问数据。

9.2 Spring 框架的系统架构

Spring 框架在不断地发展和完善，但基本与核心的部分已经稳定，它是一个分层架构，由 7 个定义良好的模块组成。Spring 模块构建在核心容器之上，核心容器定义了创建、配置和管理 Bean 的方式，如图 9-1 所示。Spring 框架的每个模块（或组件）都可以单独存在，或者与其他一个或多个模块联合实现。

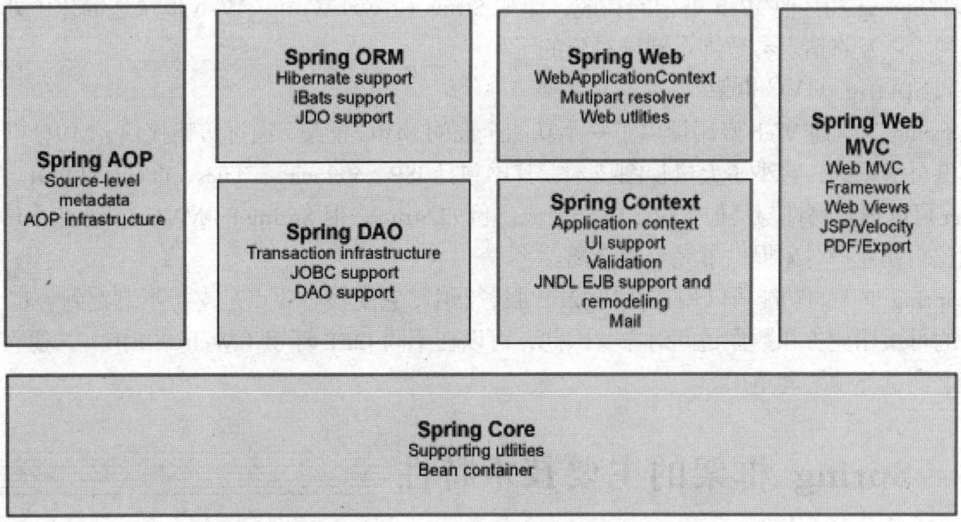

图 9-1 Spring 框架的结构

1. Spring Core（核心容器）

核心容器是 Spring 框架最基础的部分，提供 Spring 框架的基本功能，它提供了依赖注入（Dependency Injection）特征来实现容器对 Bean 的管理。其主要组件是 BeanFactory，它是工厂模式的实现，使用 IoC 将应用程序的配置和依赖性规范与实际的应用程序代码分开。

2. Spring Context（Spring 上下文）

Spring 上下文使其成为一个框架，它是一个配置文件，向 Spring 框架提供上下文信息，包括企业服务，例如 JNDI、EJB、电子邮件、国际化、校验和调度功能。

3. Spring AOP

通过配置管理特性，Spring AOP 模块直接将面向切面的编程功能集成到了 Spring 框架中，所以，可以很容易地使 Spring 框架管理的任何对象支持 AOP。该模块为基于 Spring 的应用程序中的对象提供了事务管理服务，通过使用 Spring AOP，不用依赖 EJB 组件，就可以将声明性事务管理集成到应用程序中。同时，也将元数据编程中引入 Spring，使用 Spring 的元数据支持，可以为源代码增加注释，指示 Spring 在何处以及如何应用切面函数。

4. Spring DAO

使用 JDBC 经常导致大量的重复代码，取得连接、创建语句、处理结果集，然后关闭连接。Spring 的 JDBC 和 DAO 模块抽取了这些重复代码，因此可以保持数据库访问代码干净简洁，并且可以防止因关闭数据库资源失败而引起的问题。JDBC DAO 抽象层提供了有意义的异常层次结构，可用该结构来管理异常处理和不同数据库供应商抛出的错误消息，面向 JDBC 的异常遵从通用的 DAO 异常层次结构。

5. Spring ORM

对象/关系映射集成模块，Spring 框架插入了若干个 ORM 框架，从而提供了 ORM 的对象关系工具，其中包括 JDO、Hibernate 和 iBatis SQL Map，所有这些都遵从 Spring 的通用事务和 DAO 异常层次结构。

6. Spring Web 模块

Web 上下文模块建立在应用程序上下文模块之上，为基于 Web 的应用程序提供了上下文。另外，这个模块还提供了一些面向服务支持，例如，实现文件上传的 multipart 请求，也提供了 Spring 和其他 Web 框架的集成，比如 Struts 和 WebWork。Web 模块还简化了处理多部分请求以及将请求参数绑定到域对象的工作。

7. Spring MVC 框架

Spring 为构建 Web 应用提供了一个功能全面的 MVC 框架，通过策略接口，MVC 框架成为高度可配置的，容纳了大量视图技术，其中包括 JSP、Velocity、Tiles、iText 和 POI。虽然 Spring 可以很容易地与其他 MVC 框架集成，例如 Struts，但 Spring 的 MVC 框架使用 IoC 对控制逻辑和业务对象提供了完全的分离。

Spring 框架的功能可以用在任何 J2EE 服务器中，它的核心要点是支持不绑定到特定 J2EE 服务的可重用业务和数据访问对象，因此，可以在不同 J2EE 环境（Web 或 EJB）、独立应用程序、测试环境之间重用。

9.3 Spring 框架的主要技术特性

Spring 框架的主要技术特性有 4 个。

1. 采用分层架构设计和实现

Spring 框架有 7 个各自相互独立的模块，整个 Spring 框架本身是一个完整的企业级开发，开发者也可以仅使用其中的任何一个独立的组件。Spring 框架适用于包括 J2SE 和 J2EE 的各种不同的应用开发环境，为开发者提供了极其灵活的开发实现，比如可以采用容器外的开发和实现，包括单元测试技术来简化容器内的项目的开发过程，提高应用系统的开发效率。

2. 轻量级的 J2EE 应用开发框架

重量级容器的组件技术中，组件必须实现某个特定的接口并且在某个特定的容器内执行，

EJB 是重量级容器组件技术的典型代表。而轻量级容器的组件技术中的组件可以是简单的 Java 组件类（Plain Ordinary Java Object，POJO），并且不依赖于特定的 J2EE 应用服务器容器的产品。Spring 框架使用基本的 JavaBean 组件类，所开发的组件不需要其他的外部系统库，目标容器可以是轻量级的，可以部署在像 Tomcat 等类型的容器中。

3. 一种非侵入式的轻量级框架

Spring 框架，允许在应用系统中自由选择和组装功能模块，并且不强制要求应用中的类必须从 Spring 的系统 API 中的某个类来继承或者实现某个接口，同时，还提供和其他框架集成的接口，如与 Hibernate、Struts 的集成等。Spring 通过应用 Java 的反射机制，通过动态调用的方式来提供各方面的功能，建立核心组件 BeanFactory，并配合使用 Spring 框架中的 BeanWrapper 和 BeanFactory 类组件，实现对象的创建和属性注入。

4. 使用控制反转 IoC 技术的容器

控制反转 IoC，将以前由程序代码直接操控的对象的调用权交给容器，通过容器实现对象组件的装配和管理。其实现方式主要有两种：依赖查找（Dependency Lookup），容器提供回调接口和上下文环境给组件，EJB 和 Apache Avalon 都使用这种方式；依赖注入（Dependency Injection），组件不做定位查询，只提供普通的 Java 方法让容器决定依赖关系，这是目前最流行的 IoC 类型。它主要的优势体现在 3 个方面：查找定位操作与应用代码完全无关；不依赖于容器的 API，可以很容易地在任何容器以外使用应用对象；不需要特殊的接口，绝大多数对象可以做到完全不必依赖容器。

9.4 Spring 开发环境

Spring 的开发需要编写 XML 配置文件组织 Bean 和切面等，通过配置的方式，可以将程序的各个部分连接起来，程序运行时能够创建或者初始化所有的对象关系，因此，程序间的切换，可以只需要修改注释或 XML 配置文件，然后运行即可。本节通过搭建 Spring 开发环境，并运行 HelloWorld 类，演示 Spring 的简单应用。

1. 搭建 Spring 开发环境

在项目中使用 Spring，需要添加 Spring 支持，添加的方式有两种：使用 MyEclipse 向导和手动添加。创建 Spring 的运行环境，具体的实现步骤包括：创建 Web 工程，在工程的 web.xml 文件中添加 Spring 监听，在新工程中引入库文件以及添加并配置 Spring 的核心库文件 applicationContext.xml。

（1）使用 MyEclipse 向导添加 Spring 支持

STEP 1 打开软件 MyEclipse，选择 File→New→Web Project 命令，如图 9-2 所示。

STEP 2 创建一个名为 SpringDemo 的项目，如图 9-3 所示，单击 Finish 按钮。

STEP 3 在工程的 web.xml 文件中添加 Spring 监听，代码如下所示。配置 web.xml 文件，目的是项目启动时自动创建 Bean 工厂并读取 Spring 配置文件，反射对象注入属性。

```
<listener>
  <listener-class>
      org.springframework.web.context.ContextLoaderListener
</listener-class>
</listener>
```

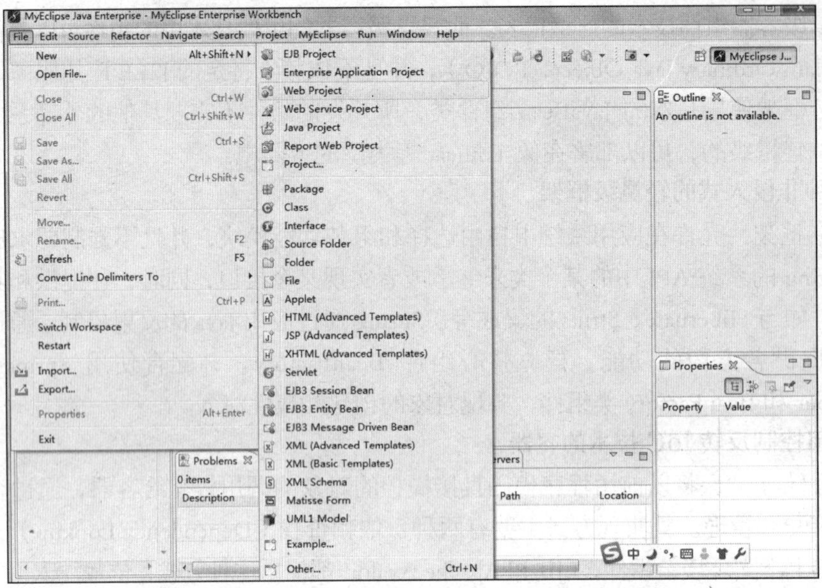

图 9-2　新建 Web 项目

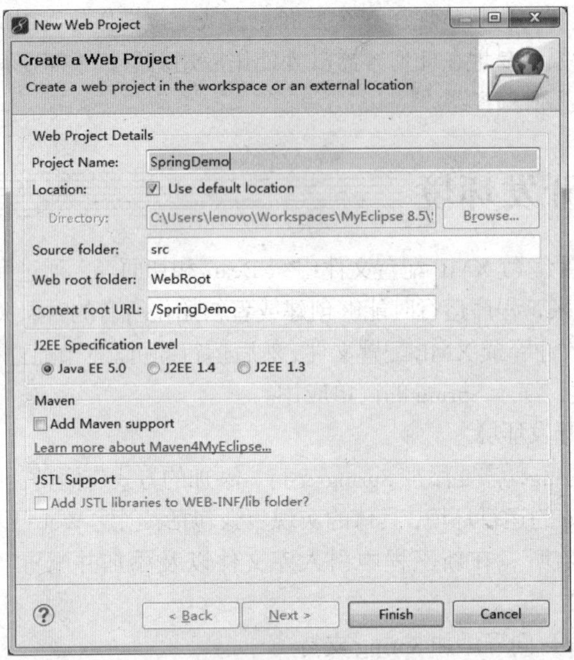

图 9-3　创建新的 Web 项目

STEP 4 在包资源管理器中右击项目名，在弹出的快捷菜单中选择 MyEclipse→Add Spring Capabilities 命令，如图 9-4 所示，打开添加 Spring 资源的对话框。

STEP 5 在添加 Spring 资源的对话框中，选择 Spring 2.5 单选按钮，勾选 5 个包，分别为 Spring 2.5 AOP Libraries、Spring 2.5 Core Libraries、Spring 2.5 Persistence Core Libraries、Spring 2.5 Persistence JDBC Libraries 和 Spring 2.5 Web Libraries。选择 Copy checked Library contents to project folder (TLDs always copied)单选按钮，如图 9-5 所示。这样，Spring 的 jar 包被添加到项目的 WebRoot/WEB-INF/lib 目录下。根据实际应用的不同，需要引入的库文件也是不同的，如果是基本的 Spring 应用，

只需引入 Spring.jar 和 commons-logging.jar 即可。

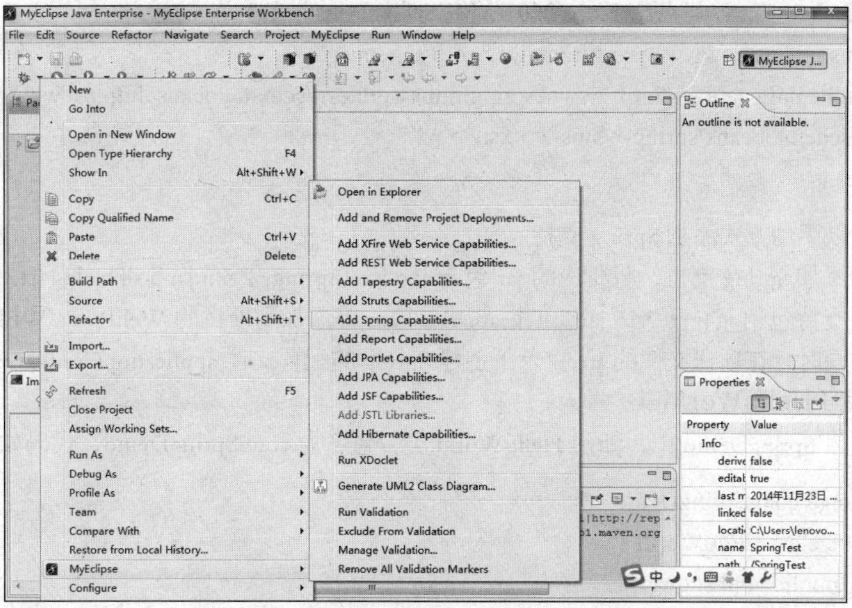

图 9-4 选择 Add Spring Capabilities 命令

STEP 6 单击 Next 按钮，弹出图 9-6 所示对话框，单击 Finish 按钮。

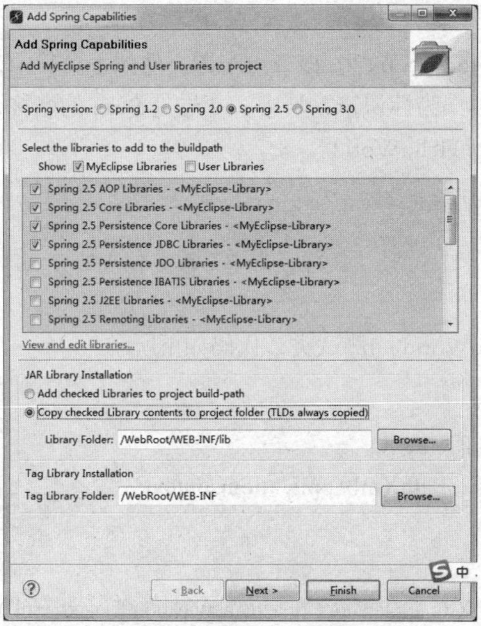

图 9-5 添加 Spring 资源

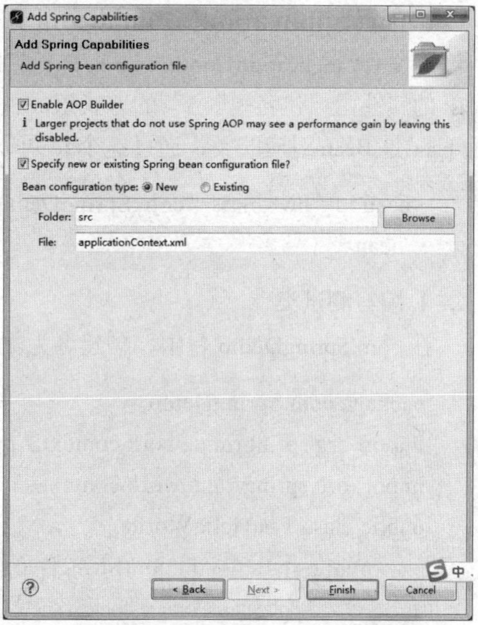

图 9-6 添加 Spring bean 配置文件

完成 Spring 文件的添加后，向导在 src 目录中新建了 Spring 的配置文件 applicationContext.xml，其初始代码如下所示。

```
<?xml version="1.0" encoding="UTF-8"?>
<beans
```

```
        xmlns="http://www.springframework.org/schema/beans"
    xmlns:xsi="http://www.w3.org/2001/XMLSchema-instance"
    xmlns:p="http://www.springframework.org/schema/p"
    xsi:schemaLocation="http://www.springframework.org/schema/beans http://www.springframe
work.org/schema/beans/spring-beans-2.5.xsd">
    </beans>
```

（2）以手动方式添加 Spring 支持

手动添加 Spring 支持，将相应的 jar 包 spring.jar、spring-2.5.5.jar、slf4j-log4j12-1.5.0jar、slf4j log4j 支持包、log4j-1.2.15.jar、slf4j-api-1.5.0.jar 等添加到项目的 WebRoot/WEB-INF/lib 目录下。同时，在项目文件的 src 目录下创建 Spring 的配置文件 applicationContext.xml。

2. 编写 HelloWorld 类

在项目 SpringDemo 中，新建 HelloWorld 类，包名为 com.SpringDemo，代码如下所示。

```
package com.SpringDemo;
public class HelloWorld {
    public void show(){
        System.out.println("欢迎 Spring！ ");
    }
}
```

3. 配置 applicationContext. xml 文件

在文件 applicationContext.xml 中，添加一个<bean>节点，该节点配置文件如下。其中，class 的属性由“包名+类名”的方式组成，而 id 则作为标识符，其中，id 号是 Bean 的名称，而 class 是 Bean 对应的类，通过这个 id 可以映射到 HelloWorld。

```
<bean id="hw" class="com.SpringDemo.HelloWorld">
</bean>
```

4. 编写测试类

在 com.SpringDemo 包中，创建名为 TestHelloWorld 的测试类，代码如下所示。

```
package com.SpringDemo;
import org.springframework.context.ApplicationContext;
import org.springframework.context.support.ClassPathXmlApplicationContext;
public class TestHelloWorld {
    public static void main(String[] args){
        ApplicationContext context=new ClassPathXmlApplicationContext("applicationContext. xml");
        HelloWorld hw=(HelloWorld)context.getBean("hw");
        hw.show();
    }
}
```

运行成功后，控制台输出结果如图 9-7 所示。

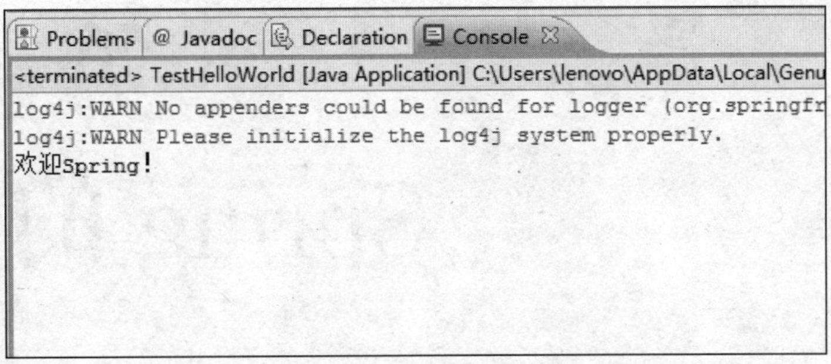

图 9-7 控制台输出结果

9.5 本章小结

本章介绍了 Spring 的基本概念、特性、发展历史及主要功能，详细描述了 Spring 的系统架构，它使用分层结构设计，各个功能模块可以独立装载，随后介绍了主要技术特性，最后通过实例演示了 Spring 的使用。

9.6 课内实训

【课内实训 1】新建 Web 项目，导入 Spring jar 包，添加配置文件，完成 Spring 框架的配置。配置基本 Bean，在控制台输出信息“欢迎××！”。

【课内实训 2】自建数据库，新建数据表。建立数据处理 Java 类，完成使用 Spring 连接数据库的测试。

9.7 实训题

【实训 1】新建 Web 项目，使用 Spring 作为容器构建 MVC 框架，完成用户登录模块。基于数据库 User 表，若登录成功，则显示“登录成功”，否则，显示“登录失败”。

PART 10 第 10 章 Spring 的用法

教学要求

- 掌握：控制反转技术，Struts、Spring 和 Hibernate 的整合
- 理解：依赖注入的思想
- 了解：面向切面编程 AOP

10.1 控制反转的实现

Spring 是一个轻量级的控制反转（Inversion of Control，IoC）和面向切面 AOP 的容器框架。控制反转是 Spring 的核心技术，通过规范的方式，将各种不同的控件整合成一个完整的应用，而面向切面编程是对 OOP 的一种补充，可以将重复性的代码分离。S2SH，作为目前流行的编程模式，是将 Struts、Hibernate 和 Spring 进行整合后的效果。

Spring 作为一个轻量级框架，通过 IoC 容器统一管理各组件之间的依赖关系，降低组件之间耦合的紧密程度，它是 Spring 框架的核心。

10.1.1 什么是 IoC

IoC 是一种设计模式，主要关注组件的依赖性、配置及组件的生命周期。传统意义上，应用程序需要调用某个类时，必须自己创建一个调用类的对象实例，但使用 IoC 以后，被调用者的实例由 Spring 容器或框架完成，应用程序直接使用容器或框架创建的对象即可。假设 Jone 和另外一个作家都写历史小说，代码如下。

```
public class HistoryNovel {
    public void write(){
        Jone jone=new Jone();
        jone.writeNovel("康熙王朝！");
    }
}
```

上述代码中，直接调用 Jone 对象来完成写小说这一事件，因此，写小说和 Jone 耦合度很高。如果对象 Jone 无法成功运行，写小说的事件将无法执行。将程序做如下修改。

```
public class HistoryNovel {
    public void write(){
        Writer writer=new Jone();
        writer.writeNovel("康熙王朝！");
        }
    }
}
```

上述代码中，引入了接口 Writer，让具体对象实现这个接口的方法，并通过此接口完成写小说这一事件，即使对象 Jone 无法完成写小说事件，还可以通过其他对象完成。但该实例中，如果想要完成 write 方法，还是依赖于接口 Jone 和类 Writer，如果这些由 Editor 完成，则他只需要告诉 Jone 具体的细节，即可完成 Write 事件。加入 Editor 后，整个事件执行过程中的调用由 Editor 统一完成，因此，Editor 实现的功能，相当于容器或者框架实现的技术。

在控制反转中，所谓的控制是对象应该调用具体类的控制权，即负责写的控制权，而控制反转则指控制权由调用对象转移到容器或框架中，即由 WriteNovel 转移到 Editor。使用 IoC 后，对象将会被动地接受它所依赖的类。

10.1.2　Spring 框架中的依赖注入技术

控制反转也可以叫作依赖注入（Dependency Injection，DI），两者含义相同，容器创建对象实例后，注入调用者，调用者便获得了被调用者的实例，称为依赖注入。Spring 中的依赖注入是框架用于连接各个应用程序的一项技术，框架负责将应用程序中的各种相互依赖进行连接起来，并从应用程序代码中完成连接逻辑和对象创建。下面将通过实例介绍 Spring 中的依赖注入技术。

1. 采用传统方法

新建工程 Demo,加入 Spring 的框架支持后，创建类，各个类的代码如下所示。

Speech 类的代码如下所示。

```
package com.Demo;
public class Speech {
    private String message;
    public String getMessage() {
        return message;
    }
    public void setMessage(String message) {
        this.message = message;
    }
    public void write(){
        System.out.println("今天"+getMessage());
    }
}
```

Manager 类的代码如下所示。

```
package com.Demo;
public class Manager {
    private String message;
    private Speech talk;
    public String getMessage() {
        return message;
    }
    public void setMessage(String message) {
        this.message = message;
    }
    public Speech getTalk() {
        return talk;
    }
    public void setTalk(Speech talk) {
        this.talk = talk;
    }
    public void Manuscript(){
        System.out.println("大家好"+getMessage());
        getTalk().write();
    }
}
```

Test 类的代码如下所示。

```
package com.Demo;
public class Test {
    /**
     * @param args
     */
    public static void main(String[] args) {
        // TODO Auto-generated method stub
        Speech talk=new Speech();
        talk.setMessage("今天天气很好！");
        Manager manager=new Manager();
        manager.setMessage("感谢您的到来！");
        manager.setTalk(talk);
        manager.Manuscript();
    }
}
```

程序执行结果如图 10-1 所示。

图 10-1　程序执行结果

2. 采用 Spring 技术

新建工程 iocDemo，将上述 Manager 类和 Speech 类复制到对应的包中，双击 applicationContext.xml 打开对应的编辑器，右击并在弹出的快捷菜单中选择 Spring→New Bean 命令，启动图 10-2 所示的新建 Bean 的向导，Bean 的属性设置如图 10-3 所示。

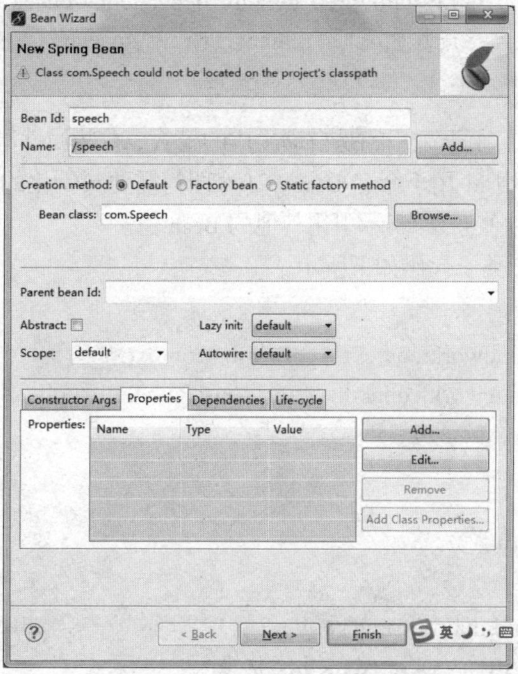

图 10-2　新建 Bean 的向导

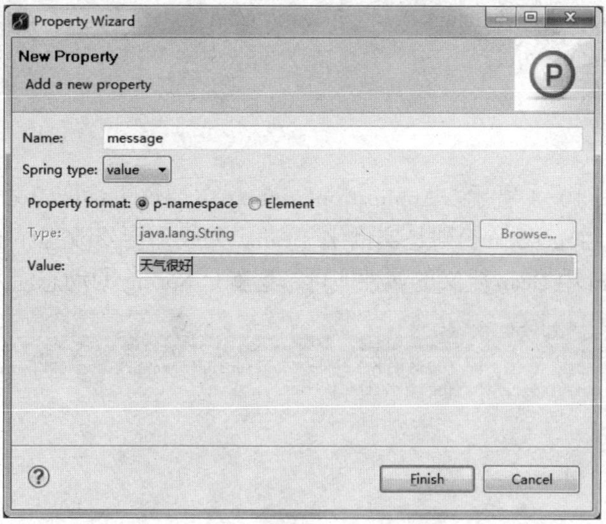

图 10-3　设置 Bean 的属性

以同样的方法，设置 Manager 类的 Bean。

（1）在 Bean ID 文本框中输入“man”，在“Name”文本框中输入“/man”，在 Bean class 文本框中输入定义的类“com.Manager”。添加第一个属性，Name 为 message，Type 为 Value，Value 为“感谢您的光临”；添加第二个属性，Name 为 talk，Type 为 ref，Reference 为 speech。

```
<bean id="speech" name="/speech" class="com.Speech" abstract="false"
    lazy-init="default" autowire="default" dependency-check="default"
    p:message="今天天气很好">
</bean>
<bean id="man" name="/pre" class="com.Manager" abstract="false"
    lazy-init="default" autowire="default" dependency-check="default"
    p:message="感谢您的光临" p:manager-ref="speech">
</bean></beans>
```

对于上述 Bean 文件，由于采用的是自动生成的模式，有些属性是多余的，Bean 必须设置的属性是 id 和 class，其中 id 用于命名 Bean，class 即为需要实例化的类。属性值<value>表示直接引用对应的值，属性值<ref>表示引用其他的 Bean 值。

（2）编写 SpringTest 类，代码如下所示。

```
package com;
import org.springframework.context.ApplicationContext;
import org.springframework.context.support.ClassPathXmlApplicationContext;
import com.Manager.Manager;
public class SpringTest {
    /**
     * @param args
     */
    public static void main(String[] args) {
        // TODO Auto-generated method stub
    ApplicationContext ctx=new ClassPathXmlApplicationContext("applicationContext.xml");
    Manager manager=(Manager)ctx.getBean("Man");
    manager.Manuscript();
    }
}
```

其运行结果如图 10-4 所示。ApplicationContext 主要负责读取 Bean 的定义文档，维护 Bean 之间的关系，而 getBean()则是实例化 Bean。如果需要修改程序的输出，只需要修改 applicationContext.xml 中 Bean 定义的属性即可，这就是 Spring 的动态注入。

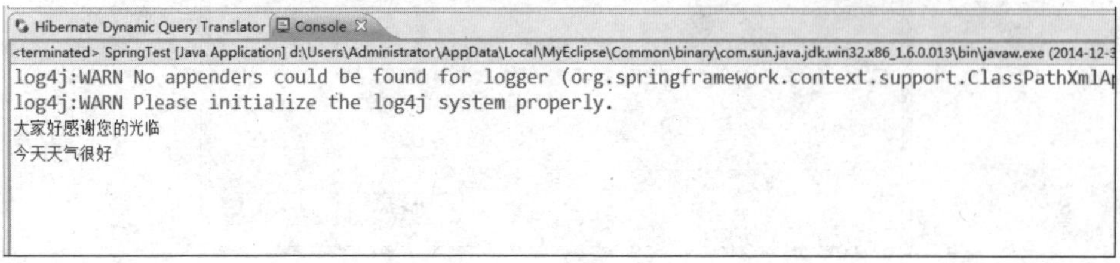

图 10-4 运行结果

10.1.3 依赖注入的形式

依赖注入让容器全权负责依赖，受控对象只需要暴露属性和带参数的构造函数，在初始化对象时就可以设置对象间的依赖关系，它是最适合实现 IoC 容器的策略。Spring 依赖注入一般有 3 种方式，分别为属性 setter 方法注入、构造器注入和接口注入。注入依赖对象可以采用手动装配或自动装配。

创建项目 DiDemo，分别创建接口 UserInfo.java、接口实现类 UserInfoImpl.java 以及测试类 Test.java，不同的注入方式，处理类 UserInfoAction.java 和 applicationContext.xml 有所区别。

接口 UserInfo.java 的代码如下。

```
package com.spring.di;
public interface UserInfo {
      public String getName();
}
```

接口实现类 UserInfoImpl.java 的代码如下。

```
package com.spring.diImpl;
public class UserInfoImpl {
      public String getName(){
            return "John";
      }
}
```

测试类 Test.java 的代码如下。

```
package com.spring.di;
import org.springframework.context.ApplicationContext;
import org.springframework.context.support.FileSystemXmlApplicationContext;
public class Test {
      /**
       * @param args
       */
      public static void main(String[] args) {
            // TODO Auto-generated method stub
            //得到 ApplicationContext 对象
      FileSystemXmlApplicationContext   ctx=new   FileSystemXmlApplicationContext("application
Context. xml");
      //得到 Bean
      UserInfoAction userAction=(UserInfoAction)ctx.getBean("userAction");
      userAction.execute();
      }
}
```

1. 属性 setter 方法注入

处理类 UserInfoAction.java 的代码如下。

```
package com.spring.di;
public class UserInfoAction {
	private UserInfo userInfo;
	public UserInfo getUserInfo() {
		return userInfo;
	}
	public void setUserInfo(UserInfo userInfo) {
		this.userInfo = userInfo;
	}
	public void execute(){
		String name=userInfo.getName();
		System.out.println("my name is"+name);
	}
}
```

在上述代码中，定义了 UserInfo 类型的变量 userInfo，为该变量添加对应的 get/set 方法，对应的 applictionContext.xml 配置文件如下。

```
<bean id="userInfo" class="com.spring.diImpl.UserInfoImpl">
</bean>
<bean id="userInfoAction" class="com.spring.di.UserInfoAction">
<property name="userInfo"    ref="userInfo"></property>
</bean>
```

setter 方法注入是通过调用 setter 方法将一个对象注入进去，通过<property>元素中的属性 name 表示要设置的属性名称，其值可以用 Value 属性直接设置、<value>子元素设置或者<ref>子元素指向另一个<bean>。

2. 构造器注入

构造器注入是通过一个带参数的构造方法将一个对象注入进来。采用构造器注入，使用 UserInfoAction 的构造方法实现依赖注入，对应的 UserInfoAction.java 代码如下。

```
package com.spring.di;
public class UserInfoAction {
private UserInfo userInfo;
public    UserInfoAction(UserInfo userInfo){
	this.userInfo=userInfo;
}
public void execute(){
	String name=userInfo.getName();
```

```
        System.out.println("my name is"+name);
    }
    }
```

applictionContext.xml 配置文件的代码如下。

```
<bean id="userInfo" class="com.spring.diImpl.UserInfoImpl">
</bean>
<bean id="userInfoAction" class="com.spring.di.UserInfoAction">
<constructor-arg index="0" ref="userInfo"></constructor-arg>
</bean>
```

使用构造注入时，在对应的配置文件中，使用 constructor-arg 子标签指定构造函数的参数，index 属性用来表示构造方法中参数的顺序，若有多个参数，则按 0、1…的顺序依次进行配置。

3. 接口注入

接口注入是将要注入的内容置入到一个接口中，然后将其注入到其他的实现类中。实现接口的类必须实现接口定义的所有方法，当实现该接口时，就可以实现注入，对应的 UserInfoAction.java 代码如下。

```
package com.spring.di;
public class UserInfoAction {
private UserInfo userInfo;
public void execute(){
    try{
        Object obj=Class.forName("com.spring.diImpl").newInstance();
        userInfo=(UserInfo)obj;
        String name=userInfo.getName();
    System.out.println("my name is"+name);
    }catch(Exception e){
    e.printStackTrace();
    }
}
}
```

对应的 applicationContext.xml 配置文件如下。

```
<bean id="userInfo" class="com.spring.diImpl.UserInfoImpl">
</bean>
<bean id="userInfoAction" class="com.spring.di.UserInfoAction">
</bean>
```

Spring 的依赖注入，就是让容器来实例化类，通过依赖注入为容器提供接口，接口即为注入方式。接口注入不常用。

10.1.4 Bean 与 Spring 容器

Spring 的实现是通过 XML 来管理 Bean，Bean 是容器管理的一个基本单位，它可以是标准的 JavaBean，但大多数情况下，它是一些数据源或任何一个 Java 对象。

1. Spring 的 Bean

Spring 通过 BeanFactory 的容器对所有的 Bean 进行管理，它的原型是一个接口，实现了工厂模式。BeanFactory，作为核心容器，负责组件生成和装配，读取 Bean 定义，管理对象的载入、生成以及对象之间的关系维护，负责 Bean 的生命周期，它提供最基本的功能。如果需要用到 Spring 框架上的功能，则使用其子接口 ApplicationContext，它提供了更完整的框架功能，常用的实现类是 org.springframework.context.ApplicationContext。BeanFactory 包含的基本方法如下。

- public Boolean containsBean(String name)：判断 Spring 容器是否包含 id 为 name 的 Bean 定义。
- public Object getBean(String name)：返回容器 id 为 name 的 Bean。
- public Object getBean(String name, Class requiredType)：返回容器中 id 为 name，并且类型为 requiredType 的 Bean。
- public Class getType(String name)：返回容器中 id 为 name 的 Bean 类型。

（1）Bean 的基本配置

在配置文件中装配一个基本的 Bean，其格式如下。

```
<bean id="user" class="com.User">
</bean>
```

在上述代码中，id 即为 Bean 的名称，class 为 Bean 对应的类，两者不能省略。当在配置文件中指定这两个属性以后，当用到 id 为 user 的 Bean 时，IoC 容器会根据配置内容实例化一个 com.User 的对象。

（2）Bean 的属性

在 Bean 的基本配置上，可以通过<property>为组件 Bean 添加属性。该属性可以是变量、集合或者是其他 Bean 的引用。

- 变量，为 Bean 添加一个变量属性，代码如下所示。

```
<bean id="user" class="com.User">
    <property name= "name">
        <value>lilei</value>
    </propety>
</bean>
```

- list 和 set，两者属性的格式相同，以 list 为例，代码如下。

```
<bean id="user" class="com.User">
    <property name= "name">
        <list>
        <value>lilei</value>
        <value>John</value>
```

```
        <value>Annie</value>
        </list>
    </propety>
</bean>
```

- Map，在添加该属性时，必须声明主键及对应数值，代码如下。

```
<bean id="user" class="com.User">
    <property name= "name">
        <map>
        <entry>
            <key><value>prename</value></key>
            <value>linda</value>
        </entry>
        <entry>
            <key><value>familyname</value></key>
            <value>Rain</value>
        </entry>
        </map>
    </propety>
</bean>
```

- 引用其他的 Bean，多数情况下，Bean 之间要发生关联，如果要用到 Bean 的其他 Bean，则通过<property>的<ref>完成。

```
<bean id="manager" class="com.Manager">
<bean id="user" class="com.User">
    <property name= "manager">
        <ref bean="manager"/ >
    </propety>
</bean>
```

Bean 在 Spring 的容器中有两种基本类型：singleton 和 prototype（单例和原型），默认使用单例类型。若请求为原型，则 Spring 会新建一个 Bean 实例，然后返回给程序。通常，Web 应用的控制器 Bean 配置为该类型，该类型创建和销毁代价相对大一些，而单例类型的 Bean 实例成功后，可重复使用。在 Spring2.x 的版本后，通过 Bean 的属性 scope 设置。

```
<bean name="resInfo" class="test.ResInfo" scope="prototype"/>
</bean>
<bean name="userInfo" class="test.UserInfo">
    <property name="ri1" ref="resInfo"/>
    <property name="ri2">
```

```
        <bean class="test.ResInfo"/>
        </bean>
        </property>
        </property>
</bean>
```

通过 BeanFactory 的 getBean 方法可以实例化一个 Bean。实例化 Bean 的代码如下。

```
ApplicationContext ctx=new ClassPathXmlApplicationContext("applicationContext.xml");
   Hello hello=(Hello)ctx.getBean("hello");
```

2. 实例化 Bean

创建 Bean 的实例通常有以下 3 种方法。

- 通过构造器创建一个 Bean 实例。
- 通过关键字 new 创建 Bean 实例。
- 通过 BeanFactory 调用某个类的静态工厂方法创建 Bean。

下面将使用静态工厂方法实例化 Bean，创建项目 beanDemo。

（1）新建接口

```
package com.beanDemo;
public interface Vegetables {
      void plant();
      void grow();
      void harvest();
}
```

（2）新建实现接口的类

定义类 Cabbage 和 Tomato，实现接口 Vegetables，并定义类 Farmer，实现前面的类。类 Cabbage 的代码如下。

```
package com.beanDemo;
public class Cabbage implements Vegetables{
      private boolean seedless;
      public boolean isSeedless() {
            return seedless;
      }
      public void setSeedless(boolean seedless) {
            this.seedless = seedless;
      }
      public void plant(){
            System.out.println("白菜已经种了");
      }
      public void grow(){
            System.out.println("白菜正在成长中");
```

```
    }
    public void harvest(){
        System.out.println("白菜已经丰收了");
    }
}
```

类 Tomato 的代码如下。

```
package com.beanDemo;
public class Tomato implements Vegetables{
    public void plant(){
        System.out.println("土豆已经种了");
    }
    public void grow(){
        System.out.println("土豆正在成长中");
    }
    public void harvest(){
        System.out.println("土豆已经丰收了");
    }
}
```

类 Farmer 的代码如下。

```
package com.beanDemo;
import java.util.prefs.BackingStoreException;
public class Farmer {
public static Vegetables factory(String name) throws BackingStoreException{
    if(name.equalsIgnoreCase("tomato")){
        return new Tomato();
    }
    if(name.equalsIgnoreCase("cabbage")){
        return new Cabbage();
    }
    else
        throw new BackingStoreException("Bad request");
    }
}
```

在 Farmer 类中，提供了一个静态工厂方法，该方法创建所需要用到的对象，若对象不存在，系统则抛出异常。

（3）配置文件

Spring 通过配置文件 applicationContext.xml 配置 Bean，将一个 Bean 注册到 Spring 环境中，并由 Spring 容器管理，在 factory-method 中指出了方法 factory，因此，需要通过<constructor-

arg>注入参数，配置文件代码如下所示。

```
<description>Spring Quick Start</description>
<!-- 配置静态工厂 Bean -->
<bean id="hello"  class="com.beanDemo.Farmer "  factory-method="factory">
<!-- 配置参数 -->
<constructor-arg> <value>Tomato</value> </constructor-arg>
</bean>
```

（4）测试

在 index.jsp 中进行测试，代码如下所示。

```
<%@ page language="java" import="java.util.*" pageEncoding="ISO-8859-1"%>
<%@page import="com.beanDemo.Vegetables" %>
<%@page import="org.springframework.context.support.ClassPathXmlApplicationContext"%>
<%
String path = request.getContextPath();
String basePath = request.getScheme()+"://"+request.getServerName()+":"+request. getServer
Port()+path+"/";
%>
<!DOCTYPE HTML PUBLIC "-//W3C//DTD HTML 4.01 Transitional//EN">
<html>
    <head>
    <base href="<%=basePath%>">
        <title>My JSP 'index.jsp' starting page</title>
        <meta http-equiv="pragma" content="no-cache">
        <meta http-equiv="cache-control" content="no-cache">
        <meta http-equiv="expires" content="0">
        <meta http-equiv="keywords" content="keyword1,keyword2,keyword3">
        <meta http-equiv="description" content="This is my page">
    <!--
    <link rel="stylesheet" type="text/css" href="styles.css">
    -->
    </head>
    <body>
    <%
    ClassPathXmlApplicationContext  ctx=new  ClassPathXmlApplicationContext("application
Context. xml");
    Vegetables vegetables=(Vegetables)ctx.getBean("hello");
    vegetables.plant();
    vegetables.grow();
    vegetables.harvest();
```

```
    %>
    </body>
</html>
```

部署工程，启动服务器，在地址栏中输入地址“http://localhost:8080/beanDemo/index.jsp”，在控制台将可以看到图 10-5 的显示效果。

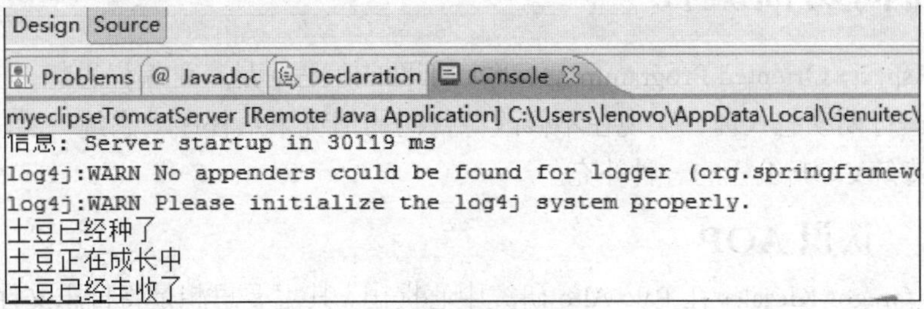

图 10-5 运行结果

通过上面的例子，可以了解到静态工厂方法，即返回类的一个实例的静态方法。它的优势在于：

- 静态方法具有名字。
- 每次调用不需要必须创建新对象。
- 可以返回一个原返回类型的对象。

（5）使用实例工厂方法实例化 Bean

实例工厂方法必须提供工厂实例，因此必须配置工厂实例。由于 BeanFactory 不再直接实例化该 Bean，仅仅执行工厂中的方法，而 Bean 元素不需要 Class 属性，类 Farmer 的代码如下。

```
……
public    Vegetables factory(String name) throws Badrequest{
        if(name.equalsIgnoreCase("tomato")){
            return new Tomato();
        }
……
```

Spring 中配置文件的代码如下。

```
<description>Spring Quick Start</description>
<!-- 配置非静态工厂 Bean --!>
<bean id="Farmer"    class="Farmer"></bean>
<!--factory-bean 必须是一个已经存在了的 Bean—->
<bean id="hello" factory-bean="Farmer" factory-method="factory"
<!--配置参数--!>
<constructor-arg> <value>Tomato</value> </constructor-arg>
</bean>
```

其他代码不变，在实例工厂的 XML 配置文件中，与平时 Bean 的配置相同，但在配置 hello 时，class 属性必须为空，需要通过 factory-bean 制定前面已经配置好的 Bean 的 id。

实例工厂方法和静态工厂方法用法相似，区别在于：

- 调用实例工厂方法创建 Bean 时，必须将实例工厂配置成实例。
- 调用实例工厂方法创建 Bean 时，必须使用 factory-bean 确定工厂 Bean，而静态工厂方法则使用 class 元素确定静态工厂类。

10.2 面向切面编程

AOP（Aspect-Oriented Programming，面向切面的编程）是一种编程思想，它可以通过预编译方式和运行期动态代理，实现在不修改源代码的情况下给程序动态统一添加功能的一种技术，是对传统 OOP 编程的一种补充。

10.2.1 认识 AOP

AOP 由 Gregor Kiczales 在 Palo Alto 研究中心提出，其主要思想是将日志文件、性能统计、安全控制、事务处理、异常处理等代码从业务逻辑中分离出来，将它们独立到非指导业务逻辑的方法中，避免了对业务逻辑代码的干扰。

在传统的面向对象编程中，总是按照特定的执行顺序实现业务流程，各步骤间相互衔接，若出现异常，需要处理后才能执行下一步的操作，利用 OOP 可以很好地处理业务流程，但对于重复性行为则无法独立处理。采用 AOP 的编程理念后，在处理业务流程时，将程序的预处理和后处理交给某个拦截器完成，而重复性行为，如数据库的日志文件，则交给一个特定的日志记录模块去处理，这样简化了业务流程，模块间的分工更加明确。

在使用 AOP 时，涉及的常用术语如下。

1. 关注点（Concern）

关注点是要考察或解决的问题，关注点中的核心关注点，是指系统中的核心功能，而横切关注点，则是跨越多个模块解决同一问题，如日志文件、用户验证等。在 AOP 的编程思想中，可以把系统视为多个关注点的有机组成。

2. 切面（Aspect）

切面是对交叉业务逻辑的统称，是一个关注点的模块化，可能会横切多个对象和模块。在实际应用中通常是存放方面实现的普通 Java 类，要被识别为切面，需要在配置中通过<bean>指定。

3. 连接点（Join Point）

连接点指切面可以织入到目标对象的位置（方法、属性等），能被方法调用，也可以添加新的方法。对于 Spring 2.0 而言，连接点只能是方法，只有被纳入某个 CutPoint 的连接点才有可能被通知。

4. 切入点（Pointcut）

切入点指通知应用到哪些类的哪些方法或属性之上的规则，指一个或多个连接点，可以理解成连接点的集合。通知是通过切入点来连接和介入连接点的。

5. 通知（Advice）

通知是切面的具体实现，根据通知织入到业务代码时执行的时间，可分为前置通知、后置通知、异常通知、环绕通知和最终通知五种，具体须在配置中指定。

6. 引入（Introduction）

引入是指动态地给一个对象增加方法或属性的一种特殊的通知，给一个现有类添加方法或字段属性，还可以在不改变现有类代码的情况下，让现有的Java类实现新的接口。

7. 目标对象（Target Object）

将要织入切面的对象，即被通知的对象，只包含核心业务逻辑代码，所有日志、事务、安全验证等方面的功能等待AOP容器的织入。

8. AOP代理（AOP Proxy）

AOP代理是AOP框架创建的对象，将通知应用到目标对象之后，被动态创建的对象，相当于目标对象中实现的核心业务逻辑功能加上方面代码实现的功能。

9. 织入（Weaving）

织入是将切面应用到目标对象，即创建一个新的代理对象的过程。织入有3种方式，即运行时织入、类加载器织入和编译器织入。

10.2.2 AOP实例

新建工程aopDemo，导入Spring文件。

1. 定义目标对象的接口

定义教师接口，并定义添加教师的方法，代码如下所示。

```
package com.aopDemo;
public interface Teacher {
    public void addTeacher(String name);
}
```

2. 定义目标类

建立实现接口的类，实现添加教师的方法，并输出对应的语句，代码如下所示。

```
package com.aopDemo;
public class TeacherImpl    implements Teacher{
    public void addTeacher(String name) {
        // TODO Auto-generated method stub
        System.out.println("欢迎"+name+",成为教师一员！ ");
    }
}
```

3. 前置通知

前置通知是在某连接点之前执行的通知，但不能阻止连接点前的执行，除非抛出异常。建立代理类，添加前置通知，代码如下所示。

```
package com.aopDemo;
import java.lang.reflect.Method;
import org.springframework.aop.MethodBeforeAdvice;
public class BeforeAdvice implements MethodBeforeAdvice{
    public void before(Method method, Object[] args, Object target)throws Throwable{
                            // TODO Auto-generated method stub
        System.out.println("前置通知");
    }
}
```

4. 后置通知

后置通知是在某连接点正常完成后，退出时执行的通知。建立代理类，添加后置通知，代码如下所示。

```
package com.aopDemo;
import java.lang.reflect.Method;
import org.springframework.aop.AfterReturningAdvice;
public    class AfterAdvice implements AfterReturningAdvice{
    public void afterReturning(Object    Value, Method method, Object[] args,
                Object target) throws Throwable {
          // TODO Auto-generated method stub
          System.out.println("后置通知的实现");
    }
}
```

5. 环绕通知

环绕通知是指包围一个连接点的通知，可以在方法调用前后完成自定义的行为，它会选择是否执行连接点或直接返回它们自己的返回值或抛出异常来结束执行，大部分基于拦截的AOP框架，都只提供环绕通知。建立代理类，添加环绕通知，代码如下所示。

```
package com.aopDemo;
import org.aopalliance.intercept.MethodInterceptor;
import org.aopalliance.intercept.MethodInvocation;
public class CompareIntercetor implements MethodInterceptor{
     public Object invoke(MethodInvocation invocation) throws Throwable {
          // TODO Auto-generated method stub
          Object result= null;
          //Object invocation;
          String teacher_name=invocation.getArguments()[0].toString();
               if(teacher_name.equals("Bruce")){
                    result=invocation.proceed();
               }
               else
                    System.out.println("此教师是"+teacher_name+"，不是 Bruce");
          return result;
     }
}
```

6. 配置文件

在 applicationContext.xml 中，定义了 4 个 Bean 和 1 个监视目标的 Bean，具体监视工作的对象是 ProxyFactoryBean，负责处理监视结果的对象。

```
<bean id="beforeAdvice" class="com.aopDemo.BeforeAdvice"> </bean>
<bean id="afterAdvice" class="com.aopDemo.AfterAdvice"></bean>
```

```
<bean id="compareInterceptor" class="com.aopDemo.CompareIntercetor"></bean>
<bean id="teachertarget" class="com.aopDemo.TeacherImpl"></bean>
<bean id="teacher" class="org.springframework.aop.framework.ProxyFactoryBean">
    <property name="target">
        <ref bean="teachertarget"/>
    </property>
    <property name="interceptorNames">
    <list>
        <value>beforeAdvice</value>
        <value>afterAdvice</value>
        <value>compareInterceptor</value>
    </list>
    </property>
</bean>
```

7. 测试

```
package com.aopDemo;
import org.springframework.context.ApplicationContext;
import org.springframework.context.support.ClassPathXmlApplicationContext;
public class Test {
    /**
     * @param args
     */
    public static void main(String[] args) {
        // TODO Auto-generated method stub
        ApplicationContext ctx=new ClassPathXmlApplicationContext("applicationContext.xml");
        Teacher teacher=(Teacher)ctx.getBean("teacher");
        teacher.addTeacher("Bruce");
    }
}
```

程序运行结果如图 10-6 所示。

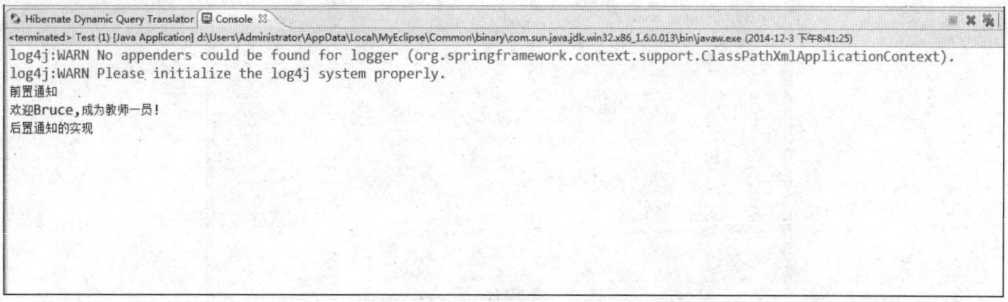

图 10-6　程序运行结果

Spring 的 AOP 实现也可以通过注解（Annotation）方式，通过@Aspect 风格标注开发 AOP，主要是将写在 Spring 配置文件中的连接点写到注解里面。

10.3 Spring 与 Struts 2 的整合

整合 Spring 框架和 Struts 2 框架，可以使用 Spring 框架的 IoC 容器为 Struts 2 框架创建业务控制器和业务逻辑处理组件实例，而不是由 Struts 2 框架自己产生这些组件实例。通过 Spring 框架中的接口编程，客户端通过 BeanFactory 提供方法的接口，后台不需要了解具体的实现，Struts 封装了表示层，Spring 方便调度。

1. 添加 Struts 2 框架

STEP 1 创建 Web 项目 s2shDemo 1，使用 MyEclipse 向导添加 Struts 2 框架，右击项目名，在弹出的快捷菜单中选择 MyEclipse→Add Struts Capabilities 命令，如图 10-7 所示。选择版本 2.1，打开图 10-8 所示的对话框，按图 10-8 所示选择，表示 Struts 将拦截所有资源请求。

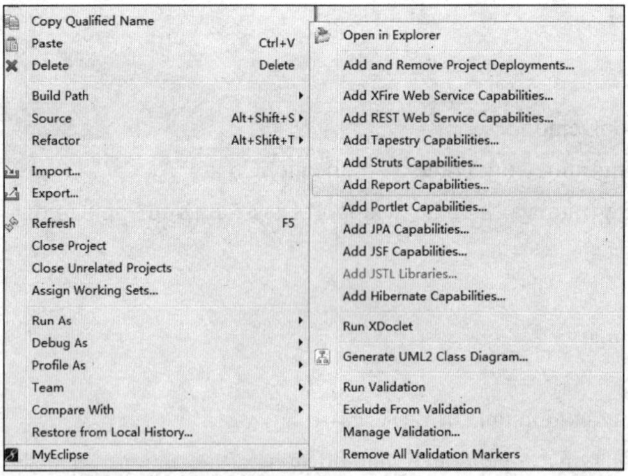

图 10-7 选择 Add Struts Capabilities 命令

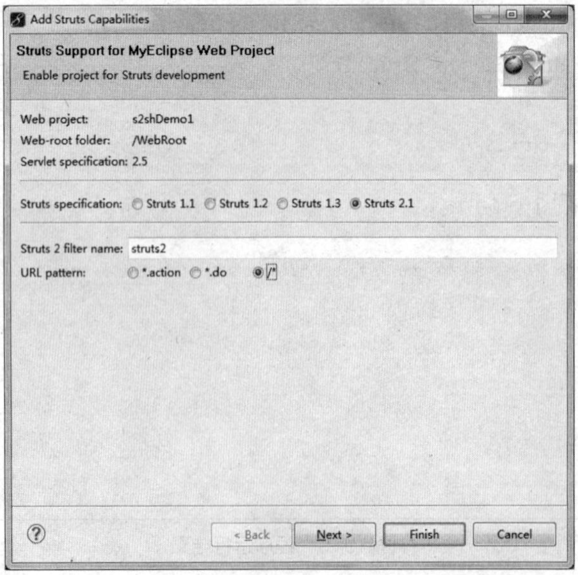

图 10-8 Add Struts Capabilities 对话框

STEP 2 单击 Next 按钮，进入图 10-9 所示的界面，勾选 Struts 2 Core Libraries 和 Struts 2 Spring Libraries，单击 Finish 按钮。

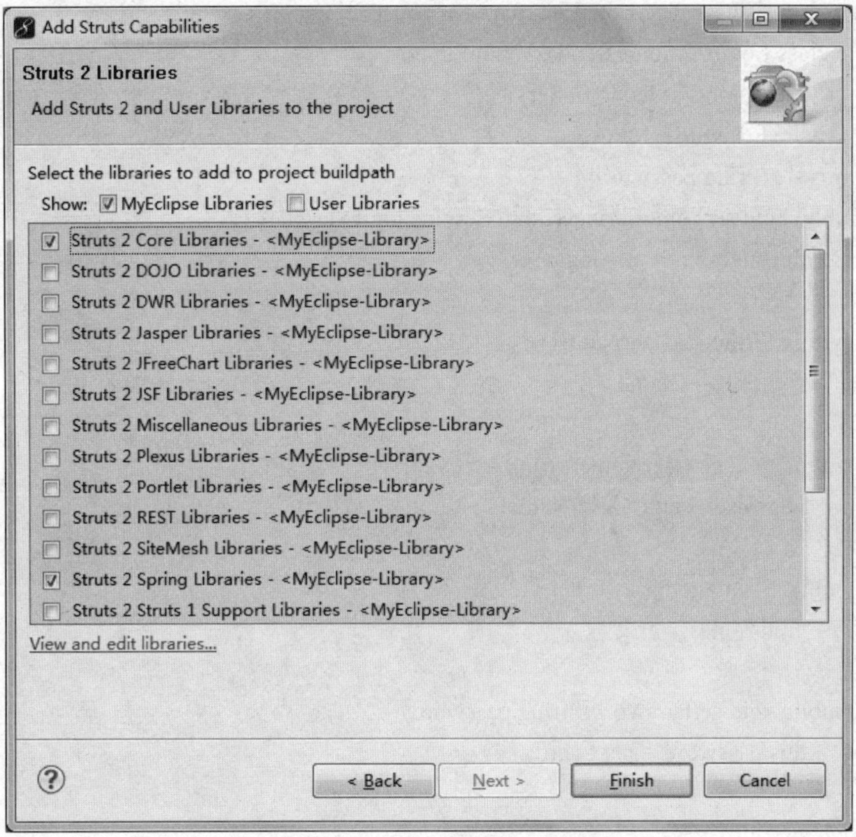

图 10-9 Struts 2 Libraries 界面

也可以采用手动的方式添加 Struts 2 的 jar 包，将 commons-logging-1.0.4.jar、freemarker-2.3.8.jar、ognl-2.6.11.jar、struts2-core-2.0.12.jar、xwork-2.06.jar 及 Spring 的插件复制到项目文件的 WEB-INF/lib 下。

STEP 3 导入 Spring 的 jar 包。

2. 整合 Spring 和 Struts 2

STEP 4 修改 web.xml，让 Web 应用程序启动时自动装载 Spring 容器，代码如下所示。

```
<listener>
<listener-class>org.springframework.web.context.ContextLoaderListener</listener-class>
</listener>
```

STEP 5 在 Struts.xml 中添加如下代码，整合插件。

```
<constant name="struts.objectFactory"
value="org.apache.struts2.spring.StrutsSpringObjectFactory" />
```

3. 编写测试代码

STEP 6 编写 LoginAction.java，代码如下。

```
package com.s2sh.action;
import com.opensymphony.xwork2.ActionSupport;
import com.s2sh.service.LoginService;
public class LoginAction extends ActionSupport {
    private LoginService loginService;
    private String userName;
    private String password;
    public void setLoginService(LoginService loginService) {
        this.loginService = loginService;
    }
    public String getUserName() {
        return userName;
    }
    public void setUserName(String userName) {
        this.userName = userName;
    }
    public String getPassword() {
        return password;
    }
    public void setPassword(String password) {
        this.password = password;
    }
    @Override
    public String execute() throws Exception {
        if(loginService.isLogin(userName, password))
            return SUCCESS;
        else
            return INPUT;
    }
}
```

STEP 7 编写接口 LoginService.java，代码如下所示。

```
package com.s2sh.service;
public interface LoginService {
  boolean isLogin(String userName,String password);
}
```

STEP 8 编写服务实现类 LoginServiceImpl，代码如下所示。

```
package com.s2sh.service.impl;
import com.s2sh.service.LoginService;
```

```
public class LoginServiceImpl implements LoginService {
public boolean isLogin(String userName, String password) {
    if("admin".equals(userName) && "123456".equals(password))
        return true;
    else
        return false;
    }
}
```

STEP 9 创建页面 login.jsp，代码如下所示。

```
<body>
    <s:form action="Login" method="post">
        <s:textfield name="userName" label="userName"></s:textfield>
        <s:password name="password" label="password"></s:password>
        <s:submit label="submit"></s:submit>
    </s:form>
</body>
```

4. 修改相关配置文件

STEP 10 修改 Struts.xml 配置文件，代码如下所示。

```
<package name="struts2" extends="struts-default">
   <action name="Login" class="loginAction">
       <result name="success">/result.jsp</result>
       <result name="input">/login.jsp</result>
    </action>
</package>
```

STEP 11 修改 applicationContext.xml 配置文件，代码如下所示。

```
<bean id="loginService" class="com.s2sh.service.impl.LoginServiceImpl">
</bean>
<bean id="loginAction" class="com.s2sh.action.LoginAction" scope="prototype">
    <property name="loginService">
      <ref bean="loginService"/>
    </property>
</bean>
```

部署项目，启动 Tomcat，进行登录验证，在浏览器地址栏中输入“http://localhost:8080/s2sh/login.jsp”（由于安装目录不同，本机输入的网址为“http://lenovo-pc:8080/s2sh/index.jsp”），弹出图 10-10 所示的登录页面，输入账号和密码，弹出图 10-11 所示的登录成功页面。

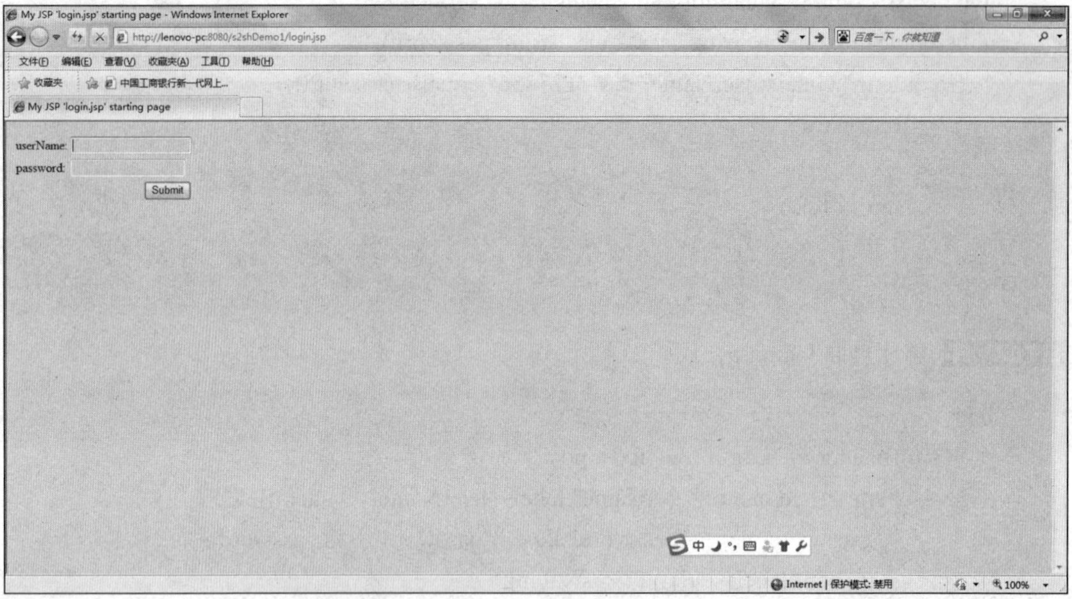

图 10-10　登录页面

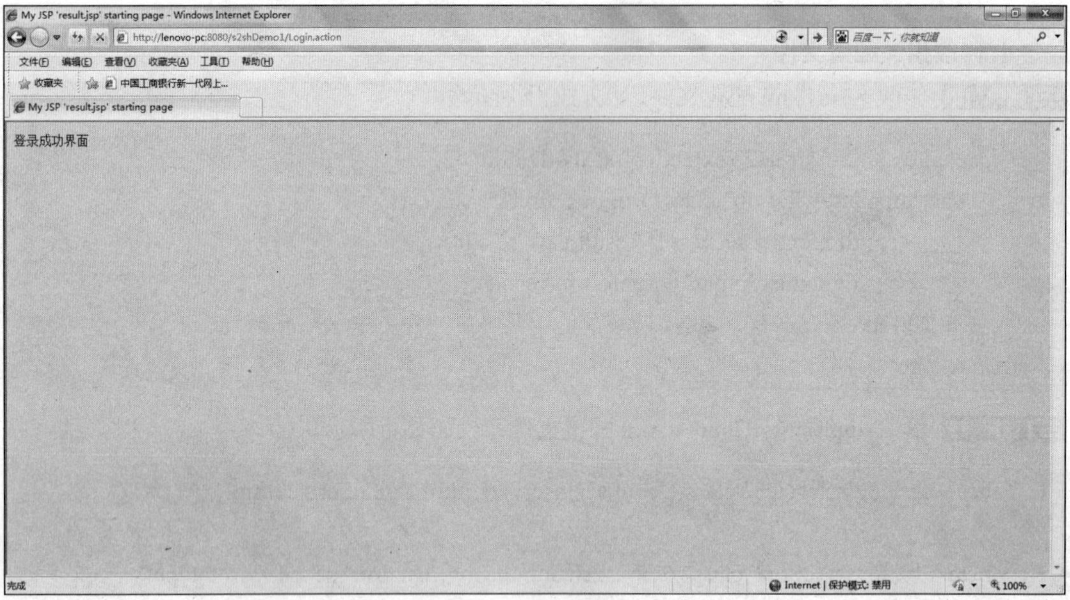

图 10-11　登录成功页面

10.4　Spring 与 Hibernate 的整合

中间层采用流行的 Spring+Hibernate，为了将控制层与业务逻辑层分离，Spring 将 Hibernate 需要用到的数据源 DataSource、Hibernate 的 SessionFactory 实例及事务管理器 HibernateTransactionManager 移交给 Spring 容器管理，同时，也对 Hibernate 进行了封装，提供了统一的模板化操作。

1. 添加 Spring 和 Hibernate 框架

STEP 1 创建 Web 项目 s2shDemo 2，在 MyEclipse 中添加 Spring 框架。

STEP 2 在 MyEclipse 中打开 DB Browser 透视图，右击，选择 New 菜单命令，打开图 10–12 所示的 Database Driver 对话框。其中，在 Driver template 下拉列表框中选择“MySQL Connector/J”，在 Driver name 文本框中输入连接信息名，在 Connection URL 文本框中输入“jdbc:mysql://localhost:3306/empDB”，输入所连接的数据库的账户，添加数据库的 JAR 包。完成后，单击 Test Driver 按钮，测试数据是否连接成功。

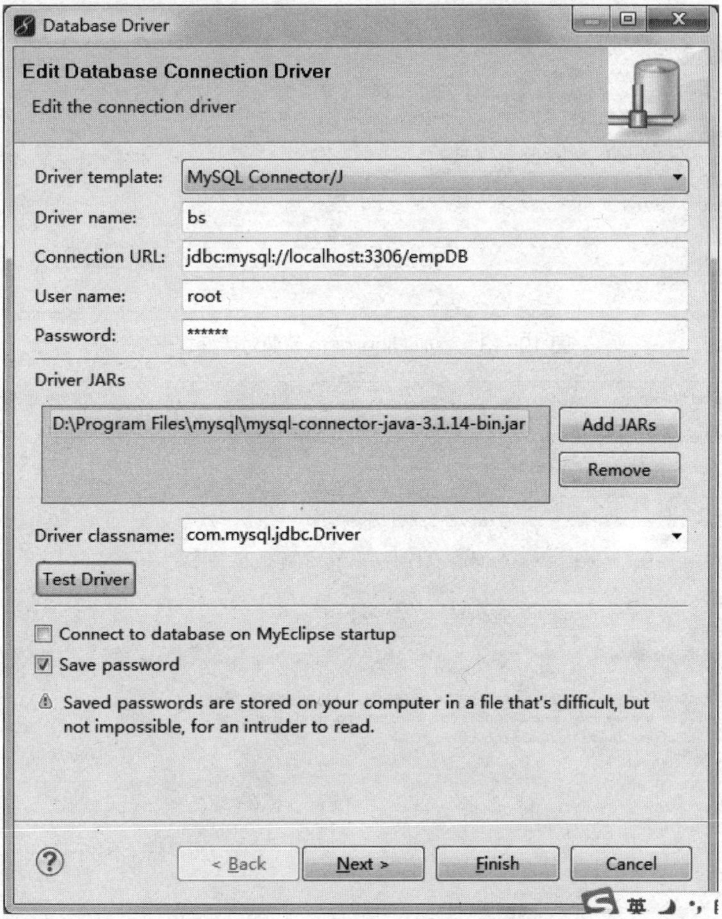

图 10–12　Database Driver 对话框

STEP 3 在 MyEclipse 中，单击 Add Hibernate Capablities，弹出图 10–13 所示对话框，选择 Hibernate 的版本，选中 MyEclipse Libraries 下的所有包，并选中 Copy checked Library Jars to project folder and add to build–path 单选按钮。

STEP 4 单击 Next 按钮，进入图 10–14 所示界面，选择 Spring configuration file(application Context.xml)单选按钮。

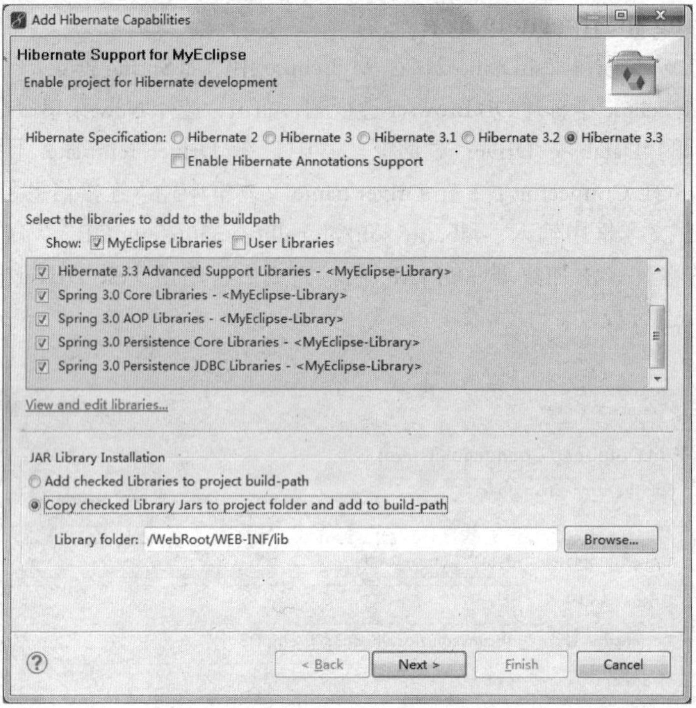

图 10-13 添加 Hibernate 资源对话框之一

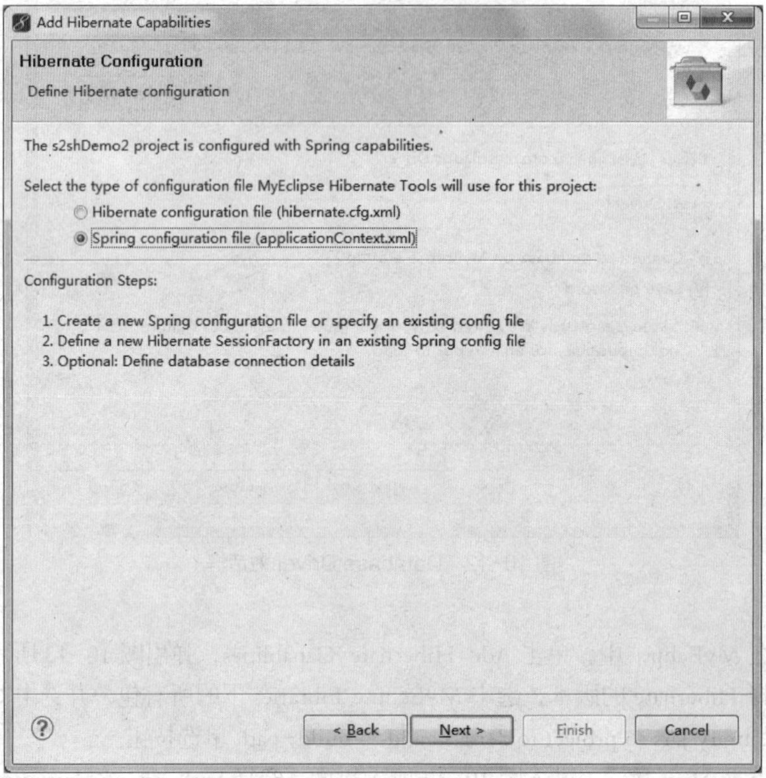

图 10-14 添加 Hibernate 资源对话框之二

STEP 5 单击 Next 按钮，进入图 10-15 所示界面，选择 Existing Spring configuration file 单选按钮。

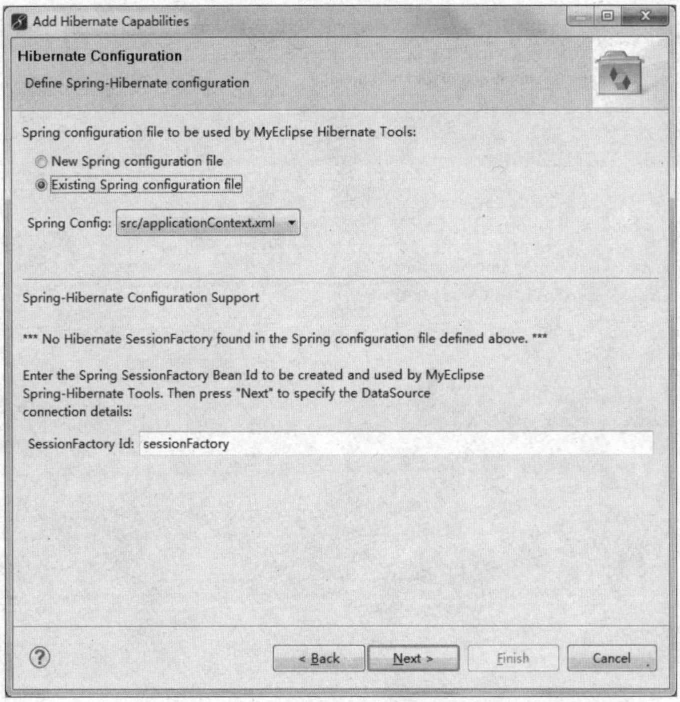

图 10-15　添加 Hibernate 资源对话框之三

STEP 6 单击 Next 按钮，进入图 10-16 所示界面，按照前面配置数据库的信息填写。

图 10-16　添加 Hibernate 资源对话框之四

STEP 7 单击 Next 按钮，进入图 10-17 所示界面，取消选中“Create SessionFactory class? ”复选框。

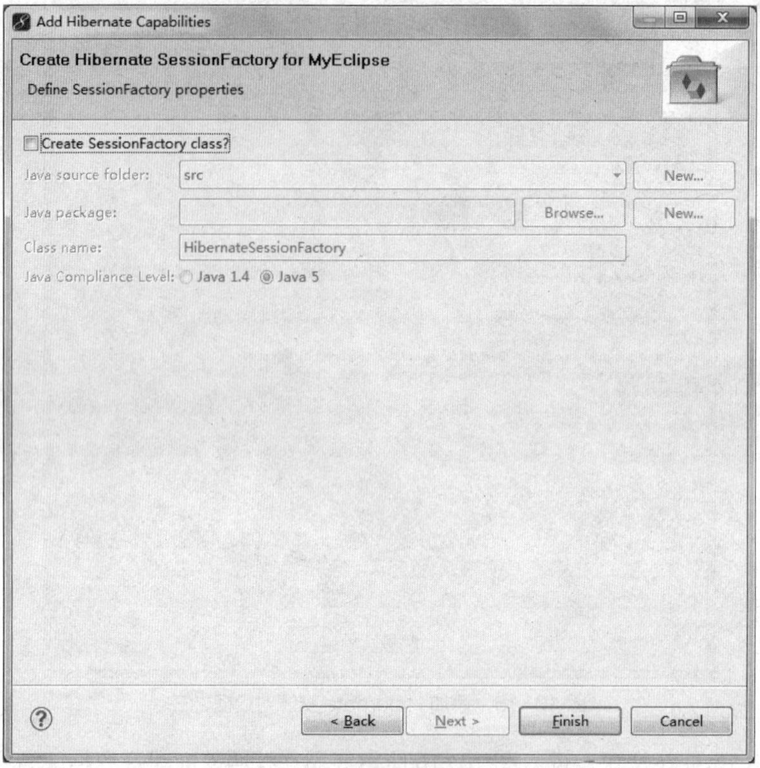

图 10-17　Hibernate 资源对话框之五

完成框架 Spring 和 Hibernate 的添加后，Hibernate 的配置信息将出现在 Spring 的配置文件 applicationContext.xml 中，配置代码如下所示。

```
<bean id="dataSource"
    class="org.apache.commons.dbcp.BasicDataSource">
        <property name="driverClassName"
            value="com.mysql.jdbc.Driver">
        </property>
        <property name="url"
            value="jdbc:mysql://localhost:3306/empDB">
        </property>
        <property name="username" value="root"></property>
        <property name="password" value="123456"></property>
</bean>
<bean id="sessionFactory"
    class="org.springframework.orm.hibernate3.LocalSessionFactoryBean">
        <property name="dataSource">
            <ref bean="dataSource" />
        </property>
        <property name="hibernateProperties">
```

```
            <props>
            <prop key="hibernate.dialect">
                org.hibernate.dialect.MySQLDialect
            </prop>
            </props>
        </property>
    </bean>
```

2. 生成实体类和映射类文件

STEP 8 在项目 s2shDemo2 中创建包 org.com.entity，使用 MyEclipse 生成数据库 empDB 中的数据表 UserInfo、DeptInfo 和 EmpInfo 中对应的实体类和映射文件。

3. 定义数据层、业务层接口

STEP 9 定义数据层 dao 接口，代码如下所示。

```
package org.com.dao;
import java.util.List;
import org.com.entity.EmpInfo;
public interface EmpDao {
    public List<EmpInfo> findAll();
    public void add(EmpInfo emp);
}
```

STEP 10 定义业务层 service 接口，代码如下所示。

```
package org.com.service;
import java.util.List;
import org.com.entity.EmpInfo;
public interface EmpService {
    public List<EmpInfo> findAll();
    public void add(EmpInfo emp);
}
```

4. 编写三层的实现代码

STEP 11 编写数据层 dao，代码如下所示。

```
package .dao.impl;
import java.util.List;
import org.com.dao.EmpDao;
import org.com.entity.EmpInfo;
import org.springframework.orm.hibernate3.support.HibernateDaoSupport;
public class EmpDaoImpl extends HibernateDaoSupport implements EmpDao {
    public void add(EmpInfo emp) {
        this.getHibernateTemplate().save(emp);
    }
```

```
    public List<EmpInfo> findAll() {
        //根据实体类的非空属性相等的比较查询
        EmpInfo emp = new EmpInfo();
        emp.setEmpSex("男");
        emp.setEmpAge(28);
        return getHibernateTemplate().findByExample(emp);
    }
}
```

STEP 12 编写业务层 service，代码如下所示。

```
package org.com.service.impl;
import java.util.List;
import org.com.dao.EmpDao;
import org.com.entity.EmpInfo;
import org.com.service.EmpService;
public class EmpServiceImpl implements EmpService {
    private EmpDao empDao;
    public EmpDao getEmpDao() {
        return empDao;
    }
    public void setEmpDao(EmpDao empDao) {
        this.empDao = empDao;
    }
    /*
     * (non-Javadoc)
     * @see org.com.service.EmpService#add(org.com.entity.EmpInfo)
     */
    public void add(EmpInfo emp) {
        empDao.add(emp);
    }
    /*
     * (non-Javadoc)
     * @see org.com.service.EmpService#findAll()
     */
    public List<EmpInfo> findAll() {
        return this.empDao.findAll();
    }
}
```

STEP 13 编写表示层 action，代码如下所示。

```
package org.com.action;
import java.util.List;
import org.com.entity.EmpInfo;
import org.com.service.EmpService;
import org.springframework.beans.factory.BeanFactory;
import org.springframework.context.support.ClassPathXmlApplicationContext;
public class EmpAction {
    public static void main(String[] args) {
        BeanFactory fac = new ClassPathXmlApplicationContext("applicationContext. xml");
        EmpService es = (EmpService) fac.getBean("empServie");
        List<EmpInfo> list = es.findAll();
        for (EmpInfo e : list) {
            System.out.println(e.getEmpName()+"\t"+e.getEmpSex()+"\t"+e.getEmpAge());
        }
    }
}
```

5. 编写 spring 配置文件

在 Spring 的配置文件中配置数据层和业务层的 bean 元素，并指定依赖关系，即 bean 属性的配置。

```
<!-- 数据层 -->
<bean id="empDao" class="org.com.dao.impl.EmpDaoImpl">
<!-- 从父类 HibernateDaoSupport 继承过来的 -->
<property name="sessionFactory" ref="sessionFactory"></property>
</bean>
<!-- 业务层 -->
<bean id="empServie" class="org.com.service.impl.EmpServiceImpl">
    <property name="empDao" ref="empDao"></property>
</bean>
```

10.5 Struts 2+Spring+Hibernate 的整合

S2SH 集成其实是把 Hibernate 的数据源连接，Struts 2 的 Action 由 Spring 管理起来，更能符合单例和反向注入的设计模式，这样能够大大降低程序的耦合性，对日后的系统重构和系统维护带来好处。在第 10.4 节的程序基础上引入 Struct 框架，具体操作可参考前述步骤。

STEP 1 配置 web.xml 文件，代码如下。

```
<listener>
    <listener-class>org.springframework.web.context.ContextLoaderListener</listener-class>
</listener>
```

```
<context-param>
    <param-name>contextConfigLocation</param-name>
    <param-value>classpath:applicationContext.xml</param-value>
</context-param>
```

STEP 2 在 web.xml 文件中配置 openSession，处理懒加载。

```
<!-- Lazy -->
<filter>
    <filter-name>openSession</filter-name>
    <filter-class>
        org.springframework.orm.hibernate3.support.OpenSessionInViewFilter
    </filter-class>
</filter>
<filter-mapping>
    <filter-name>openSession</filter-name>
    <url-pattern>/*</url-pattern>
</filter-mapping>
```

STEP 3 在本节中，增加添加员工、删除员工，以及按 id 号查找员工信息的功能。

① 编写业务层接口，代码如下。

```
package org.com.service;
import java.util.List;
import org.com.entity.EmpInfo;
public interface EmpService {
    public List<EmpInfo> findAll();
    public void add(EmpInfo emp);
    public void delete(EmpInfo emp);
    public EmpInfo findById(Integer empId);
}
```

② 编写业务层实现，代码如下。

```
package org.com.service.impl;
import java.util.List;
import org.com.dao.EmpDao;
import org.com.entity.EmpInfo;
import org.com.service.EmpService;
public class EmpServiceImpl implements EmpService {
    private EmpDao empDao;
    public EmpDao getEmpDao() {
        return empDao;
    }
```

```
    public void setEmpDao(EmpDao empDao) {
        this.empDao = empDao;
    }
    /*
     * (non-Javadoc)
     * @see org.com.service.EmpService#add(org.com.entity.EmpInfo)
     */
    public void add(EmpInfo emp) {
        //empDao.add(emp);
        EmpInfo a = new EmpInfo("m", "女");
    empDao.add(a);
        Integer.parseInt("dasda");
        EmpInfo b = new EmpInfo("n", "女");
        empDao.add(b);
    }
    /*
     * (non-Javadoc)
     * @see org.com.service.EmpService#findAll()
     */
    public List<EmpInfo> findAll() {
        return this.empDao.findAll();
    }
    public void delete(EmpInfo emp) {
        this.empDao.delete(emp);
    }
    public EmpInfo findById(Integer empId) {
        // TODO Auto-generated method stub
        return this.empDao.findById(empId);
    }
}
```

③ 编写数据层接口，代码如下。

```
package org.com.dao;
import java.util.List;
import org.com.entity.EmpInfo;
public interface EmpDao {
    public List<EmpInfo> findAll();
    public void add(EmpInfo emp);
    public void delete(EmpInfo emp);
    public EmpInfo findById(Integer empId);
}
```

④ 编写数据层实现，代码如下。

```
package org.com.dao.impl;
import java.util.List;
import org.com.dao.EmpDao;
import org.com.entity.EmpInfo;
import org.springframework.orm.hibernate3.support.HibernateDaoSupport;
public class EmpDaoImpl extends HibernateDaoSupport implements EmpDao {
	public void add(EmpInfo emp) {
		this.getHibernateTemplate().save(emp);
	}
	public List<EmpInfo> findAll() {
		String hql="from EmpInfo";
		return getHibernateTemplate().find(hql);
		}
	public void delete(EmpInfo emp) {
		this.getHibernateTemplate().delete(emp);
	}
	public EmpInfo findById(Integer empId) {
		return (EmpInfo) this.getHibernateTemplate().get(EmpInfo.class, empId);
	}
}
```

⑤ 编写处理层，代码如下。

```
package org.com.action;
import java.util.List;
import org.com.entity.EmpInfo;
import org.com.service.EmpService;
public class EmpAction {
	private EmpService empService;
	private List<EmpInfo> list;
	private EmpInfo emp;
	public EmpInfo getEmp() {
		return emp;
	}
	public void setEmp(EmpInfo emp) {
		this.emp = emp;
	}
	public List<EmpInfo> getList() {
		return list;
	}
```

```
    public void setList(List<EmpInfo> list) {
        this.list = list;
    }
    public EmpService getEmpService() {
        return empService;
    }
    public void setEmpService(EmpService empService) {
        this.empService = empService;
    }
    /*
     * 查询所有
     */
    public String findAll(){
        list = empService.findAll();
        return "showAll";
    }
    /*
     * 删除
     */
    public String delete(){
        //先根据主键查询出来
        EmpInfo e = empService.findById(emp.getEmpId());
        //再删除
        empService.delete(e);
            return "findAll";
    }
}
```

⑥ 创建页面 showAll.jsp，用于显示查找结果，代码如下。

```
<body>
    <table border="1">
    <c:forEach items="${list}" var="e">
        <tr>
            <td>${e.empId }</td>
            <td>${e.empName }</td>
            <td>${e.empAge }</td>
            <td>${e.empSex }</td>
            <td>${e.deptInfo.deptName }</td>
            <td><a href="emp_delete?emp.empId=${e.empId }">删除</a></td>
        </tr>
    </c:forEach>
```

```
    </table>
  </body>
```

⑦ 配置 Struts.xml 文件，代码如下。

```
<struts>
    <package name="default" extends="struts-default" namespace="/">
        <action name="emp_*" class="org.com.action.EmpAction" method="{1}">
        <result name="showAll">/showAll.jsp</result>
        <!-- 定向到 action 的方法 -->
        <result name="findAll" type="redirectAction">/emp_findAll</result>
        </action>
    </package>
</struts>
```

10.6 本章小结

本章主要介绍了依赖注入的概念，讲述了依赖注入的 3 种方式，然后介绍了 AOP 的基本知识，通过简单的实例演示了 AOP 的应用。最后，通过实例演示了 S2SH 的整合。

10.7 课内实训

【课内实训 1】新建 Web 项目，给项目添加 Spring 和 Hibernate 框架，使用 MyEclipse 向导生成实体类和映射文件，使用 Hibernate 开发 DAO 层，并编写测试类。

【课内实训 2】给项目添加 Struts 2 框架，创建 Action，Spring 整合 Struts 2，使用依赖注入，配置 applicationContext.xml 和 struts.xml，新建 Book 数据库，使用 S2SH，完成以下功能：显示图书信息，并实现图书的分类显示、查找，以及显示页面的分页处理。

10.8 实训题

【实训 1】新建 Web 项目，实现相册系统开发

相册体系可以用来作为网站的产品展示、信息管理系统的图片管理模块、个人网站等。在本系统中，添加用户注册和登录模块，是登录用户拥有自己的相册，并对自己的相册实现管理。

功能要求：用户注册、用户登录、相册列表、查看相册、上传图片、删除相册、删除图片，安全退出。

设计数据库用户表，相册表以及图片表。采用 Struts 2+Spring 框架整合的方式，完成系统的开发。

PART 11 第 11 章 基于 Struts 2+Spring+Hibernate 的网上书城项目实训

教学要求

- 掌握：Struts 2+Spring+Hibernate 结合的软件开发技术
- 理解：规范化的软件设计思想

11.1 项目需求说明

随着 Internet 的普及和电子商务的兴起，网上图书销售是 Internet 电子商务在图书销售行业发展的必然结果。这种新型的图书销售形式，与传统的书店销售的方式相比拥有许多优势：一是降低了销售成本；二是利用网络作为交易平台，改变了传统的交易方式，使得交易活动不受空间和时间的限制；三是信息的传递更迅速灵活，新书信息上传后，客户可以立即看到，可以马上从网上进行交易。网上图书图书商城的主要功能是利用网站作为交易平台，将图书的一些基本信息以网站的形式发布到 Internet 上，客户可以通过 Internet 登录图书销售网站来查看售书信息并提交订单订购图书，实现在线交易。

网上书城主要包括会员注册、订单管理、购物车、搜索、支付等基本功能。此外，本系统也将实现在线图书销售系统的后端管理，包括图书的添加、订单的处理等功能。本系统完全基于 Struts 2+Spring+Hibernate 技术，在系统的设计与开发过程中严格遵守软件工程的规范，运用软件设计模式，从而减少系统模块间的耦合，力求做到系统的稳定性、可重用性和可扩充性。

网上书城主要功能如下。

（1）客户购买部分

① 用户管理：注册会员、登录、激活、退出、修改密码。

② 分类显示：显示所有一级和二级分类。

③ 图书查询：按分类搜索图书、通过关键字搜索图书、高级搜索图书、查看某本图书的详细信息等。

④ 购物车管理：向购物车中添加图书、修改购物车中图书数量、删除购物车中图书、我的购物车。

⑤ 订单管理：通过购物车中图书生成订单、查看我的订单、查看订单详细信息、订单支付、确认收货、取消未付款订单。

（2）管理员管理部分

① 管理员：管理员登录。

② 分类管理：查看所有分类、添加一级分类、添加二级分类、修改一级分类、修改二级分类、删除一级分类、删除二级分类。

③ 图书管理：按分类搜索图书、高级搜索图书、添加新图书、查看图书详细信息、编辑图书、删除图书。

④ 订单管理：查看所有订单按状态搜索订单、查看订单详细信息、取消订单、发货。

根据系统功能分析，可以画出系统的功能模块图。

用户购书功能图如图 11-1 所示。

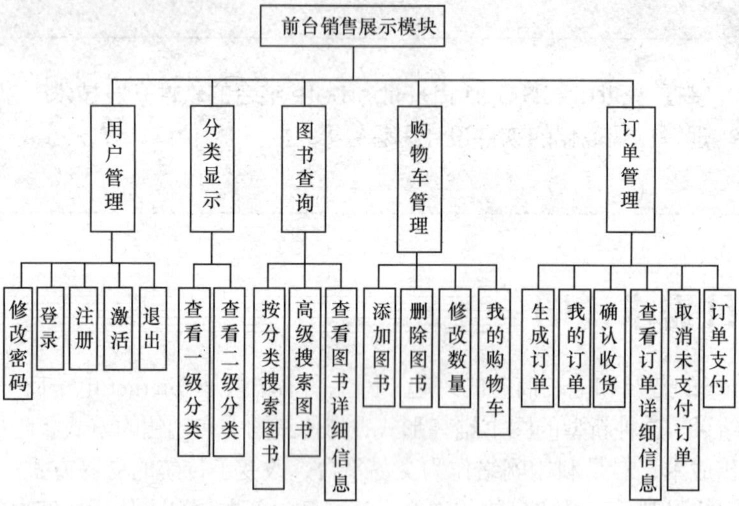

图 11-1　用户购书功能图

管理员功能图如图 11-2 所示。

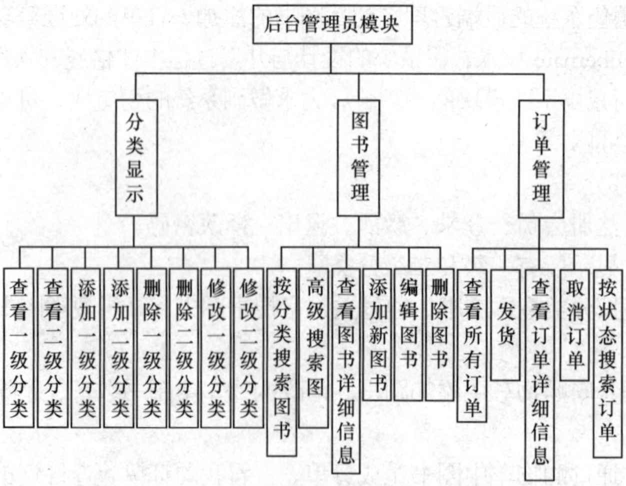

图 11-2　管理员功能图

11.2 数据库分析

信息系统的主要任务是通过大量数据获得管理所需要的信息，这就要求系统本身能够存储和管理大量的数据，本系统的数据存储选择 MySQL 数据库。

11.2.1 E–R 模型图

概念模型是对信息世界建模，所以，概念模型应该能够方便、准确地表示信息世界中的常用概念。概念模型的表示方法很多，其中最为常用的是 P.P.S.Chen 于 1976 年提出的实体联系方法（Entity–Relationship Approach，E–R）。该方法用 E–R 图来描述现实世界的概念模型，称为实体–联系模型，简称 E–R 模型。

根据数据流程分析，绘制网上书城的全局 E–R 模型如图 11–3 所示。

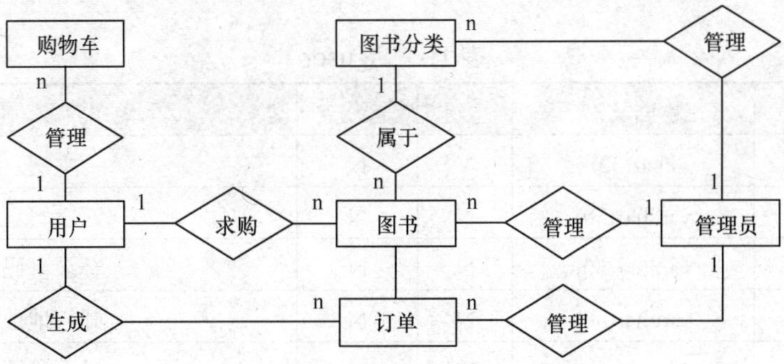

图 11–3 网上书城的全局 E–R 模型

根据设计规划，主要实体有：用户、图书分类、图书、购物车、订单、管理员。各个实体具体的描述属性图如图 11–4～图 11–8 所示（因为属性过多的原因，实体属性在下图中并没有全部给出）：

（1）用户实体；

（2）图书分类实体；

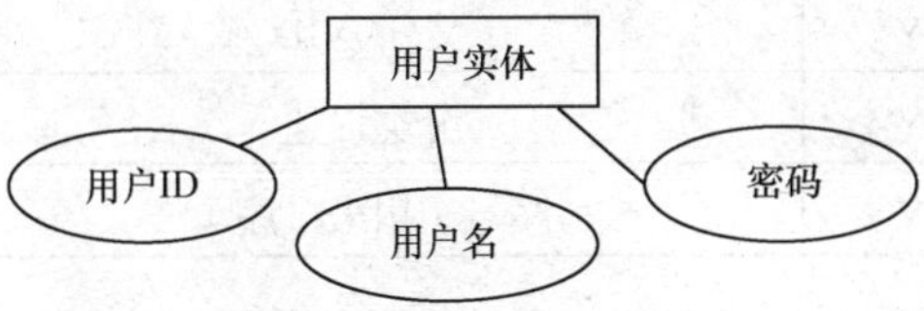

图 11–4 用户实体

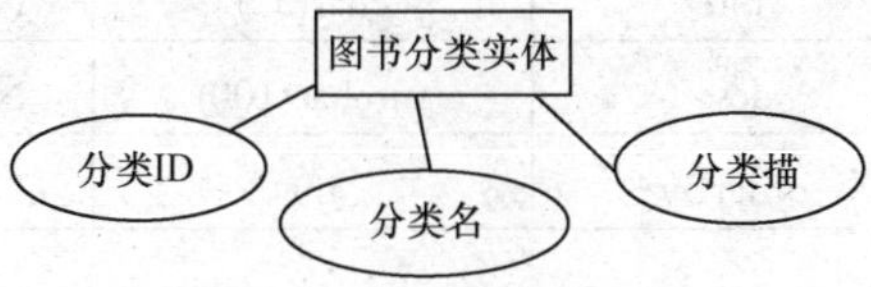

图 11–5 图书分类实体

（3）图书实体；

（4）购物车实体，购物车其实是购物项的集合，即多个购物项构成了购物车；

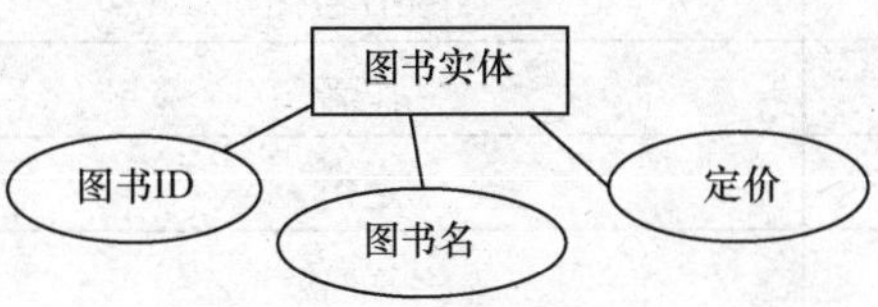

图 11–6 图书实体

图 11–7 购物车实体

（5）订单实体，订单其实是订单项的集合，即多个订单项构成了订单。

图 11-8　订单实体

11.2.2　数据库表设计

数据库表设计主要是把概念结构设计时设计好的基本 E-R 图转换为与选用 DBMS 产品所支持的数据模型相符合的逻辑结构，包括数据项、记录及记录间的联系、安全性和一致性约束等。导出的逻辑结构是否与概念模式一致，从功能和性能上是否满足用户的要求，要进行模式评价。

本系统数据库表如表 11-1 ~ 表 11-7 所示。

表 11-1　t_user

字段名称	数据类型	主键	是否空	说　明
uid	char(32)	Y	N	主键
loginname	varchar(50)	N	N	登录名
loginpass	varchar(50)	N	N	登录密码
email	varchar(50)	N	N	邮箱地址
status	boolean	N	N	是否激活
activationCode	char(64)	N	N	激活码（唯一）

表 11-2　t_category

字段名称	数据类型	主键	是否空	说　明
cid	char(32)	Y	N	主键
cname	varchar(50)	N	N	分类名称
pid	char(32)	N	Y	父分类 ID
desc	varchar(100)	N	Y	分类描述
orderBy	int	N	Y	序号（用来排序）

表 11-3　t_book

字段名称	数据类型	主键	是否空	说　明
bid	char(32)	Y	N	主键
bname	varchar(200)	N	N	图书名称
author	varchar(50)	N	Y	作者
price	decimal(8,2)	N	Y	定价
currPrice	decimal(8,2)	N	Y	当前价
discount	decimal(3,1)	N	Y	折扣
press	varchar(100)	N	Y	出版社

续表

字段名称	数据类型	主键	是否空	说　明
publishtime	char(10)	N	Y	出版时间
edition	int	N	Y	版次
pageNum	int	N	Y	页数
wordNum	int	N	Y	字数
printtime	char(10)	N	Y	印刷时间
booksize	int	N	Y	开本
paper	varchar(50)	N	Y	纸质
cid	char(32)	N	Y	所属分类 ID
image_w	varchar(100)	N	Y	大图路径
image_b	varchar(100)	N	Y	小图路径
orderBy	int	N	Y	序号（用来排序）

表 11-4　t_cartitem

字段名称	数据类型	主键	是否空	说　明
cartItemId	char(32)	Y	N	主键
quantity	int	Y	N	数量
bid	char(32)	Y	N	图书 ID
uid	char(32)	Y	N	用户 ID
orderyBy	int	Y	N	序号（用来排序）

表 11-5　t_order

字段名称	数据类型	主键	是否空	说　明
oid	char(32)	Y	N	主键
ordertime	char(19)	Y	N	下单时间
total	decimal(10,2)	Y	N	合计金额
status	int	Y	N	订单状态
address	varchar(1000)	Y	N	收货地址
uid	char(32)	Y	N	用户 ID

表 11-6　t_orderitem

字段名称	数据类型	主键	是否空	说　明
orderItemId	char(32)	Y	N	主键
quantity	int	Y	N	数量
subtotal	decimal(8,2)	Y	N	小计
bid	char(32)	Y	N	图书 ID
oid	char(32)	Y	N	所属订单 ID

表 11-7 t_admin

字段名称	数据类型	主键	是否空	说　明
adminId	char(32)	Y	N	主键
adminname	varchar(50)	Y	N	管理员名称
adminpwd	varchar(50)	Y	N	管理员密码

11.3 网上书城设计与实现

11.3.1 系统代码介绍

本系统使用 Struts 2+Spring+Hibernate 技术实现，项目的代码结构如图 11-9 所示。

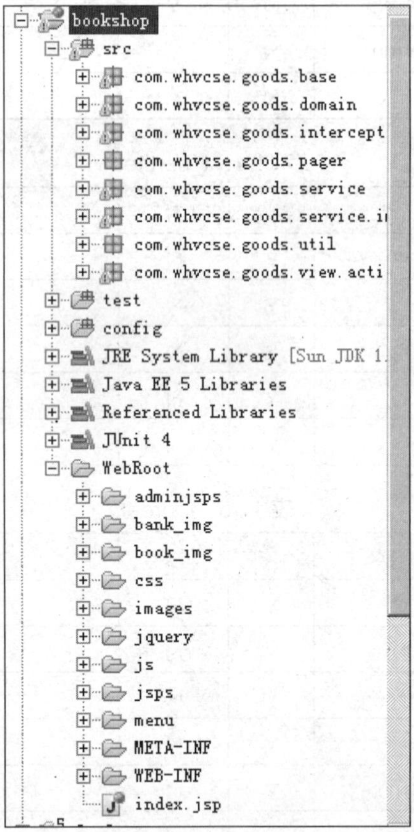

图 11-9 项目的代码结构

在这些技术中，都用到了 xml 的配置文件，下面分别列出了这些配置文件的内容。

（1）web.xml

```
<?xml version="1.0" encoding="UTF-8"?>
<web-app version="2.5" xmlns="http://java.sun.com/xml/ns/javaee"
    xmlns:xsi="http://www.w3.org/2001/XMLSchema-instance"
    xsi:schemaLocation="http://java.sun.com/xml/ns/javaee
    http://java.sun.com/xml/ns/javaee/web-app_2_5.xsd">
```

```
<!-- 配置 Spring 的用于初始化容器对象的监听器 -->
<listener>
<listener-class>org.springframework.web.context.ContextLoaderListener</listener-class>
</listener>
<context-param>
    <param-name>contextConfigLocation</param-name>
    <param-value>classpath:beans.xml</param-value>
</context-param>
<!-- 配置 Spring 的用于解决懒加载问题的过滤器 -->
<filter>
    <filter-name>OpenSessionInViewFilter</filter-name>
    <filter-class>org.springframework.orm.hibernate3.support.OpenSessionIn ViewFilter
    </filter- class>
</filter>
<filter-mapping>
    <filter-name>OpenSessionInViewFilter</filter-name>
    <url-pattern>*.action</url-pattern>
    <url-pattern>*.do</url-pattern>
</filter-mapping>
<!-- 配置 Struts 2 的核心的过滤器 -->
<filter>
    <filter-name>struts2</filter-name>
    <filter-class>org.apache.struts2.dispatcher.ng.filter.StrutsPrepareAndExecuteFilter
    </filter-class>
</filter>
<filter-mapping>
    <filter-name>struts2</filter-name>
    <url-pattern>/*</url-pattern>
</filter-mapping>
    <!-- 验证码 -->
    <servlet>
        <servlet-name>VerifyCodeServlet</servlet-name>
        <servlet-class>cn.itcast.vcode.servlet.VerifyCodeServlet</servlet-class>
    </servlet>
    <servlet-mapping>
        <servlet-name>VerifyCodeServlet</servlet-name>
        <url-pattern>/VerifyCodeServlet</url-pattern>
    </servlet-mapping>
    <welcome-file-list>
        <welcome-file>index.jsp</welcome-file>
    </welcome-file-list>
</web-app>
```

（2）struts.xml

```
<?xml version="1.0" encoding="UTF-8" ?>
<!DOCTYPE struts PUBLIC
    "-//Apache Software Foundation//DTD Struts Configuration 2.0//EN"
    "http://struts.apache.org/dtds/struts-2.0.dtd">
<struts>
    <!--     不用登录就可以实现的功能     -->
    <package name="common" namespace="/common" extends="struts-default">
    <!-- 用户登录及注册功能 -->
    <action name="user_*" class="userAction" method="{1}">
        <result name="login Success">/index.jsp</result>
        <result name="loginFailure">/jsps/user/login.jsp</result>
        <result name="regist">/jsps/user/regist.jsp</result>
        <result name="msg">/jsps/msg.jsp</result>
    </action>
    <!-- 分类模块 -->
    <action name="category_*" class="categoryAction" method="{1}">
        <result name="left">/jsps/left.jsp</result>
    </action>
    <!-- 图书模块 -->
    <action name="book_*" class="bookAction" method="{1}">
        <result name="list">/jsps/book/list.jsp</result>
        <result name="desc">/jsps/book/desc.jsp</result>
    </action>
    <!-- 管理员登录 -->
    <action name="admin_*" class="adminAction" method="{1}">
        <result name="relogin">/adminjsps/login.jsp</result>
        <result name="index">/adminjsps/admin/index.jsp</result>
    </action>
    </package>
    <!--     登录用户才可以实现的功能     -->
    <package name="loginUser" namespace="/loginUser" extends="struts-default">
        <interceptors>
        <interceptor name="userLoginInterceptor" class="com.czw.goods.interceptor. User
LoginInterceptor">
        </interceptor>
        <interceptor-stack name="userLogin">
        <interceptor-ref name="defaultStack"/>
            <interceptor-ref name="userLoginInterceptor"/>
            </interceptor-stack>
```

```
        </interceptors>
        <default-interceptor-ref name="userLogin"/>
        <global-results>
            <result name="userRelogin">/jsps/user/login.jsp</result>
            <result name="msg">/jsps/msg.jsp</result>
        </global-results>
        <!-- 购物车条目模块 -->
        <action name="cart_*" class="cartItemAction" method="{1}"> <result name="list">/ jsps/
cart/list.jsp</result> <result name="showitem">/jsps/cart/showitem.jsp</result> </action>
        <!-- 图书模块 -->
        <action name="book_*" class="bookAction" method="{1}"> <result name="list">/
jsps/book/list.jsp</result>
            <result name="desc">/jsps/book/desc.jsp</result>
        </action>
        <!-- 用户修改密码模块 -->
        <action name="user_*" class="userAction" method="{1}"><result name="pwdUI">/
jsps/user/pwd.jsp</result>
        </action>
        <!-- 订单模块 -->
        <action name="order_*" class="orderAction" method="{1}"><result
    name="ordersucc">/ jsps/order/ordersucc.jsp</result>
            <result name="list">/jsps/order/list.jsp</result>
            <result name="desc">/jsps/order/desc.jsp</result>
            <result name="pay">/jsps/order/pay.jsp</result>
        </action>
        </package>
        <!--    登录管理员才可以实现的功能    -->
        <package name="loginAdmin" namespace="/loginAdmin" extends="struts-default">
            <interceptors>
            <interceptor name="adminLoginInterceptor" class="com.czw.goods.interceptor.
AdminLoginInterceptor">
            </interceptor>
            <!-- 图片上传拦截器 -->
            <interceptor-stack name="uploadStack">
            <interceptor-ref name="defaultStack">
            <param name="fileUpload.maximumSize">80*1024</param>
            <param name="fileUpload.allowedTypes">image/pjpeg </param>
            <param name="fileUpload.allowedExtensions">jpg</param>
            </interceptor-ref>
            <interceptor-ref name="adminLoginInterceptor"/>
            </interceptor-stack>
```

```
            <!-- 验证管理员登录拦截器 -->
            <interceptor-stack name="adminLogin">
            <interceptor-ref name="defaultStack"/>
            <interceptor-ref name="adminLoginInterceptor"/>
            </interceptor-stack>
            </interceptors>
            <default-interceptor-ref name="adminLogin"/>
            <global-results>
            <result name="adminRelogin">/adminjsps/login.jsp</result>
            <result name="msg">/adminjsps/msg.jsp</result>
            </global-results>
            <!-- 分类模块 -->
            <action name="adminCategory_*" class="adminCategoryAction" method="{1}">
                <result name="list">/adminjsps/admin/category/list.jsp</result>
                <result name="add2">/adminjsps/admin/category/add2.jsp</result>
                <result name="edit">/adminjsps/admin/category/edit.jsp</result>
                <result name="edit2">/adminjsps/admin/category/edit2.jsp</result>
           </action>
           <!--图书模块 -->
           <action name="adminBook_*" class="adminBookAction" method="{1}">
                <result name="left">/adminjsps/admin/book/left.jsp</result>
                <result name="add">/adminjsps/admin/book/add.jsp</result>
                <result name="desc">/adminjsps/admin/book/desc.jsp</result>
                <result name="list">/adminjsps/admin/book/list.jsp</result>
           </action>
          <!--图书添加 -->
          <action name="adminAddBook_*" class="adminAddBookAction" method="{1}">
             <result name="input">/adminjsps/admin/book/add.jsp</result>
             <interceptor-ref name="uploadStack"></interceptor-ref></action>
          <!--订单模块 -->
          <action name="adminOrder_*" class="adminOrderAction" method="{1}">
             <result name="list">/adminjsps/admin/order/list.jsp</result>
             <result name="desc">/adminjsps/admin/order/desc.jsp</result>
          </action>
    </package>
    </struts>
```

（3）hibernate.cfg.xml

```
<!DOCTYPE hibernate-configuration PUBLIC
    "-//Hibernate/Hibernate Configuration DTD 3.0//EN"
    "http://hibernate.sourceforge.net/hibernate-configuration-3.0.dtd">
```

```
<hibernate-configuration>
<session-factory>
    <property name="hibernate.dialect">
        org.hibernate.dialect.MySQL5InnoDBDialect
    </property>
    <property name="hbm2ddl.auto">update</property>
    <property name="hibernate.show_sql">true</property>
    <mapping resource="com/czw/goods/domain/Admin.hbm.xml" />
    <mapping resource="com/czw/goods/domain/Book.hbm.xml" />
    <mapping resource="com/czw/goods/domain/CartItem.hbm.xml" />
    <mapping resource="com/czw/goods/domain/Category.hbm.xml" />
    <mapping resource="com/czw/goods/domain/Order.hbm.xml" />
    <mapping resource="com/czw/goods/domain/OrderItem.hbm.xml" />
    <mapping resource="com/czw/goods/domain/User.hbm.xml" />
</session-factory>
</hibernate-configuration>
```

（4）beans.xml

```
<?xml version="1.0" encoding="UTF-8"?>
<beans xmlns="http://www.springframework.org/schema/beans"
    xmlns:xsi="http://www.w3.org/2001/XMLSchema-instance"
    xmlns:aop="http://www.springframework.org/schema/aop"
    xmlns:context="http://www.springframework.org/schema/context"
    xmlns:tx="http://www.springframework.org/schema/tx"
    xsi:schemaLocation="
    http://www.springframework.org/schema/beans http://www.springframework.org/schema/
beans/spring-beans-2.5.xsd
    http://www.springframework.org/schema/aop http://www.springframework.org/schema/aop/
spring-aop-2.5.xsd
    http://www.springframework.org/schema/tx http://www.springframework.org/schema/tx/
spring-tx-2.5.xsd
    http://www.springframework.org/schema/context http://www.springframework.org/schema/
context/spring-context-2.5.xsd
            ">
     <!-- 自动扫描与配置 bean -->
     <context:component-scan base-package="com.czw.goods"/>
     <!-- 导入外部的 properties 文件 -->
     <context:property-placeholder location="classpath:jdbc.properties"/>
     <!-- 配置 sessionFactory -->
     <bean id="sessionFactory" class="org.springframework.orm.hibernate3.LocalSession Factory
Bean">
```

```
<!-- 指明 hibernate 路径 -->
<property name="configLocation" value="classpath:hibernate.cfg.xml"/>
<!-- 配置数据库连接池 -->
<property name="dataSource">
<bean class="com.mchange.v2.c3p0.ComboPooledDataSource">
<!-- 数据库连接信息 -->
<property name="jdbcUrl" value="${url}"/>
<property name="driverClass" value="${driverClass}"/>
<property name="user" value="${username}"/>
<property name="password" value="${password}"/>
<!-- 其他配置 -->
<!-- 初始化获取三个连接对象 -->
<property name="initialPoolSize" value="3"/>
<!-- 连接池最少保持三个连接对象 -->
<property name="minPoolSize" value="3"/>
<!-- 连接池最多保持三个连接对象 -->
<property name="maxPoolSize" value="5"/>
<!-- 当连接池中的连接对象耗尽时连接池一次同时获取连接数-->
<property name="acquireIncrement" value="3"/>
<!-- 控制源内加载的 PreparedStatement 的数量-->
<property name="maxStatements" value="8"/>
<!--maxStatementsPerConnection 定义了单个连接池所能执行的 Statement 数量-->
<property name="maxStatementsPerConnection" value="5"/>
<!-- 最大空闲时间为,1800 秒内未使用则连接被丢弃,若为 0 则不被丢弃,default 为 0-->
<property name="maxIdleTime" value="1800"/>
</bean>
</property>
</bean>
<!-- 事务管理器声明（采用注解方式） -->
<bean id="txManager" class="org.springframework.orm.hibernate3.HibernateTransaction Manager">
<property name="sessionFactory" ref="sessionFactory"/>
</bean>
<tx:annotation-driven transaction-manager="txManager"/>
</beans>
```

11.3.2　系统运行过程介绍

1. 首页设计

首页包括 3 个主要的部分，采用内嵌框架技术，位置分别为上、左、中，如图 11-10 所示。

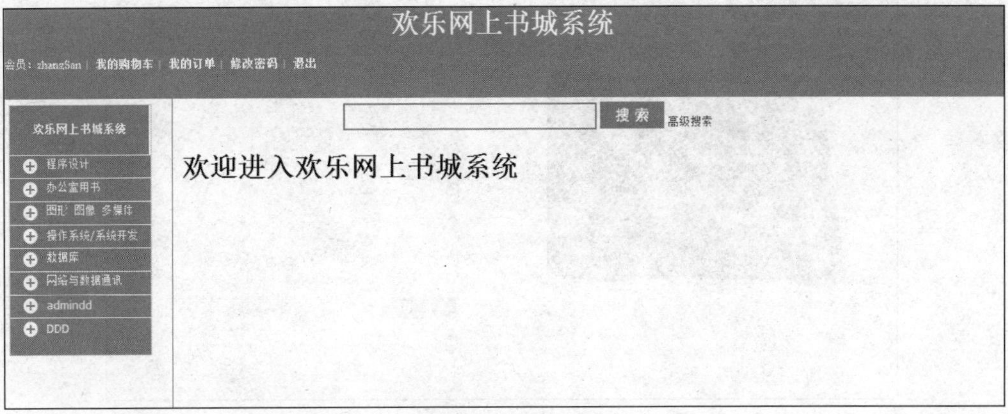

图 11-10　首页

2. 用户模块

注册用户是构成网站主体的一个重要组成部分，网站设置注册用户的目的之一在于方便网站信息的管理。

（1）用户注册

用户在登录之前需要先进行注册，在首页中单击“注册”链接就可以打开注册页面，如图 11-11 所示。

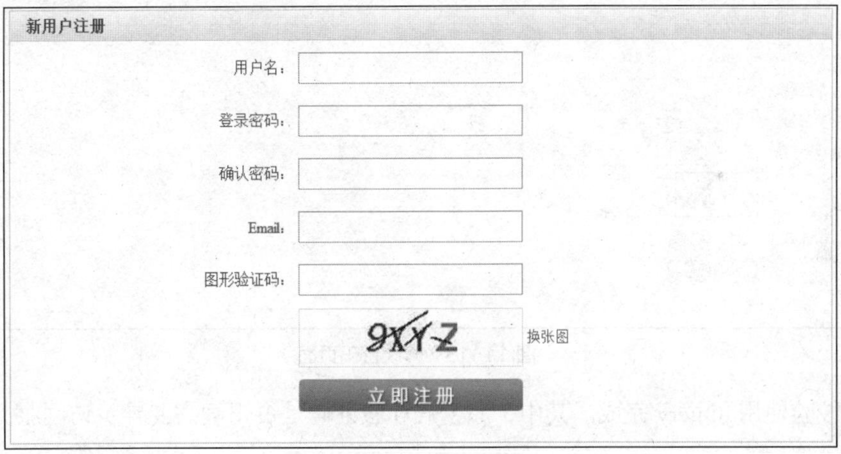

图 11-11　注册页面

- 表单校验。表单校验中，用户名是否被注册过、Email 是否被注册过、验证码是否正确这三项都需要请求服务器，所以这里使用 jQuery 的 ajax()来完成对服务器的访问。
- 激活。当用户注册成功后，还需要激活才能登录。在注册成功后，系统给用户的邮箱发送一份激活邮件。当用户登录自己的邮箱后，在激活邮件中单击激活链接完成激活后，才可以去登录。

（2）用户登录

在首页单击“登录”链接就可以打开登录页面，如图 11-12 所示。

- 表单校验。登录表单校验使用 jQuery 完成，其中用户名是否存在，以及验证码是否正确需要使用 jQuery 的 ajax()向服务器发送异步请求。

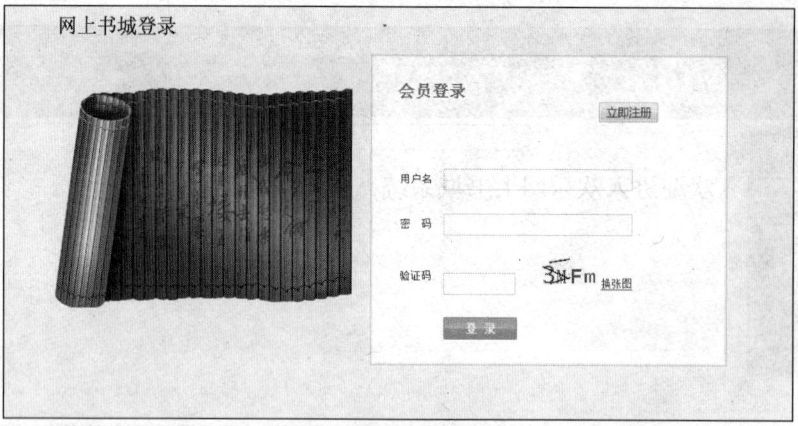

图 11-12　登录页面

- 登录成功。用户登录成功后，会回到首页。这时在首页会显示当前用户的名称，以及“我的购物车”“我的订单”“修改密码”和“退出”链接。也就是说，这几个功能只有登录用户才能使用，游客是无法使用的。

（3）修改当前用户密码

用户在登录成功后，单击“修改密码”链接就会打开修改密码页面，如图 11-13 所示。

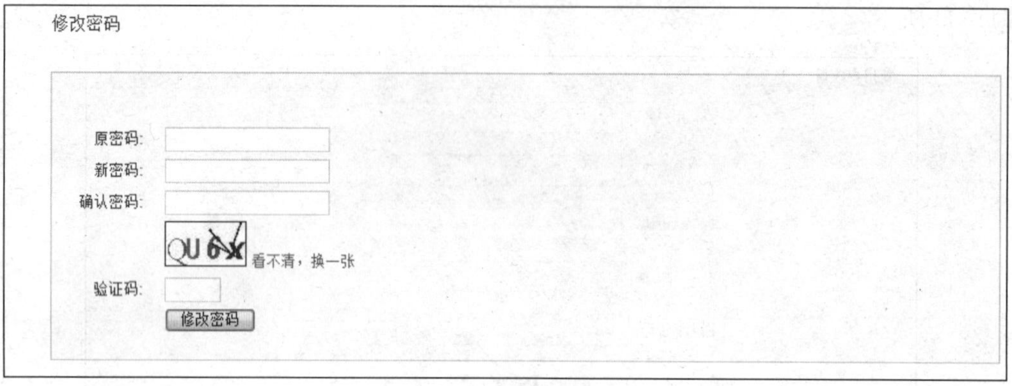

图 11-13　修改密码页面

表单校验使用 jQuery 完成。其中，原密码和验证码是否正确需要异步访问服务器，这里使用 jQuery 的 ajax()完成。

3. 图书模块

（1）图书列表

在首页左部单击某个二级分类，会在首页的中部显示图书列表页面。图书列表使用分页显示，如图 11-14 所示。

可以在图书列表上方输入关键字进行搜索。

（2）图书详细

单击某本图书，会打开该图书详细信息页面，如图 11-15 所示。

（3）高级搜索

在图书列表页面单击“高级搜索”链接，打开高级搜索页面，如图 11-16 所示。

高级搜索有三个条件：书名、作者和出版社。三个条件的关系是并列的，而且三个条件都是模糊查询。

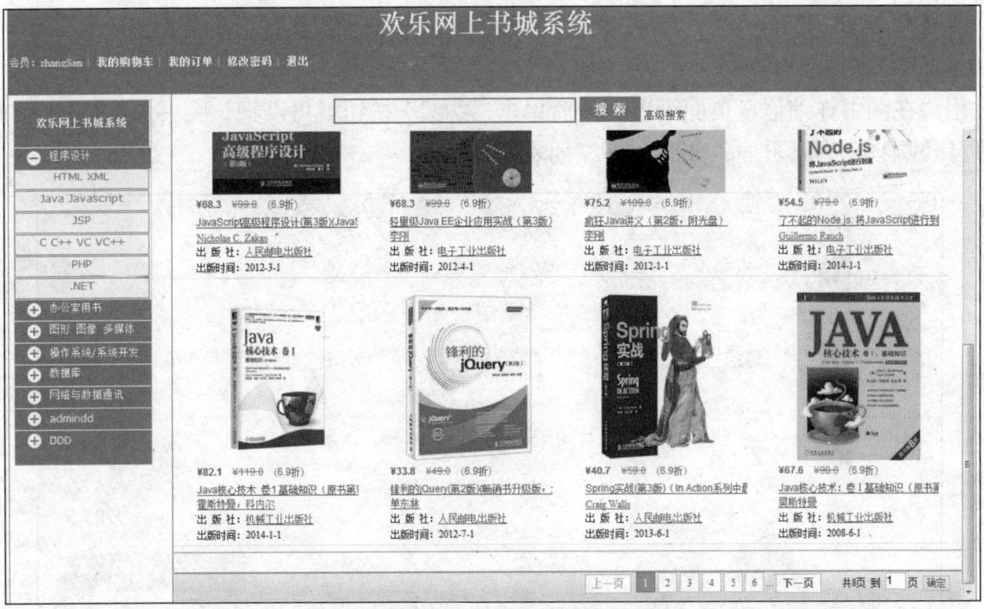

图 11-14　图书列表页面

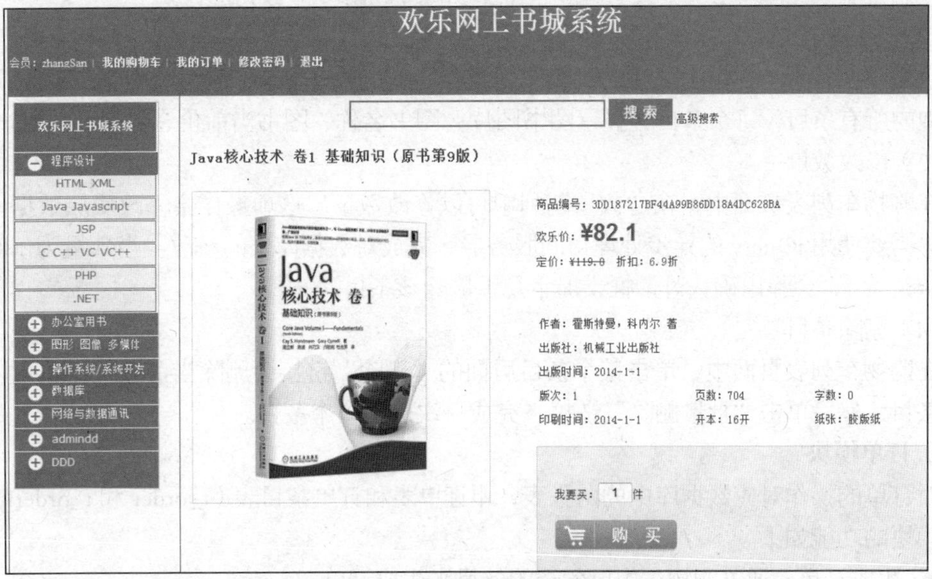

图 11-15　图书详细信息页面

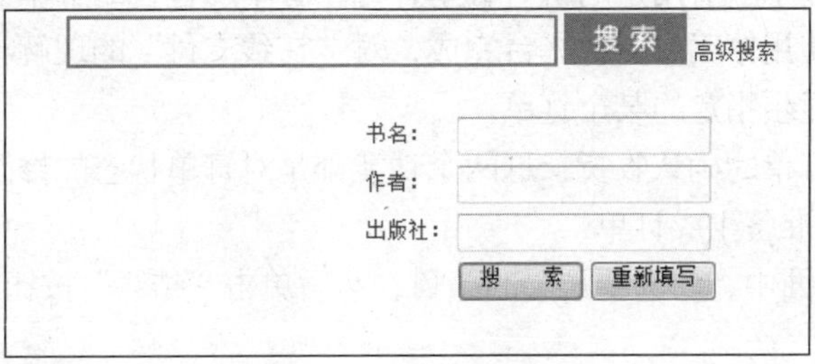

图 11-16　高级搜索页面

4. 购物车

购物车使用数据库来保存数据，也就是说，添加到购物车中的图书，不会因为关闭浏览器，或者是关闭电脑而消失。而修改数量则是通过异步请求来操作数据库的。

（1）添加图书到购物车

用户在图书详细信息页面设置数量后单击“购买”按钮就可以把该图书添加到购物车中，并且打开购物车列表页面，如图 11-17 所示。

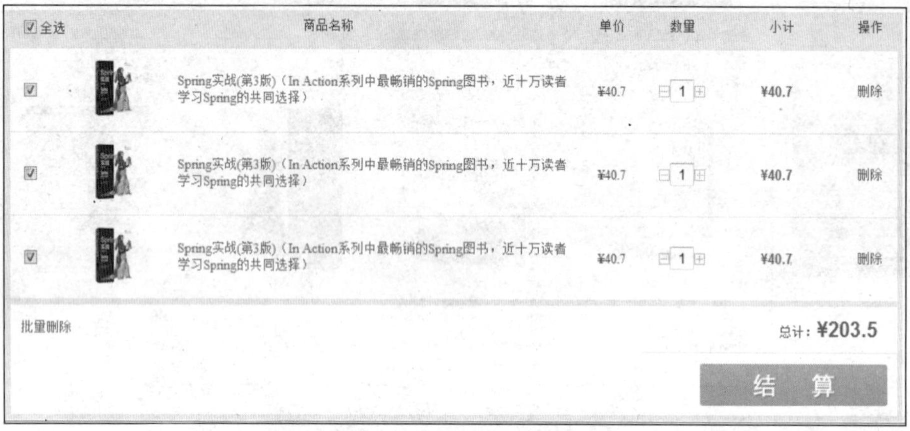

图 11-17　购物车列表页面

（2）我的购物车

也可以在首页上部单击“我的购物车”链接查询购物车列表。购物车列表页面会显示购物车中的所有条目，每个条目会显示图书图片、图书名称、图书当前价、数量及小计。

（3）修改数量

在购物车列表页面中，在“数量”列中可以修改数量。这项操作会修改底层数据库，所以这里需要使用 jQuery 的异步处理访问服务器，完成对数据库表的修改。当数量为 1 时，如果把数量减 1，会弹出确认对话框，提示是否删除该条目。

（4）删除条目

在购物车列表页面中，单击某个条目后面的“删除”链接会删除当前条目。也可以勾选多个条目，然后单击“批量删除”链接，完成一次删除多个条目。

5. 订单模块

对订单的操作对应数据库中的两张表，即订单表和订单条目表（t_order 和 t_orderitem）。订单模块的功能如下。

- 生成订单：通过购物车中已勾选的条目来生成订单。
- 我的订单：显示当前用户的所有订单，每个订单所包含的订单条目也需要显示。
- 订单支付：使用第三方支付平台完成，对“在线支付”的理解也是一个挑战。
- 订单详细：显示指定的某个订单。
- 订单取消和订单的确认收货：这两个功能都是对订单状态的修改。

（1）选中条目，准备生成订单

在购物车列表页面中，勾选要购买的条目，然后单击“结算”按钮，打开订单准备页面，如图 11-18 所示。

（2）生成订单

在订单准备页面，输入收货地址，然后单击“提交订单”按钮，完成下单（生成订单）。这时会打开下单成功页面，如图 11-19 所示。

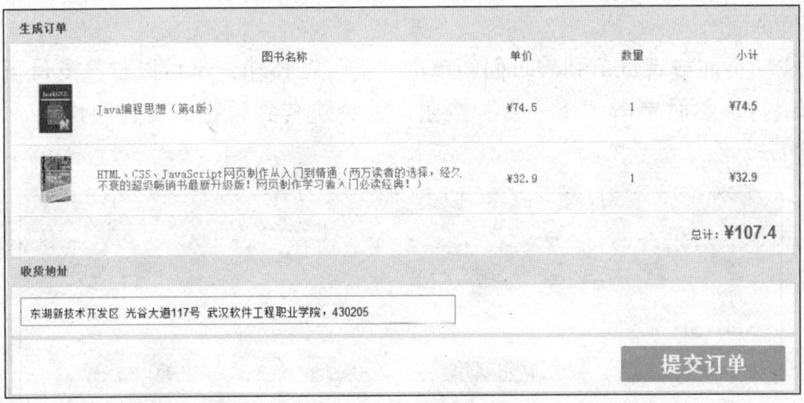

图 11-18　订单准备页面

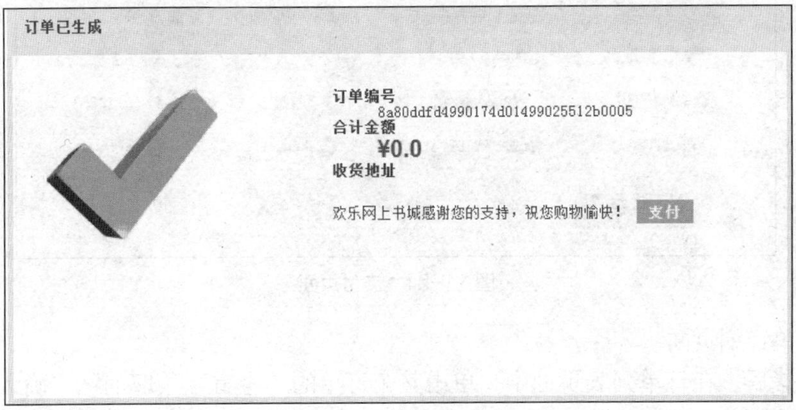

图 11-19　下单成功页面

这时订单已经生成，但状态为“未付款”。可以在下单成功页面中单击“支付”按钮打开支付页面。

（3）订单列表

在首页上部单击“我的订单”链接，打开订单列表页面。该页面会显示当前用户的所有订单信息。分页显示订单，如图 11-20 所示。

图 11-20　订单列表页面

（4）支付页面

在下单成功页面或者订单列表页面中单击“支付”按钮，都可以打开支付页面。在支付页面中选择银行，然后单击“下一步”按钮，就会跳转到银行的支付页面了，如图 11-21 所示。

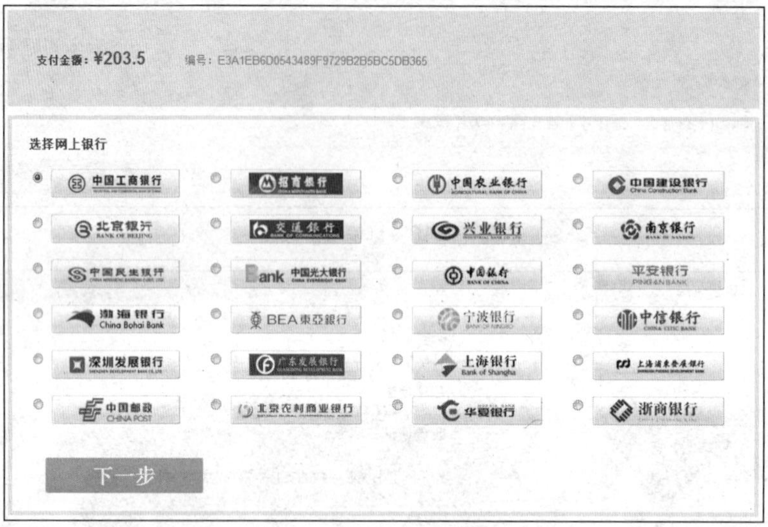

图 11-21　支付页面

（5）订单详细页面

支付完毕后，在订单列表页面中，单击某个订单的“查看”“取消”“确认收货”链接都会打开订单详细页面。其中，单击“查看”链接后打开的订单详细页面中没有按钮；单击“取消”链接后打开的订单详细页面有“取消按钮”按钮；单击“确认收货”链接后打开的订单详细页面有“确认收货”按钮。

6. 管理员模块

限于篇幅，这里不详细介绍管理员模块，读者可以查阅随书的源代码。

11.4　本章小结

本章讲述了如何使用 Struts 2+Spring+Hibernate 技术实现网上书城系统，按照系统需求分析、数据库设计和模块实现等进行了介绍，使读者在充分学习 Struts 2、Hibernate 和 Spring 技术的基础之上，对这些技术进行整合使用，进行规范化的软件设计与实现，从而掌握现在主流的 Struts 2+Spring+Hibernate 开发框架的使用，培养良好的系统设计思想。本章未列出的页面和代码请查阅本书配套源代码。

11.5　实训题

【实训】图书借阅管理系统开发

随着现代学校的发展，对于方便学校的借阅以及图书馆的管理，已成为各学校的重要内容之一，而各个学校的图书馆藏书也越来越多。因此，属于企业内部的图书管理系统也就成为了学校的一个必不可少的部分。

本系统是针对学校的图书管理而设计的一个基于 Web 的图书管理系统，以实现对图书信息的在线管理、及时更新、快速检索、资料搜集，并提供读者论坛以方便信息交流。其开发主要是图书借阅管理系统：图书借阅管理系统主要涉及图书信息与读者信息的管理、借书还书的处理、挂失异常处理、数据备份恢复和权限控制等。

图书借阅管理系统需要满足图书馆工作人员和图书馆管理人员的需求。

1. 图书馆工作人员的需求

- 可以浏览、查询、添加、删除、修改、统计图书的基本信息；
- 可以浏览、查询、添加、删除、修改、统计读者的基本信息；
- 可对图书借阅者的借书和还书要求进行操作，同时形成借书或还书表单给借阅者查看确认，提醒借阅者及时归还过期的书籍；
- 浏览、查询、统计图书馆的借阅信息；
- 进行逾期未还、书籍遗失、读者证挂失等异常处理；
- 可以对所有的查询统计表单进行打印操作。

2. 图书馆管理人员的需求

除了可以满足一般工作人员的需求外，还应当具有：

- 系统维护功能，维护系统的正常运行；
- 数据备份与恢复：提供图书信息、读者信息、借阅信息的备份与恢复功能；
- 系统应用权限控制：可添加和注销系统用户，更改用户密码，更改用户权限。

具体功能如图 8-13 所示。

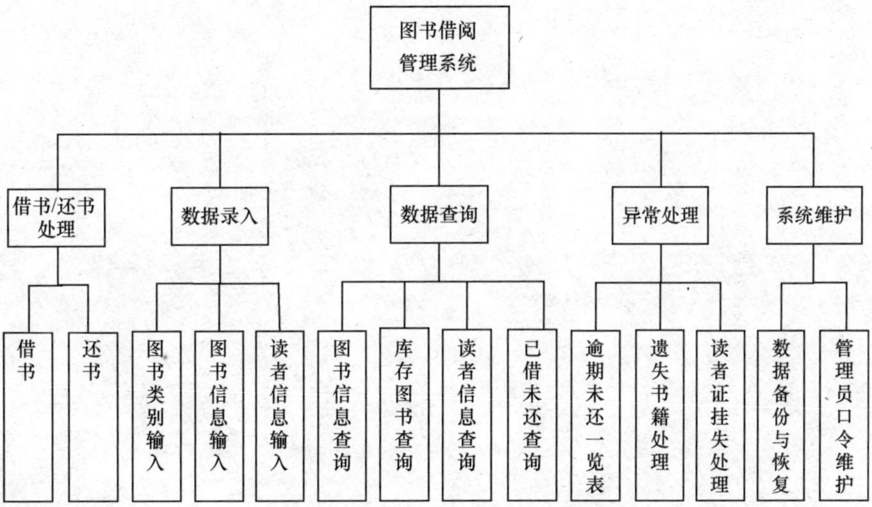

图 11-22　图书借阅管理系统功能结构图

根据需求，自行设计数据库，并使用 Struts 2+Spring+Hibernate 框架技术完成。